JIANZHU ZHITU YU SHITU

建筑制图与识图

何培斌 编著

重庆大学出版社

内容提要

本书的主要内容包括制图基础、投影基本知识、立体、轴测投影、剖面图与断面图、建筑施工图、结构施工图、给排水施工图和计算机绘制建筑施工图等。

本书可作为高等院校本科及专科土建类各专业、工程管理专业以及其他相近专业的教材，也可供其他类型的学校，如高职高专、开放大学、电视大学、中等专业学校的有关专业选用，特别是可供网络教学的相关专业选用。此外，本书还可供有关土建工程技术人员参考。

图书在版编目(CIP)数据

建筑制图与识图/何培斌编著.—重庆：重庆大学出版社，2017.3(2022.9 重印)

ISBN 978-7-5689-0411-7

Ⅰ.①建… Ⅱ.①何… Ⅲ.①建筑制图—识图—高等学校—教材 Ⅳ.①TU204

中国版本图书馆 CIP 数据核字(2017)第 033014 号

建筑制图与识图

编 著 何培斌

策划编辑：王 婷

责任编辑：文 鹏 姜 凤　　版式设计：王 婷

责任校对：邬小梅　　责任印制：赵 晟

*

重庆大学出版社出版发行

出版人：饶帮华

社址：重庆市沙坪坝区大学城西路 21 号

邮编：401331

电话：(023) 88617190　88617185(中小学)

传真：(023) 88617186　88617166

网址：http://www.cqup.com.cn

邮箱：fxk@cqup.com.cn (营销中心)

全国新华书店经销

重庆升光电力印务有限公司印刷

*

开本：787mm×1092mm　1/16　印张：14.25　字数：338 千

2017 年 3 月第 1 版　2022 年 9 月第 6 次印刷

ISBN 978-7-5689-0411-7　定价：39.00 元

前　言

本书由重庆大学土木工程学院何培斌编著，是编著者根据多年的教学实践和重点课程、精品课程的建设经验，以及9次带队参加全国大学生先进成图技术与产品信息建模创新大赛的实战经验编写的，主要作为本科院校土木工程类各专业学生学习绘制建筑施工图的教材使用，也可作为其他类型的学校，如高职高专、开放大学、电视大学的有关专业选用；此外，还可作为有关土建工程技术人员学习绘制建筑施工图使用。

本书在编著过程中，本着“以实践应用为目的，以必需、适当拓展为度”的原则编写而成，其主要特点如下：

1.在内容的选择和组织上强调知识的实践和应用，增加了实践性教学内容。主要章节后都有相应的PPT课件、思考题及实训项目供学生思考及练习，加强学生动手能力。

2.与时俱进。所有引用的设计规范都采用国家颁布的最新规范，以适应现行的市场及行业的要求。

3.此外，本书在编著中还特别注重：坚持与时俱进、学以致用，突出科学性、时代性、工程实践性的编著原则，注重吸取工程技术界的最新成果，比如增加了建筑节能、装配式建筑等章节，为学生推介富有时代特色的建筑工程实例等。

在本书编著过程中，张尽沙老师参与了部分章节插图的绘制工作，谨在此表示衷心的感谢。同时还参考了一些有关书籍，再次谨向其作者表示衷心的感谢，参考文献列于书末。

限于编者的水平，本书难免存在疏漏、谬误之处，敬请读者批评指正。

编　者

2016年12月

目　录

1 制图基础

本章导读

要读懂建筑施工图，首先要了解建筑施工图的表达方法和规矩。本章要求了解制图与识图的准备工作，认识制图工具并掌握使用方法，熟悉中华人民共和国国家标准《房屋建筑制图统一标准》(GB/T 50001—2010)规定的绘制建筑施工图的图幅、图框、线型、字体及尺寸标注的基本要求。重点应掌握线型、字体及尺寸标注的基本要求。

1.1 制图工具及使用方法

建筑图样是建筑设计人员用来表达设计意图、交流设计思想的技术文件，是建筑物施工的重要依据。所有的建筑图都是运用建筑制图的基本理论和基本方法绘制的，都必须符合国家统一的建筑制图标准。传统的尺规作图是现代计算机绘图及 BIM 设计的基础，本章将介绍制图工具的使用、常用的几何作图方法、建筑制图国家标准的一些基本规定，以及建筑制图的一般步骤等。

▶1.1.1 图板

图板是用作画图时的垫板，要求板面平坦、光洁。左边是导边，必须保持平整(见图 1.1)。图板的大小有各种不同规格，可根据需要而选定。0 号图板适用于画 A0 号图纸，1 号图板适用于画 A1 号图纸，四周还略有宽余。图板放在桌面上，板身宜与水平桌面成 10°~15°倾斜。

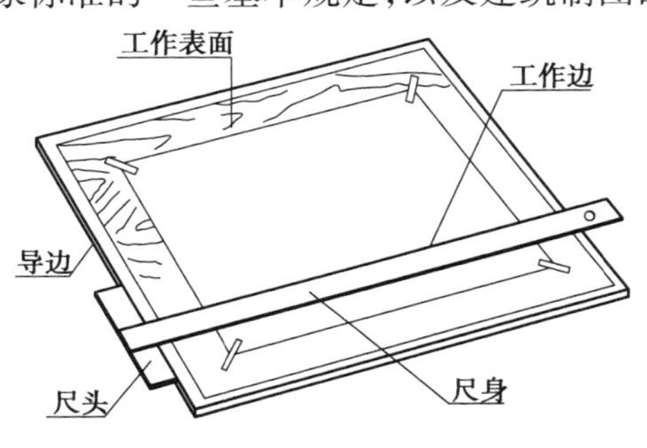

图 1.1 图板和丁字尺

图板不可用水刷洗和在日光下暴晒。

▶1.1.2　丁字尺

丁字尺由相互垂直的尺头和尺身组成(见图 1.1)。尺身要牢固地连接在尺头上,尺头的内侧面必须平直,用时应紧靠图板的左侧——导边。在画同一张图纸时,尺头不可以在图板的其他边滑动,以避免图板各边不成直角时,画出的线不准确。丁字尺的尺身工作边必须平直光滑,不可用丁字尺击物和用刀片沿尺身工作边裁纸。丁字尺用完后,宜竖直挂起来,以避免尺身弯曲变形或折断。

丁字尺主要用来画水平线,并且只能沿尺身上侧画线。作图时,左手把住尺头,使其始终紧靠图板左侧,然后上下移动丁字尺,直至工作边对准要画线的地方,再从左向右画水平线。画较长的水平线时,可把左手滑过来按住尺身,以防止尺尾翘起和尺身摆动(见图 1.2)。

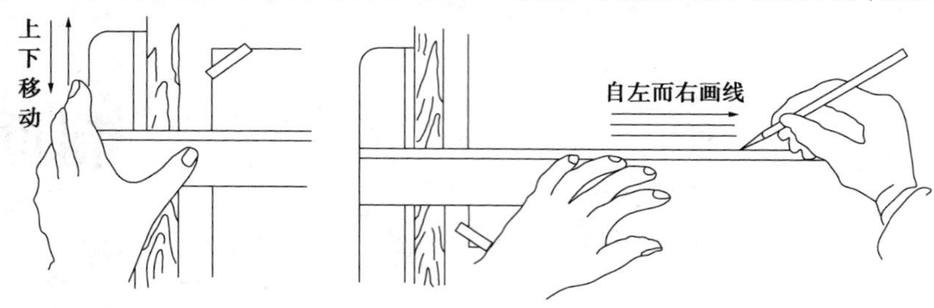

图 1.2　上下移动丁字尺及画水平线的手势

▶1.1.3　三角尺

一副三角尺有 30°,60°,90°和 45°,45°,90°两块,且后者的斜边等于前者的长直角边。三角尺除了直接用来画直线外,还可以配合丁字尺画铅垂线和画 30°,45°,60°及 15°×n 的各种斜线(见图 1.3)。

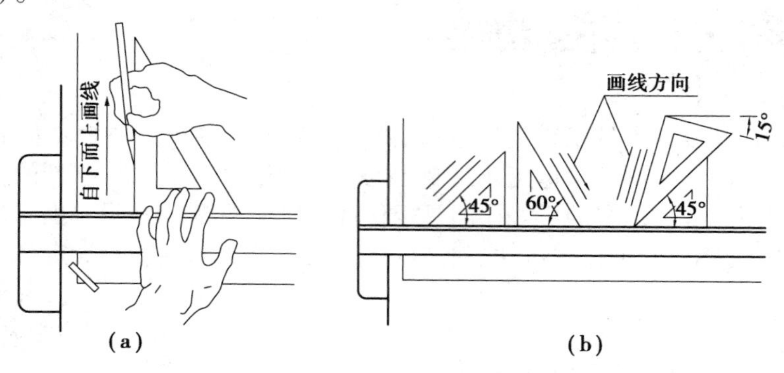

图 1.3　用三角尺和丁字尺配合画垂直线和各种斜线

画铅垂线时,先将丁字尺移动到所绘图线的下方,把三角尺放在应画线的右方,并使一直角边紧靠丁字尺的工作边,然后移动三角尺,直到另一直角边对准要画线的地方,再用左手按住丁字尺和三角尺,自下而上画线,如图 1.3(a)所示。

丁字尺与三角尺配合画斜线及两块三角尺配合画各种斜度的相互平行或垂直的直线时,其运笔方向如图 1.3(b)和图 1.4 所示。

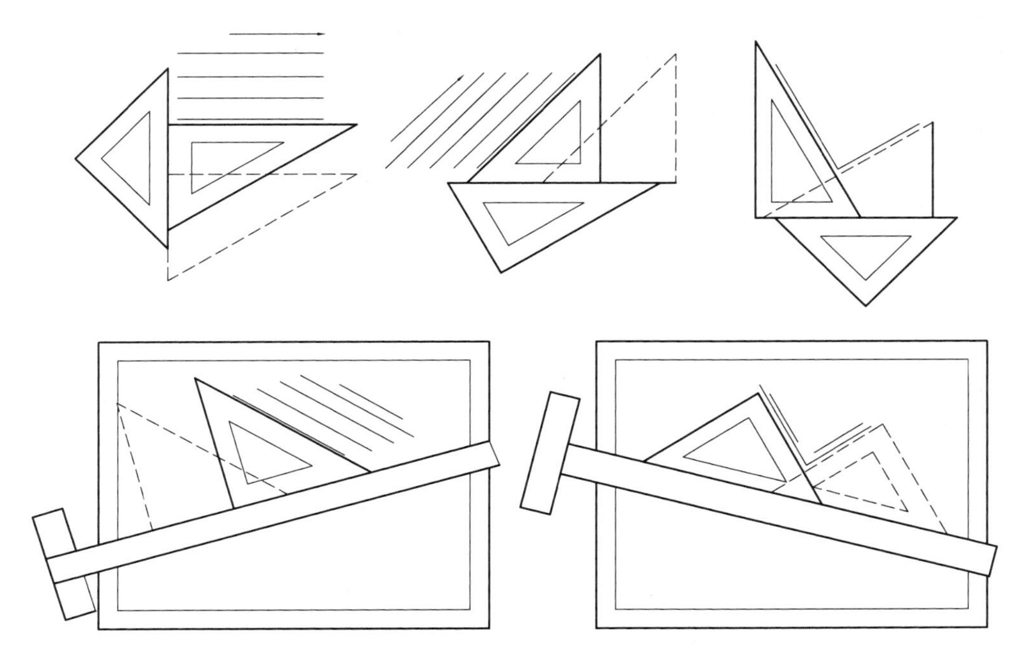

图 1.4 用三角尺画平行线及垂直线

▶1.1.4 铅笔

绘图铅笔有各种不同的硬度。标号 B,2B,…,6B 表示软铅芯,数字越大,表示铅芯越软;标号 H,2H,…,6H 表示硬铅芯,数字越大,表示铅芯越硬;标号 HB 表示中软。画底稿宜用 H 或 2H,徒手作图可用 HB 或 B,加重直线用 H、HB(细线)、HB(中粗线)、B 或 2B(粗线)。

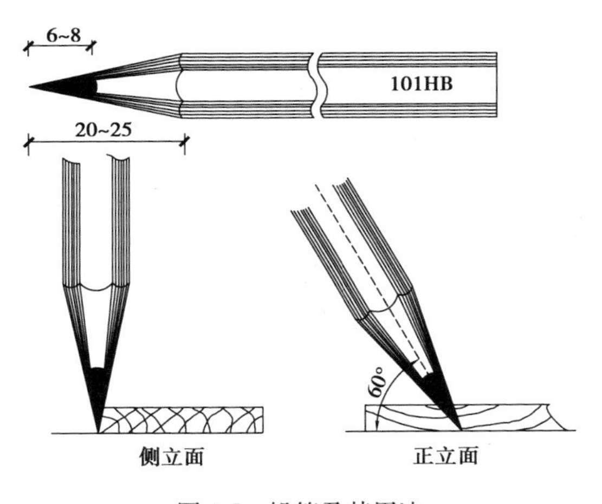

图 1.5 铅笔及其用法

铅笔尖应削成锥形,芯露出 6~8 mm。削铅笔时要注意保留有标号的一端,以便始终能识别其软硬度(见图 1.5)。使用铅笔绘图时,用力要均匀,用力过大会划破图纸或在纸上留下凹痕,甚至折断铅芯。画长线时,要边画边转动铅笔,使线条粗细一致。画线时,从正面看笔身应倾斜约 60°,从侧面看笔身应铅直。持笔的姿势要自然,笔尖与尺边距离始终保持一致,线条才能画得平直准确。

▶1.1.5 圆规、分规

1)圆规

圆规是用来画圆及圆弧的工具(见图 1.6)。圆规的一腿为可固定紧的活动钢针,其中有台阶状的一端多用来加深图线时用;另一腿上附有插脚,根据不同用途可换上铅芯插脚、鸭嘴笔插脚、针管笔插脚、接笔杆(供画大圆用)。画图时应先检查两脚是否等长,当针尖插入图板后，留在外面的部分应与铅芯尖端平（画墨线时，应与鸭嘴笔脚平），如图 1.6（a）所示。铅芯可磨成约 65°的斜截圆柱状，斜面向外，也可磨成圆锥状。

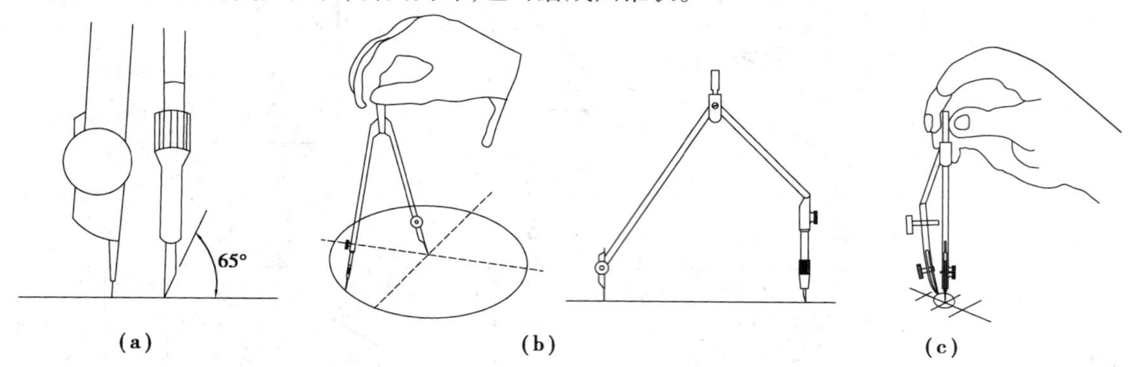

图 1.6　圆规的针尖和画圆的姿势

画圆时，首先调整铅芯与针尖的距离等于所画圆 z 的半径，再用左手食指将针尖送到圆心上轻轻插住，尽量不使圆心扩大，并使笔尖与纸面的角度接近垂直；然后右手转动圆规手柄，转动时，圆规应向画线方向略为倾斜，速度要均匀，沿顺时针方向画圆，整个圆一笔画完。在绘制较大圆时，可将圆规两插杆弯曲，使它们仍然保持与纸面垂直，如图 1.6（b）所示。直径在 10 mm 以下的圆，一般用点圆规来画。使用时，右手食指按顶部。大拇指和中指按顺时针方向迅速地旋动套管，画出小圆，如图 1.6（c）所示。需要注意的是，画圆时必须保持针尖垂直于纸面，圆画出后，要先提起套管，然后拿开点圆规。

2）分规

分规是截量长度和等分线段的工具，它的两条腿必须等长，两针尖合拢时应会合成一点，如图 1.7（a）所示。

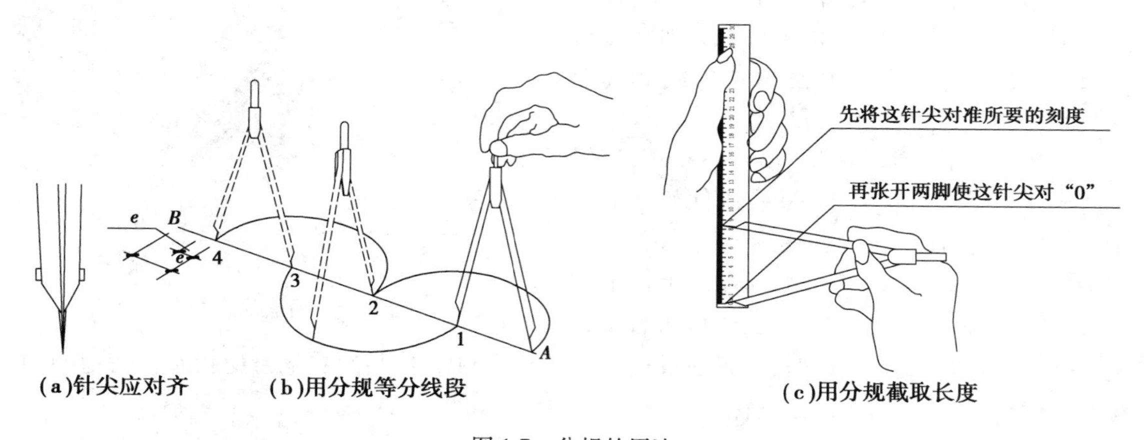

图 1.7　分规的用法

用分规等分线段的方法如图 1.7（b）所示。例如，分线段 AB 为 4 等分，先凭目测估计，将分规两脚张开，使两针尖的距离大致等于$\frac{1}{4}AB$，然后交替两针尖划弧，在该线段上截取 1，2，3，4 等分点；假设点 4 落在 B 点以内，距差为 e，这时可将分规再开$\frac{1}{4}e$，再行试分，若仍有差额

(也可能超出 AB 线外),则照样再调整两针尖距离(或加或减),直到恰好等分为止。

▶1.1.6 比例尺

比例尺是用来放大或缩小线段长度的尺子。有的比例尺做成三棱柱状,称为三棱尺。三棱尺上刻有 6 种刻度,通常表示为 1：100,1：200,1：300,1：400,1：500,1：600 这 6 种比例。有的做成直尺形状(见图 1.8),称为比例尺,它只有一行刻度和三行数字,表示 3 种比例,即 1：100,1：200,1：500。比例尺上的数字是以米(m)为单位的。现以比例直尺为例,说明其用法。

1)用比例尺量取图上线段的长度

已知图的比例为 1：200,要知道图上线段 AB 的实长,就可用比例尺上 1：200 的刻度去量度(见图 1.8)。将刻度上的零点对准 A 点,而 B 点恰好在刻度 15.2 m 处,则线段 AB 的长度可直接读得 15.2 m,即 15 200 mm。

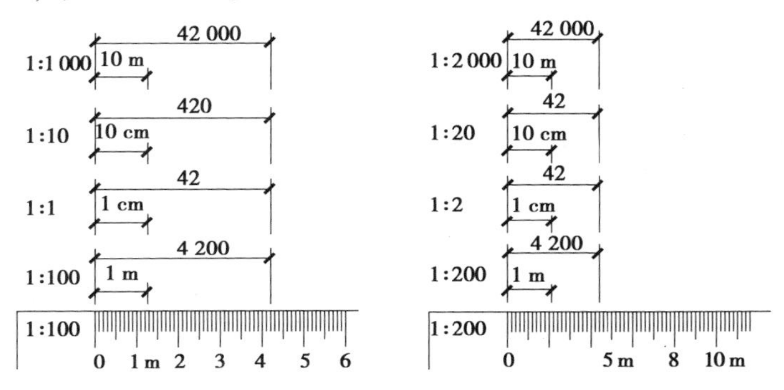

图 1.8 比例尺及其用法

2)用比例尺上的刻度量读线段长度

用比例尺上的 1：200 的刻度量读比例是 1：2,1：20 和 1：2 000 的线段长度。例如,在图 1.8 中,AB 线段的比例如果改为 1：2,由于比例尺 1：200 刻度的单位长度比 1：2 缩小了 100 倍,则 AB 线段的长度应读为 $15.2\ \text{m}\times\frac{1}{10}=1.52\ \text{m}$。同样,比例改为 1：2 000,则应读为 $15.2\ \text{m}\times 10=152\ \text{m}$。

上述量读方法可归结为表 1.1。

表 1.1 量读方法

比　例		读　数
比例尺刻度	1：200	15.2 m
图中线段比例	1：2(分母后少两位零)	0.152 m(小数点前移两位)
	1：2(分母后少一位零)	0.152 m(小数点前移一位)
	1：2 000(分母后多一位零)	152 m(小数点后移一位)

3)用 1：500 的刻度量读 1：250 的线段长度

由于 1：500 刻度的单位长度比 1：250 缩小 2 倍,所以把 1：500 的刻度作为 1：250 用时,应把刻度上的单位长度放大2倍,即10 m当作5 m用。

比例尺是用来量取尺寸的,不可用来画线。

▶1.1.7 绘图墨水笔

绘图墨水笔是过去用来描图的主要工具,现在用计算机绘图后已基本不使用,但仍有学校作为学生练习在用,故在此简单介绍。绘图墨水笔的笔尖是一支细的针管,又称为针管笔(见图1.9)。绘图墨水笔能像普通钢笔一样吸取墨水。笔尖的管径为0.1~1.2 mm,有多种规格,可视线型粗细而选用。使用时应注意保持笔尖清洁。

图1.9 绘图墨水笔

▶1.1.8 建筑模板

建筑模板主要用来画各种建筑标准图例和常用符号,如柱、墙、门开启线、大便器、污水盆、详图索引符号、轴线圆圈等。模板上刻有可以画出各种不同图例或符号的孔(见图1.10),其大小已符合一定的比例,只要用笔沿孔内画一周,图例就画出来了。

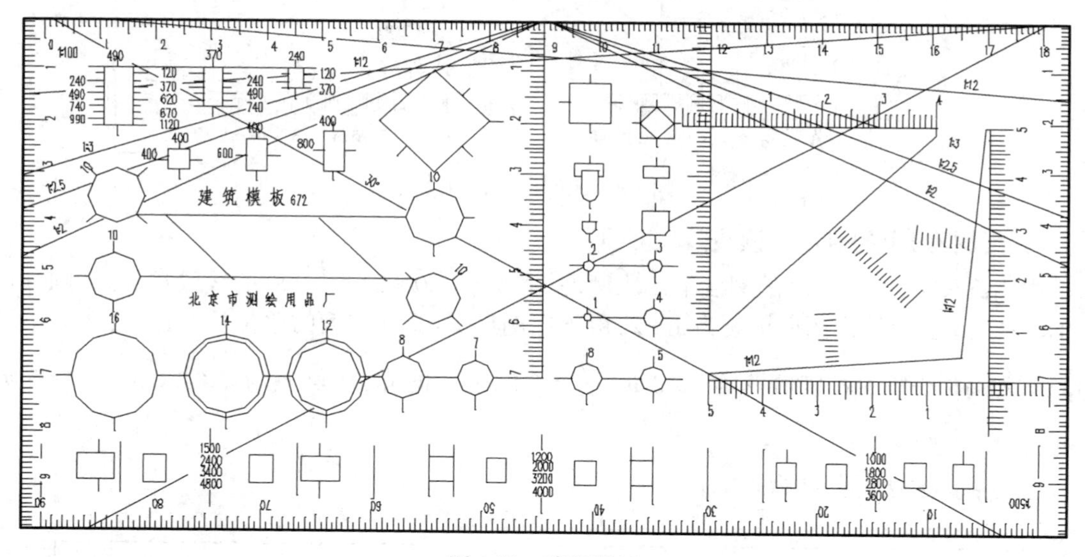

图1.10 建筑模板

1.2 图幅、线型、字体及尺寸标注

▶1.2.1 图幅、图标及会签栏

图幅即图纸幅面,指图纸的大小规格。为了便于图纸的装订、查阅和保存,满足图纸现代化管理要求,图纸的大小规格应力求统一。建筑工程图纸的幅面及图框尺寸应符合中华人民共和国国家标准《房屋建筑制图统一标准》(GB/T 50001—2010)规定(以下简称"《房

屋建筑制图统一标准》”),见表 1.2。表中数字是裁边以后的尺寸,尺寸代号的意义如图 1.11所示。

表 1.2 **幅面及图框尺寸(摘自** GB/T 50001—2010)

尺寸代号 \ 幅面代号	A0	A1	A2	A3	A4
b/mm×l/mm	841×1 189	594×841	420×594	297×420	210×297
c/mm	10			5	
a/mm	25				

图幅分横式和立式两种。从表 1.2 中可知,A1 号图幅是 A0 号图幅的对折,A2 号图幅是 A1 号图幅的对折,以此类推,上一号图幅的短边,即是下一号图幅的长边。

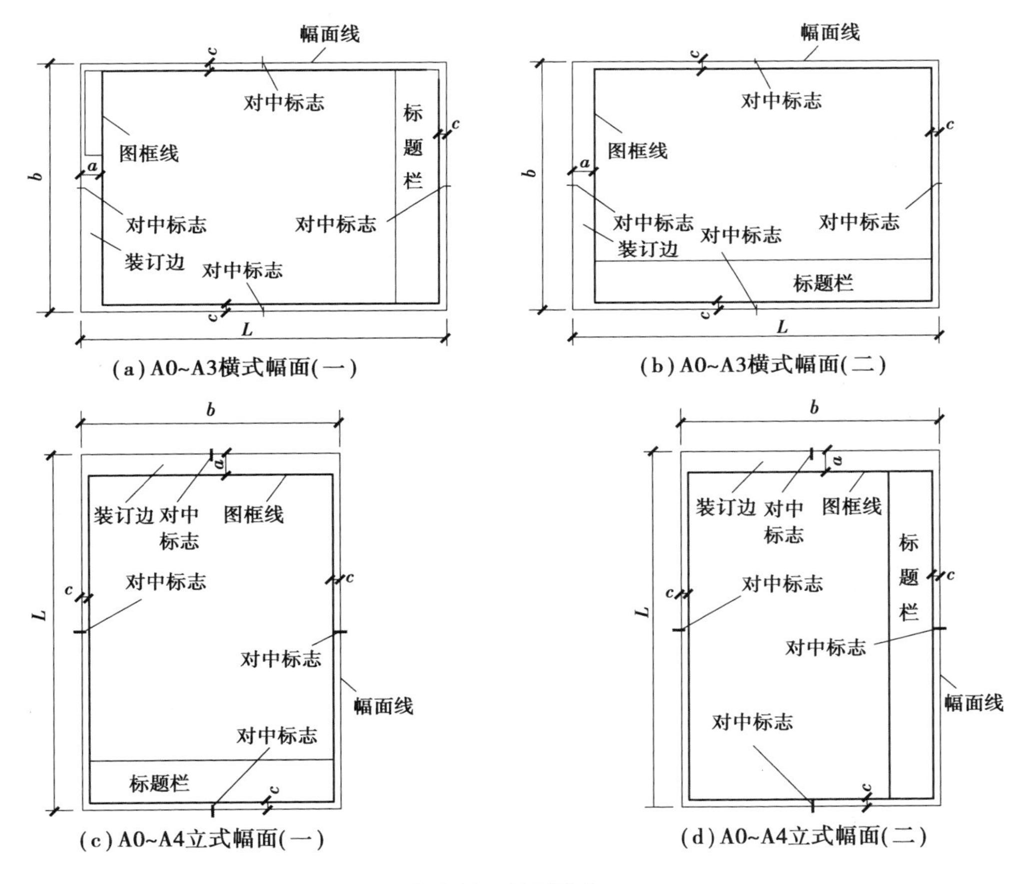

图 1.11 图幅格式

建筑工程一个专业所用的图纸应整齐统一,选用图幅时宜以一种规格为主,尽量避免大小图幅掺杂使用。一般不宜多于两种幅面,目录及表格所采用的 A4 幅面,可不在此限。

在特殊情况下,允许 A0~A3 号图幅按表 1.3 的规定加长图纸的长边。但图纸的短边不得加长。

表 1.3　图纸长边加长尺寸(摘自 GB/T 50001—2010)

幅面代号	长边尺寸/mm	长边加长后尺寸/mm
A0	1 189	1 486(A0+1/4l)　1 635(A0+3/8l)　1 783(A0+1/2l)　1 932(A0+5/8l) 2 080(A0+3/4l)　2 230(A0+7/8l)　2 378(A0+1l)
A1	841	1 051(A1+1/4l)　1 261(A1+1/2l)　1 471(A1+3/4l)　1 682(A1+1l) 1 892(A1+5/4l)　2 102(A1+3/2l)
A2	594	743(A2+1/4l)　891(A2+1/2l)　1 041(A2+3/4l)　1 189(A2+1l) 1 338(A2+5/4l)　1 486(A2+3/2l)　1 635(A2+7/4l)　1 783(A2+2l) 1 932(A2+9/4l)　2 080(A2+5/2l)
A3	420	630(A3+1/2l)　841(A3+1l)　1 051(A3+3/2l)　1 261(A3+2l) 1 471(A3+5/2l)　1 682(A3+3l)　1 892(A3+7/2l)

注:有特殊需要的图纸,可采用 $b \times l$ 为 841 mm×891 mm 与 1 189 mm×1 261 mm 的幅面。

图纸的标题栏(简称图标)和装订边的位置应按图 1.11 布置。

图标的大小及格式如图 1.12 所示。

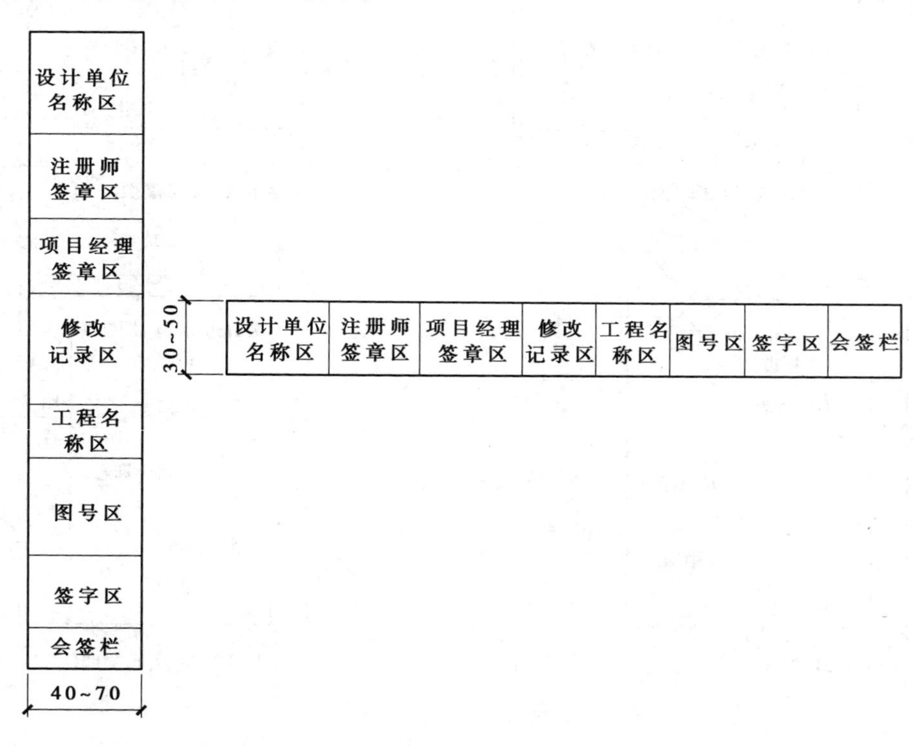

图 1.12　标题栏(图标)

会签栏应按图 1.13 的格式绘制,栏内应填写会签人员所代表的专业、姓名、日期(年、月、日),一个会签栏不够用时可另加一个、两个会签栏应并列,不需会签的图纸可不设此栏。

学生制图作业可用标题栏推荐图 1.14 的格式。

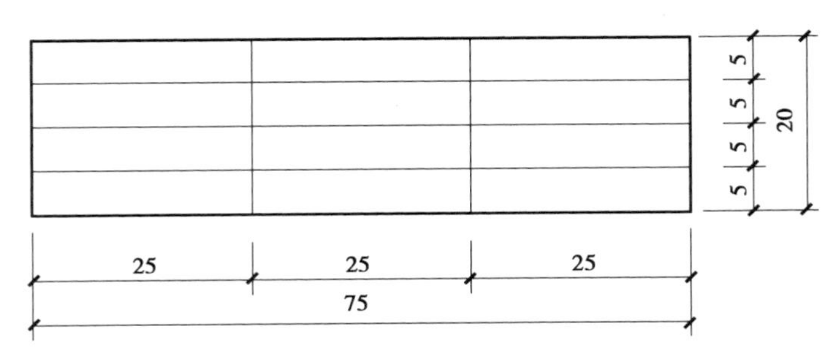

图 1.13 会签栏

▶1.2.2 线型

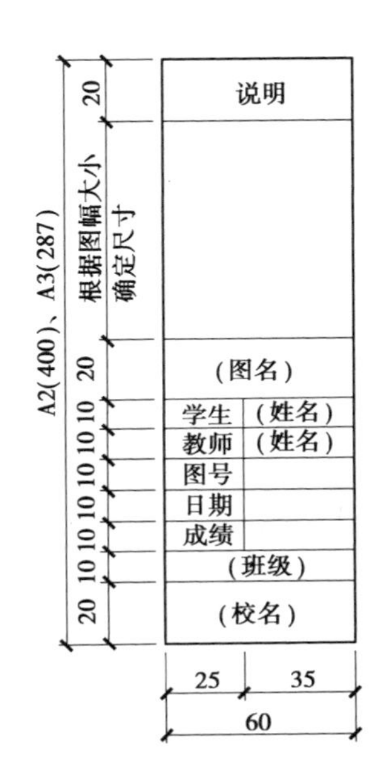

图 1.14 学生制图作业用标题栏推荐格式(单位:mm)

任何建筑图样都是用图线绘制成的,因此,熟悉图线的类型及用途,掌握各类图线的画法是建筑制图最基本的技能。

为了使图样清楚、明确,建筑制图采用的图线分为实线、虚线、单点长画线、双点长画线、折断线和波浪线 6 类,其中前 4 类线型按宽度不同又分为粗、中、细 3 种,后 2 类线型一般均为细线。各类线型的规格及用途,见表 1.4。

图线的宽度 b,宜从 1.4,1.0,0.7,0.5,0.35,0.25,0.18,0.13 mm线宽系列中选取。图线宽度不应小于 0.1 mm。每个图样,应根据复杂程度与比例大小,先选定基本线宽 b,再按表 1.5 确定相应的线宽组。在同一张图纸中,相同比例的各图样,应选用相同的线宽组。虚线、单点长画线及双点长画线的线段长度和间隔,应根据图样的复杂程度和图线的长短来确定,但宜各自相等,表 1.5 中所示线段的长度和间隔尺寸可作参考。当图样较小,用单点长画线和双点长画线绘图有困难时,可用实线代替。

表 1.4 线型(摘自 GB/T 50001—2010)

名称		线型	线宽	一般用途
实线	粗	——	b	主要可见轮廓线
	中粗	——	$0.7b$	可见轮廓线
	中	——	$0.5b$	可见轮廓线
	细	——	$0.25b$	可见轮廓线、图例线等

续表

<table>
<tr><th colspan="2">名　称</th><th>线　型</th><th>线　宽</th><th>一般用途</th></tr>
<tr><td rowspan="4">虚线</td><td>粗</td><td>3~6 ≤1</td><td>b</td><td>见各有关专业制图标准</td></tr>
<tr><td>中粗</td><td></td><td>0.7b</td><td>不可见轮廓线</td></tr>
<tr><td>中</td><td></td><td>0.5b</td><td>不可见轮廓线、图例线等</td></tr>
<tr><td>细</td><td></td><td>0.25b</td><td>不可见轮廓线、图例线等</td></tr>
<tr><td rowspan="3">单点长画线</td><td>粗</td><td>≤3 15~20</td><td>b</td><td>见各有关专业制图标准</td></tr>
<tr><td>中</td><td></td><td>0.5b</td><td>见各有关专业制图标准</td></tr>
<tr><td>细</td><td></td><td>0.25b</td><td>中心线、对称线等</td></tr>
<tr><td rowspan="3">双点长画线</td><td>粗</td><td>5 15~20</td><td>b</td><td>见各有关专业制图标准</td></tr>
<tr><td>中</td><td></td><td>0.5b</td><td>见各有关专业制图标准</td></tr>
<tr><td>细</td><td></td><td>0.25b</td><td>假想轮廓线、成型前原始轮廓线</td></tr>
<tr><td colspan="2">折断线</td><td></td><td>0.25b</td><td>断开界线</td></tr>
<tr><td colspan="2">波浪线</td><td></td><td>0.25b</td><td>断开界线</td></tr>
</table>

表 1.5　线宽组

线宽比	线宽组/mm			
b	1.4	1.0	0.7	0.5
0.7b	1.0	0.7	0.5	0.35
0.5b	0.7	0.5	0.35	0.25
0.25b	0.35	0.25	0.18	0.13

注：1.需要缩微的图纸，不宜采用 0.18 及更细的线宽。

2.同一张图纸内，各不同线宽中的细线，可统一采用较细的线宽组的细线。

图纸的图框线和标题栏线，可采用表 1.6 中所示的线宽。

表 1.6　图框线、标题栏线的宽度

幅面代号	图框线宽度 /mm	标题栏外框线宽度 /mm	标题栏分格线、会签栏线宽度 /mm
A0,A1	b	0.5 b	0.25 b
A2,A3,A4	b	0.7 b	0.35 b

此外，在绘制图线时还应注意以下几点：

①单点长画线和双点长画线的首末两端应是线段，而不是点。单点长画线(双点长画线)与单点长画线(双点长画线)交接，或单点长画线(双点长画线)与其他图线交接时，应是线段交接。

②虚线与虚线交接或虚线与其他图线交接时，都应是线段交接。虚线为实线的延长线时，不得与实线连接。虚线的正确画法和错误画法，如图 1.15 所示。

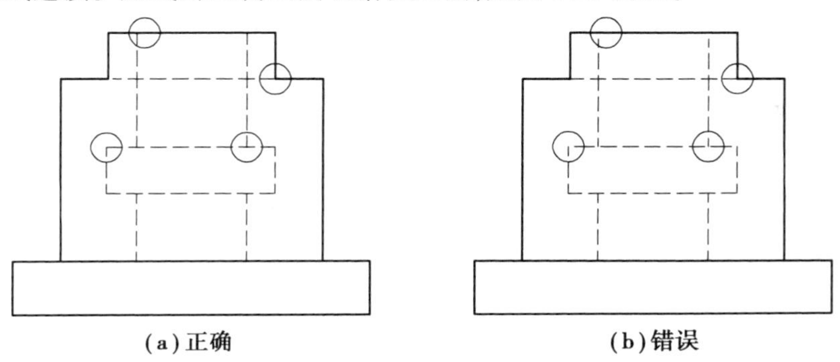

(a)正确　　(b)错误

图 1.15　虚线交接的画法

③相互平行的图线，其间距不宜小于其中粗线宽度，且不宜小于 0.7 mm。

④图线不得与文字、数字或符号重叠、混淆，不可避免时，应首先保证文字等的清晰。

▶1.2.3　字体

图纸上所需书写的文字、数字或符号等，均应笔画清晰、字体端正、排列整齐；标点符号应清楚正确。如果字迹潦草，难于辨认，则容易发生误解，甚至造成工程事故。

图样及说明中的汉字应写成长仿宋体，大标题、图册封面、地形图等的汉字，也可写成其他字体，但应易于辨认。汉字的简化写法，必须遵照国务院公布的《汉字简化方案》和有关规定。

1)长仿宋字体

长仿宋字体是由宋体字演变而来的长方形字体，它的笔画匀称明快，书写方便，因而是工程图纸最常用的字体。写仿宋字(长仿宋体)的基本要求，可概括为"行款整齐、结构匀称、横平竖直、粗细一致、起落顿笔、转折勾棱"。

长仿宋体字样如图 1.16 所示。

建筑设计结构施工设备水电暖风平立侧断剖切面总详
标准草略正反迎背新旧大中小上下内外纵横垂直完整比例
年月日说明共编号寸分吨斤厘毫甲乙丙丁戊己表庚辛红橙
黄绿青蓝紫黑白方粗细硬软镇郊区域规划截道桥梁房屋绿
化工业农业民用居住共厂址车间仓库无线电农机粮畜舍晒
谷厂商业服务修理交通运输行政办宅宿舍公寓卧室厨房厕
所贮藏浴室食堂饭厅冷饮公从餐馆百货店菜场邮局旅客站
航空海港口码头长途汽车行李候机船检票学校实验室图书
馆文化宫运动场体育比赛博物馆走廊过道盥洗楼梯层数壁
橱基础底层墙踢脚阳台门散水沟窗格

图 1.16 长仿宋字样

(1)字体格式

为了使字写得大小一致、排列整齐,书写前应事先用铅笔淡淡地打好字格,再进行书写。字格高宽比例一般为 3∶2。为了使字行清楚,行距应大于字距。通常字距约为字高的 1/4,行距约为字高的 1/3(见图 1.17)。

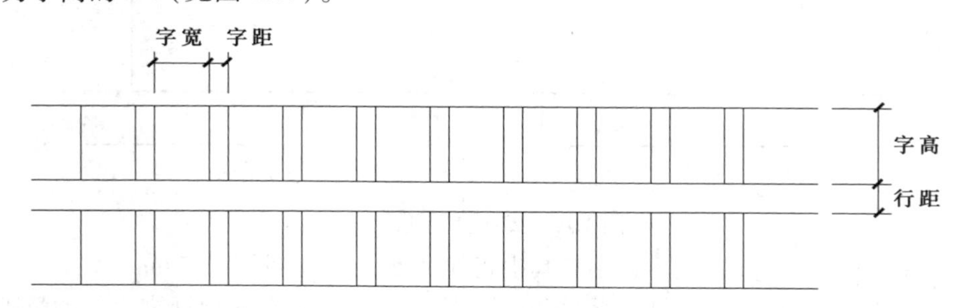

图 1.17 字格

字的大小用字号来表示,字的号数即字的高度,各号字的高度与宽度的关系见表 1.7。

表 1.7 字号

字号	20	14	10	7	5	3.5
字高	20	14	10	7	5	3.5
字宽	14	10	7	5	3.5	2.5

图纸中常用的有 10,7,5 这 3 个字号。如需书写更大的字,其高度应按$\sqrt{2}$的比值递增。汉字的字高应不小于 3.5 mm。

(2)字体的笔画

长仿宋字体的笔画要横平竖直,注意起落,现介绍常用笔画的写法及特征。

①横画基本要平,可略向上自然倾斜,运笔起落略顿一下笔,使尽端形成小三角,但应一

笔完成。

②竖画要铅直,笔画要刚劲有力,运笔同横画。

③撇的起笔同竖,但是随斜向逐渐变细,运笔由重到轻。

④捺的运笔与撇笔相反,起笔轻而落笔重,终端稍顿笔再向右尖挑。

⑤挑画是起笔重,落笔尖细如针。

⑥点的位置不同,其写法也不同,大多数的点是起笔轻而落笔重,形成上尖下圆的光滑形象。

⑦竖钩的竖同竖画,但要挺直,稍顿后向左上尖挑。

⑧横钩由两笔组成,横同横画,末笔应起重轻落,钩尖如针。

⑨弯钩有竖弯钩、斜弯钩和包钩。竖弯钩起笔同竖画,由直转弯过渡要圆滑;斜弯钩的运笔由轻到重再到轻,转变要圆滑;包钩由横画和竖钩组成,转折要勾棱,竖钩的竖画有时可向左略斜。

(3)字体结构

形成一个完善结构的字的关键是各个笔画的相互位置要正确,各部分的大小、长短、间隔要符合比例,上下左右要匀称,笔画疏密要合适。为此,书写时应注意以下几点:

①撑格、满格和缩格。每个字最长笔画的棱角要顶到字格的边线。绝大多数的字,都应写满字格,这样,可使单个的字显得大方,使成行的字显得均匀整齐。然而,有一些字写满字格,就会感到肥硕,它们置身于均匀整齐的字列当中,将有损于行款的美观,这些字就必须缩格。如"口、日"两字四周都要缩格,"工、四"两字上下要缩格,"目、月"两字左右要略为缩格等。同时,需注意"口、日、内、同、曲、图"等带框的字下方应略为收分。

②长短和间隔。字的笔画有繁简,如"翻"字和"山"字。字的笔画又有长短,像"非、曲、作、业"等字的两竖画左短右长,"土、于、夫"等字的两横画上短下长。又如"三"字、"川"字第一笔长,第二笔短,第三笔最长。因此,必须熟悉其长短变化,匀称地安排其间隔,字态才能清秀。

③缀合比例。缀合字在汉字中所占比重甚大,对其缀合比例的分析研究,也是写好仿宋字的重要一环。缀合部分有对称或三等分的,如横向缀合的"明、林、辨、衍"等字,如纵缀合的"辈、昌、意、器"等字;偏旁、部首与其缀合部分约为一与二之比的,如"制、程、筑、堡"等字。

横、竖是仿宋字中的骨干笔画,书写时必须挺直不弯,否则,就失去了仿宋字挺拔刚劲的特征。横划要平直,但并非完全水平,而是沿运笔方向稍许上斜,这样字形不显死板,而且也适于手写的笔势。

仿宋字横、竖粗细一致,字形爽目。它区别于宋体的横画细、竖画粗,与楷体字笔画的粗细变化有致亦不同。

横画与竖画的起笔和收笔、撇的起笔、钩的转角等都要顿一下笔,形成小三角形,给人以锋颖挺劲的感觉。

2)拉丁字母、阿拉伯数字及罗马数字

拉丁字母、阿拉伯数字及罗马数字的书写与排列等,应符合表 1.8 的规定。

表 1.8　拉丁字母、阿拉伯数字、罗马数字书写规则

书写格式		一般字体	窄字体
字母高	大写字母	h	h
	小写字母(上下均无延伸)	$7/10h$	$10/14h$
小写字母向上或向下延伸部分		$3/10h$	$4/14h$
笔 画 宽 度		$1/10h$	$1/14h$
间　隔	字母间	$2/10h$	$2/14h$
	上下行底线间最小间隔	$14/10h$	$20/14h$
	文字间最小间隔	$6/10h$	$6/14h$

注:①小写拉丁字母 a,c,m,n 等上下均无延伸,j 上下均有延伸;

②字母的间隔,如需排列紧凑,可按表中字母的最小间隔减少一半。

拉丁字母、阿拉伯数字可以直写,也可以斜写。斜体字的斜度是从字的底线逆时针向上倾斜 75°,字的高度与宽度应与相应的直体字相等。当数字与汉字同行书写时,其大小应比汉字小一号,并宜写直体。拉丁字母、阿拉伯数字及罗马数字的字高,应不小于 2.5 mm。拉丁字母、阿拉伯数字及罗马数字分一般字体和窄体字,其运笔顺序和字例如图 1.18 所示。

运笔顺序:

图 1.18　运笔顺序

字体书写练习要持之以恒,多看、多摹、多写,严格认真、反复刻苦地练习,自然熟能生巧。

▶1.2.4　尺寸标注

在建筑施工图中,图形只能表达建筑物的形状,建筑物各部分的大小还必须通过标注尺寸才能确定。房屋施工和构件制作都必须根据尺寸进行,因此尺寸标注是制图的一项重要工作,必须认真细致,准确无误。如果尺寸有遗漏或错误,必将给施工造成困难和损失。

注写尺寸时,应力求做到正确、完整、清晰、合理。

本节将介绍《房屋建筑制图统一标准》中有关尺寸标注的一些基本规定。

1）尺寸的组成

建筑图样上的尺寸一般应由尺寸界线、尺寸线、尺寸起止符号和尺寸数字 4 部分组成，如图 1.19 所示。

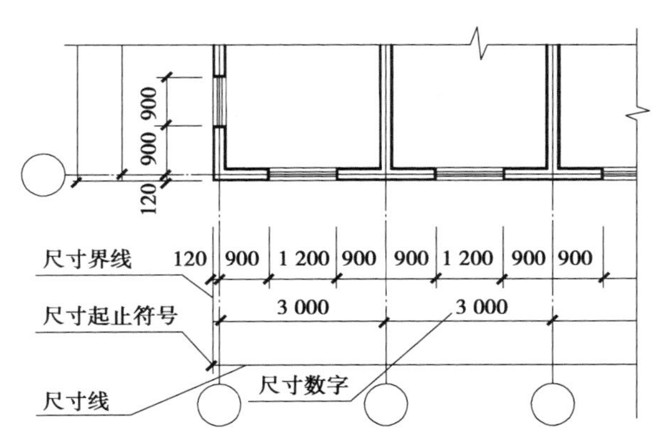

图 1.19　尺寸的组成和平行排列的尺寸

①尺寸界线是控制所注尺寸范围的线，应用细实线绘制，一般应与被注长度垂直；其一端应离开图样轮廓线不小于 2 mm，另一端宜超出尺寸线 2~3 mm。必要时，图样的轮廓线、轴线或中心线可用作尺寸界线，如图 1.20 所示。

②尺寸线是用来注写尺寸的，必须用细实线单独绘制，应与被注长度平行，且不宜超出尺寸界线。任何图线或其延长线均不得用作尺寸线。

③尺寸起止符号一般应用中粗斜短线绘制，其倾斜方向应与尺寸界线成顺时针 45°角，长度宜为 2~3 mm。半径、直径、角度和弧长的尺寸起止符号，宜用箭头表示（见图 1.21）。

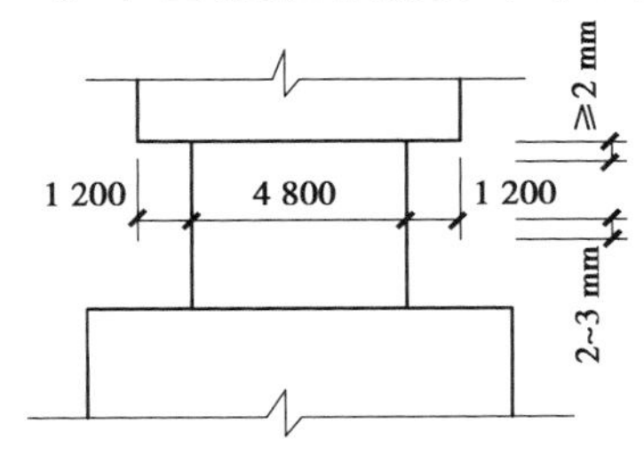

图 1.20　轮廓线用作尺寸界线

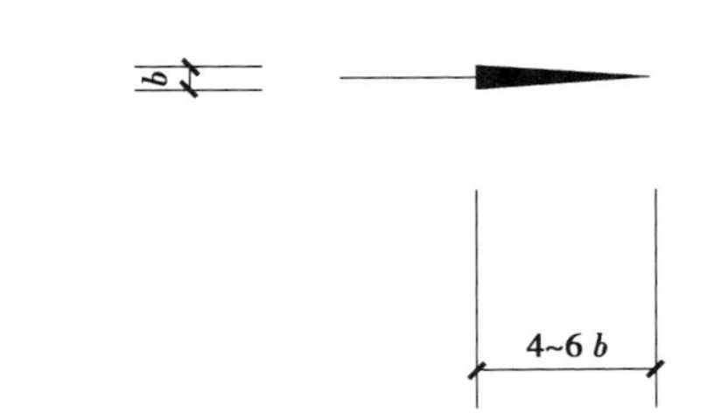

图 1.21　箭头的画法

④建筑图样上的尺寸数字是建筑施工的主要依据，建筑物各部分的真实大小应以图样上所注写的尺寸数字为准，不得从图上直接量取。图样上的尺寸单位，除标高及总平面图以米为单位外，均必须以毫米为单位，图中不需注写计量单位的代号或名称。本书正文和图中的尺寸数字以及习题集中的尺寸数字，除有特别注明外，均按上述规定。

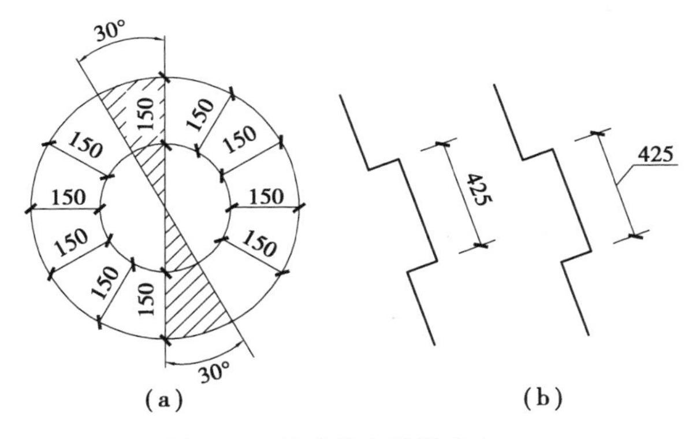

图 1.22　尺寸数字读数方向

尺寸数字的读数方向，应按图 1.22

(a)规定的方向注写,尽量避免在图中所示的30°范围内标注尺寸,当实在无法避免时,宜按图1.22(b)的形式注写。

尺寸数字应依据其读数方向注写在靠近尺寸线的上方中部,如没有足够的注写位置,最外边的尺寸数字可注写在尺寸界线外侧,中间相邻的尺寸数字可错开注写,也可引出注写,如图1.23所示。

图线不得穿过尺寸数字,不可避免时,应将尺寸数字处的图线断开(见图1.24)。

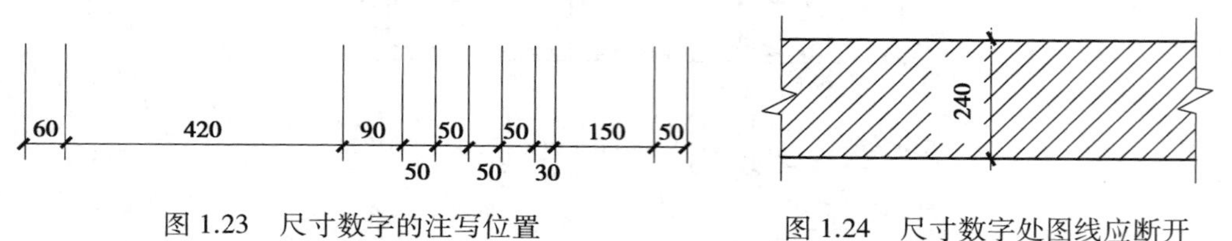

图1.23　尺寸数字的注写位置

图1.24　尺寸数字处图线应断开

2)常用尺寸的排列、布置及注写方法

尺寸宜标注在图样轮廓线以外,不宜与图线、文字及符号等相交。相互平行的尺寸线,应从被注的图样轮廓线由近向远整齐排列,小尺寸应离轮廓线较近,大尺寸应离轮廓线较远。图样轮廓线以外的尺寸线,距图样最外轮廓线之间的距离,不宜小于10 mm。平行尺寸线的间距,宜为7~10 mm,并应保持一致(见图1.19)。

总尺寸的尺寸界线,应靠近所指部位;中间分尺寸的尺寸界线可稍短,但其长度应相等(见图1.19)。

半径、直径、球、角度、弧长、薄板厚度、坡度以及非圆曲线等常用尺寸的标注方法见表1.9。

表1.9　常用尺寸标注方法

标注内容	图　例	说　明
角度	60°　75° 20′　6° 09′ 56″　60°	尺寸线应画成圆弧,圆心是角的顶点,角的两边为尺寸界线。角度的起止符号应以箭头表示,如没有足够的位置画箭头,可用圆点代替。角度数字应水平方向书写
圆和圆弧	ϕ600　ϕ600　R20	标注圆或圆弧的直径、半径时,尺寸数字前应分别加符号“ϕ”“R”尺寸线及尺寸界线应按图例绘制
大圆弧	R150　R150	较大圆弧的半径可按图例形式标注
球面	R10　SR23	标注球的直径、半径时,应分别在尺寸数字前加注符号“$S\phi$”“SR”,注写方法与圆和圆弧的直径、半径的尺寸标注方法相同

续表

标注内容	图　例	说　明
薄板厚度	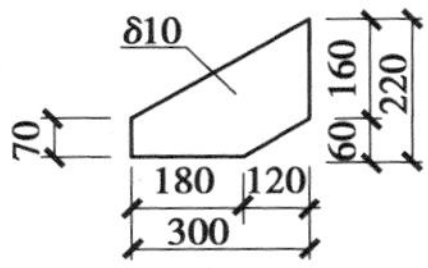	在薄板板面标注板厚尺寸时，应在厚度数字前加厚度符号“δ”
正方形	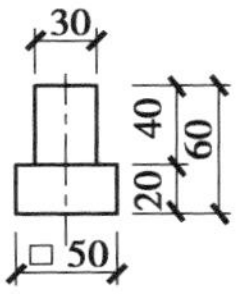	在正方形的测面标注该正方形的尺寸，除可用“边长×边长”外，也可在边长数字前加正方形符号“□”
坡	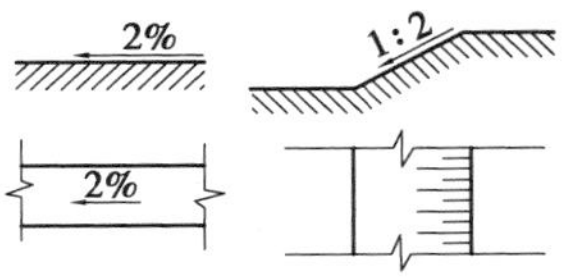	标注坡度时，在坡度数字下，应加注坡度符号，坡度符号的箭头，一般应指向下坡方向，坡度也可用直角三角形的形式标注
小圆和小圆弧	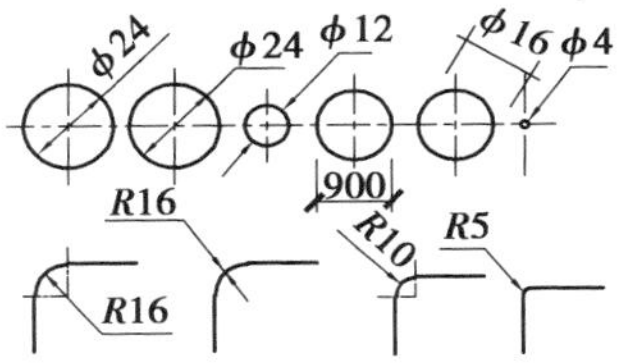	小圆的直径和小圆弧的半径可按图例形式标注
弧长和弦长	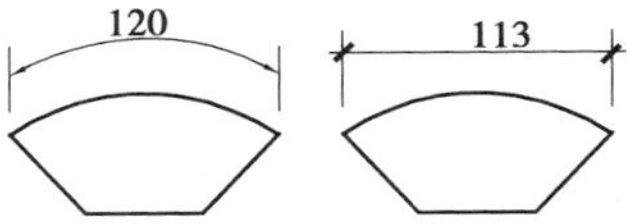	尺寸界线应垂直于该圆弧的弦。标注弧长时，尺寸线应与该圆弧同心的圆弧线表示，起止符号应用箭头，尺寸数字上方应加注圆弧符号。标注弦长时，尺寸线应以平行于该弦的直线表示，起止符号用中粗斜线表示
构件外形为非圆曲线时	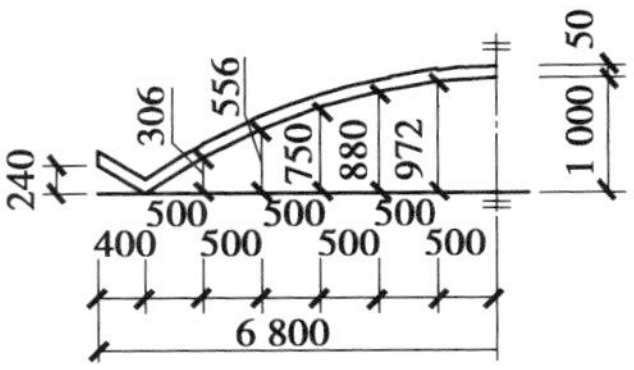	用坐标形式标注尺寸
复杂的圆形	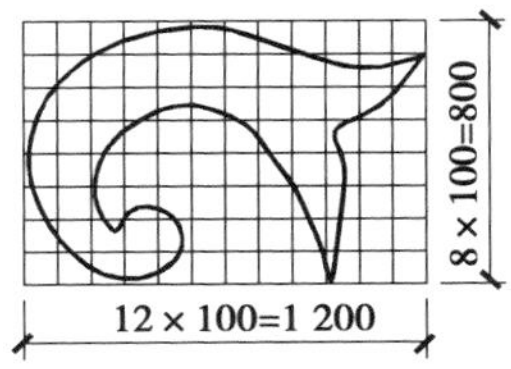	用网格形式标注尺寸

3）尺寸的简化标注

①杆件或管线的长度，在单线图（桁架简图、钢筋简图、管线图等）上，可直接将尺寸数字

沿杆件或管线的一侧注写(见图 1.25)。

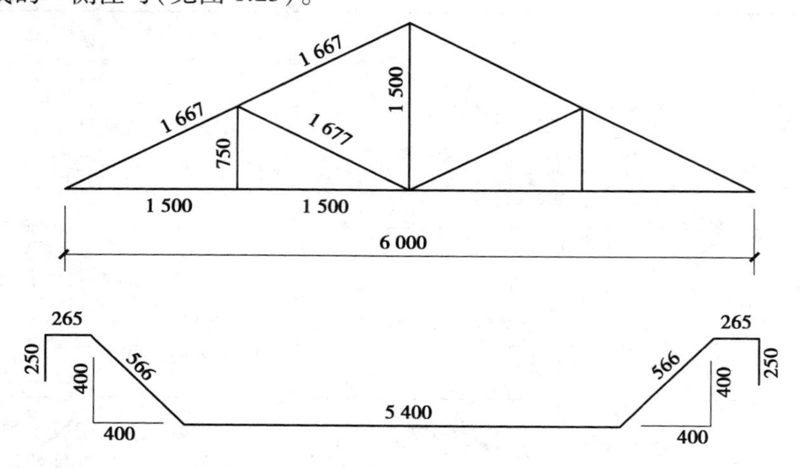

图 1.25 单线图尺寸标注方法

②连续排列的等长尺寸,可用“个数×等长尺寸=总长”的形式标注(见图 1.26)。

③构配件内的构造要素(如孔、槽等)若相同,可仅标注其中一个要素的尺寸(见图 1.27)。

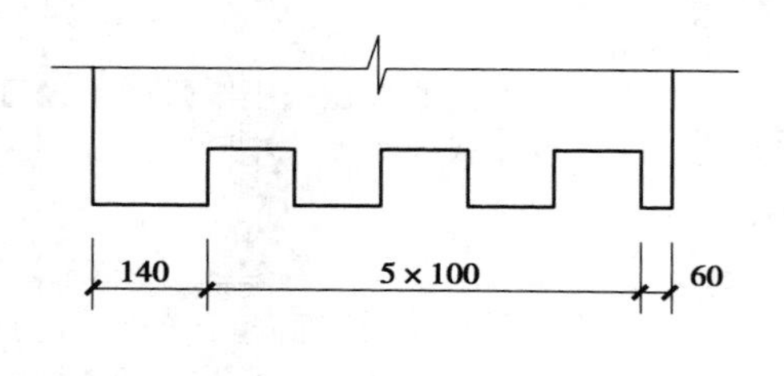

图 1.26 等长尺寸简化标注方法

图 1.27 相同要素尺寸标注方法

④对称构配件采用对称省略画法时,该对称构配件的尺寸线应略超过对称符号,仅在尺寸线的一端画尺寸起止符号,尺寸数字应按整体全尺寸注写,其注写位置宜与对称符号对直(见图 1.28)。

⑤两个构配件,如仅个别尺寸数字不同,可在同一图样中,将其中一个构配件的不同尺寸数字注写在括号内,该构配件的名称也应注写在相应的括号内(见图 1.29)。

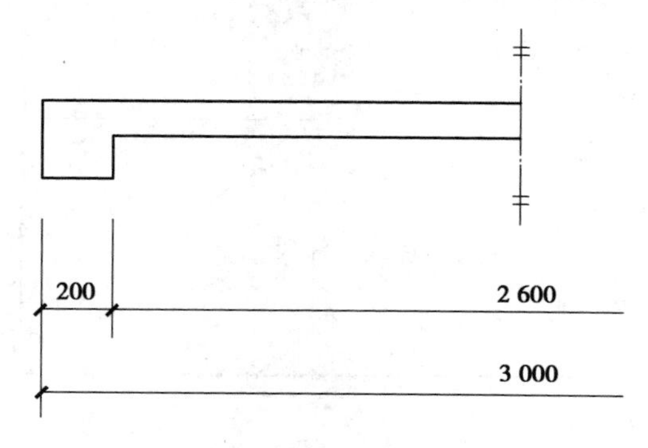

图 1.28 对称构件尺寸数字标注方法

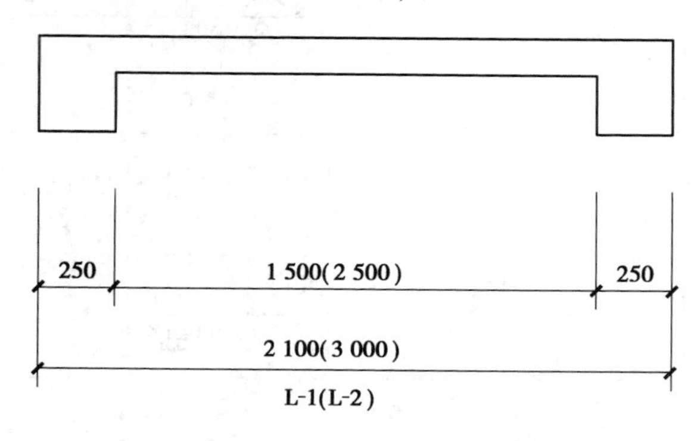

图 1.29 相似构件尺寸数字标注方法

⑥数个构配件,如仅某些尺寸不同,这些有变化的尺寸数字,可用拉丁字母注写在同一图样中,另列表格写明其具体尺寸(见图 1.30)。

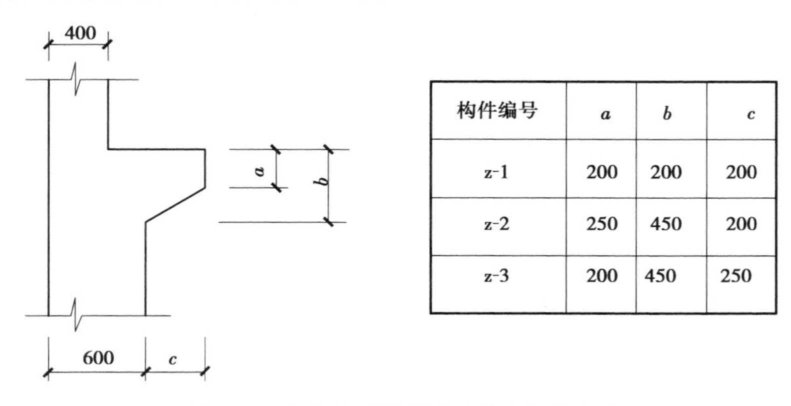

构件编号	*a*	*b*	*c*
z-1	200	200	200
z-2	250	450	200
z-3	200	450	250

图 1.30　相似构配件尺寸表格式标注方法

4)标高的注法

标高分绝对标高和相对标高。以我国青岛市外黄海海面为±0.000 的标高称为绝对标高,如世界最高峰珠穆朗玛峰高度为 8 844.43 m(中国国家测绘局 2005 年测定)即为绝对标高。而以某一建筑底层室内地坪为±0.000 的标高称为相对标高,如上海浦东 88 层的金茂大厦高 420 m 即为相对标高。

建筑图样中,除总平面图上标注绝对标高外,其余图样上的标高都为相对标高。

标高符号,除用于总平面图上室外整平标高采用全部涂黑的三角形外,其他图面上的标高符号一律用图 1.31 所示的符号。

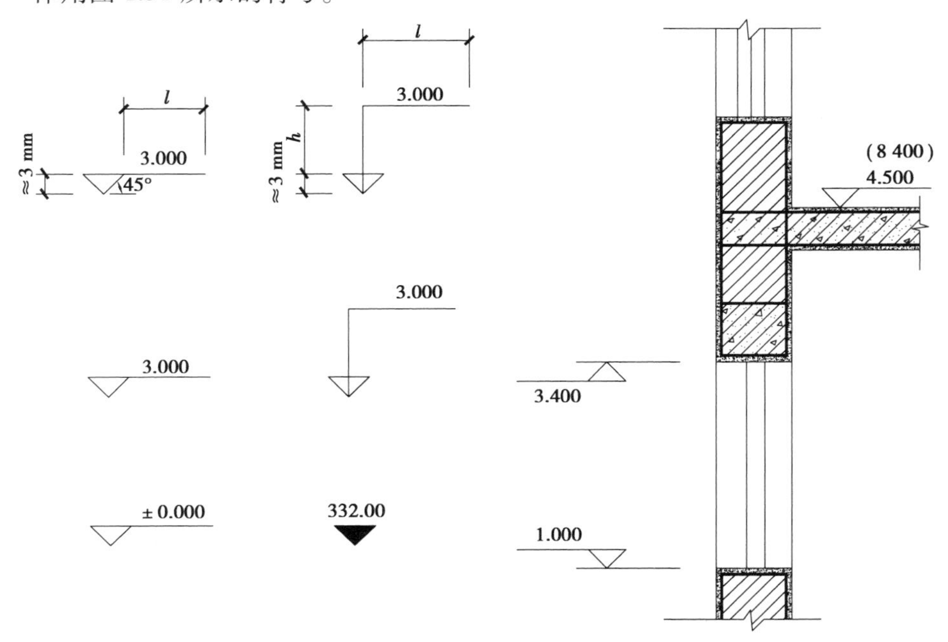

图 1.31　标高符号及其标注

标高符号其图形为三角形或倒三角形,高约 3 mm,三角形尖部所指位置即为标高位置,其水平线的长度,根据标高数字的长短而定。标高数字以 m 为单位,总平面图上注至小数点后 2 位数,如 8 844.43,而其他任何图上标注至小数点后 3 位数,即 mm 为止。如零点标高注成±0.000,正数标高数字前一律不加正号,如 3.000,2.700,0.900;负数标高数字前必须加注负号,如-0.020,-0.450。

在剖面图及立面图中,标高符号的尖端,根据所指位置可向上指,也可向下指,如同时表示几个不同的标高时,可在同一位置重叠标注,标高符号及其标注如图 1.31 所示。

1.3 建筑制图的一般步骤

制图工作应当有步骤地循序进行。为了提高绘图效率,保证图纸质量,必须掌握正确的绘图程序和方法,并养成认真负责、仔细、耐心的良好习惯。本节将介绍建筑制图的一般步骤。

▶1.3.1 制图前的准备工作

①安放绘图桌或绘图板时,应使光线从图板的左前方射入;不宜对窗安置绘图桌,以免纸面反光而影响视力。将需用的工具放在方便之处,以免妨碍制图工作。

②擦干净全部绘图工具和仪器,削磨好铅笔及圆规上的铅芯。

③固定图纸:将图纸的正面(有网状纹路的是反面)向上贴于图板上,并用丁字尺略对齐,使图纸平整和绷紧。当图纸较小时,应将图纸布置在图板的左下方,但要使图纸的底边与图板的下边的距离略大于丁字尺的宽度(见图 1.32)。

④为保持图面整洁,画图前应洗手。

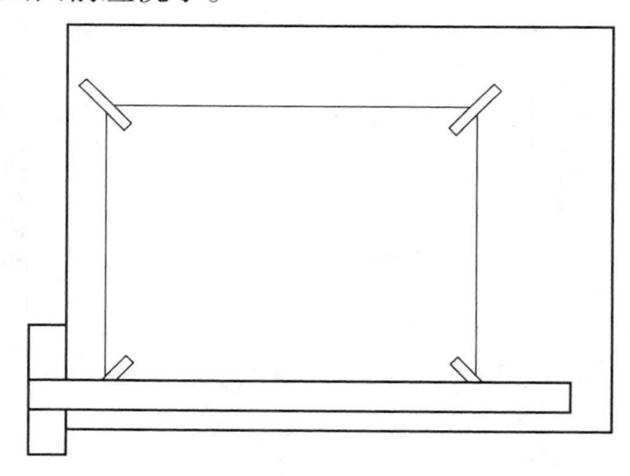

图 1.32　贴图纸

▶1.3.2 绘铅笔底稿图

铅笔细线底稿是一张图的基础,要认真、细心、准确地绘制。绘制时应注意以下几点:

①铅笔底稿图宜用削磨尖的 H 或 HB 铅笔绘制,底稿线要细而淡,绘图者自己看得出便可,故要经常磨尖铅芯。

②画图框、图标。首先画出水平和垂直基准线，在水平和垂直基准线上分别量取图框和图标的宽度和长度，再用丁字尺画图框、图标的水平线，然后用三角板配合丁字尺画图框、图标的垂直线。

③布图。预先估计各图形的大小及预留尺寸线的位置，将图形均匀、整齐地安排在图纸上，避免某部分太紧凑或某部分过于宽松。

④画图形。一般先画轴线或中心线，其次画图形的主要轮廓线，然后画细部；图形完成后，再画尺寸线、尺寸界线等。材料符号在底稿中只需画出一部分或不画，待加深或上墨线时再全部画出。对于需上墨线的底稿，在线条的交接处可画出头一些，以便清楚地辨别上墨线的起止位置。

▶1.3.3　铅笔加深的方法和步骤

在加深前，要认真校对底稿，修正错误和填补遗漏；底稿经查对无误后，擦去多余的线条和污垢。一般用2B铅笔加深粗线，用B铅笔加深中粗线，用HB铅笔加深细线、写字和画箭头。加深圆时，圆规的铅芯应比画直线的铅芯软一级。用铅笔加深图线时用力要均匀，边画边转动铅笔，使粗线均匀地分布在底稿线的两侧，如图1.33所示。加深时还应做到线型正确、粗细分明，图线与图线的连接要光滑、准确，图面要整洁。

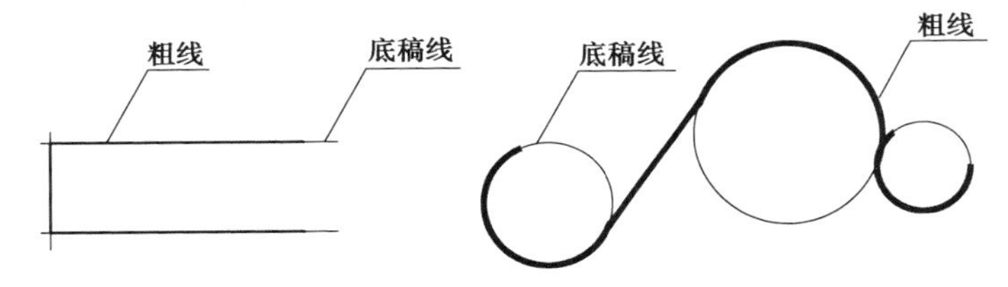

图1.33　加深的粗线与底稿线的关系

加深图线的一般步骤如下：

①加深所有的点画线；

②加深所有粗实线的曲线、圆及圆弧；

③用丁字尺从图的上方开始，依次向下加深所有水平方向的粗实直线；

④用三角板配合丁字尺从图的左方开始，依次向右加深所有的铅垂方向的粗实直线；

⑤从图的左上方开始，依次加深所有倾斜的粗实线；

⑥按照加深粗实线同样的步骤加深所有的虚线曲线、圆和圆弧，然后加深水平的、铅垂的和倾斜的虚线；

⑦按照加深粗线的同样步骤加深所有的中实线；

⑧加深所有的细实线、折断线、波浪线等；

⑨画尺寸起止符号或箭头；

⑩加深图框、图标；

⑪注写尺寸数字、文字说明，并填写标题栏。

复习思考题

1.A2,A1 图幅图纸的长边分别是多少？短边分别是多少？

2.图框线的宽度为________,A0 和 A1 号图的标题栏外框线宽度为________,A2,A3,A4 号图的标题栏外框线宽度为________。

3.虚线的实线段长度为________,间隔为________,单点长画线的实线段长度为________,间隔为________。

4.工程字常用字体为________。

5.尺寸由________、________、________和________组成。

投影的基本知识

本章导读

在进行生产建设和科学研究时，为了表达空间形体和解决空间几何问题，经常要借助图纸，而投影原理则为图示空间形体和图解空间几何问题提供了理论和方法。点、直线和平面是组成空间形体的基本几何元素，本章主要介绍投影的基本概念和点、线、面的三面投影以及它们之间的相对位置关系。

2.1 投影的基本概念

▶2.1.1 投影的概念

在日常生活中，经常能观察到投影现象。在日光或者灯光等光源的照射下，空间物体在地面或墙壁等平面上会产生影子。随着光线照射的角度和距离的变化，其影子的位置和形状也会随之改变。影子能反映物体的轮廓形态，但不一定能准确地反映其大小尺寸。人们从这些现象中总结出一定的内在联系和规律，作为制图的方法和理论根据，即投影原理。

如图2.1所示，这里的光源 S 是所有投射线的起源点，称为投影中心；空间物体称为形体；从光源 S 发射出来且通过形体上各点的光线，称为投射线；接受影像的地面H称为投影面；投射线（如 SA）与投影面的交点（如 a）称为点的投影。这种利用光源→形体→影像的原理绘制出物体图样的方法，称为投影法。根据投影法所得到的图形，称为投影或投影图（注：空间形体以大写字母表示，其投影则以相应的小写字母表示）。

在工程中，常用各种投影法来绘制图样，从而在一张只有长度和宽度的图纸上表达出三维空间里形体的长度、高度和宽度（或厚度）等尺寸，借以准确全面的表达出形体的形状和大小。

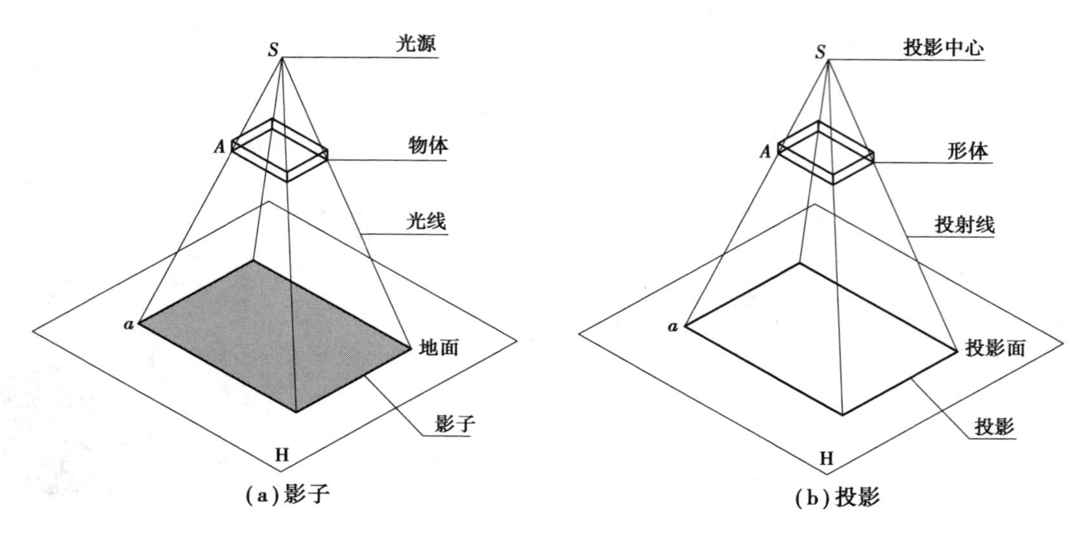

(a)影子　　(b)投影

图 2.1　投影法

通过上述投影的形成过程可以知道,产生投影必须具备 3 个基本条件:投射线(光线);投影面;空间几何元素(包括点、线、面等)或形体。

►2.1.2　投影法分类

根据投影中心(S)与投影面的距离,投影法可分为中心投影法和平行投影法两类。

1)中心投影法

当投影中心(S)与投影面的距离有限时,投射线相交于投影中心,这种投影法称为中心投影法(见图 2.2)。用中心投影法得到的投影称为中心投影。

物体的中心投影不能反映其真实形状和大小,故绘制工程图纸不采用此种投影法。

图 2.2　中心投影法

2)平行投影法

当投影中心距投影面无穷远时,投射线可视为互相平行,这种投影法称为平行投影法,如图 2.3 所示。投射线的方向称为投射方向,用平行投影法得到的投影称为平行投影。

根据互相平行的投射线与投影面的夹角不同,平行投影法又分为斜投影法和正投影法。

(1)斜投影法

投射线与投影面倾斜的平行投影法称为斜投影法,用斜投影法得到的投影称为斜投影,如图 2.3(a)所示。

(2)正投影法

投射线与投影面垂直的平行投影法称为正投影法,用正投影法得到的投影称为正投影,如图 2.3(b)所示。一般工程图纸都是按正投影的原理绘制的,为叙述方便,如无特殊说明,以后书中所指“投影”即为“正投影”。

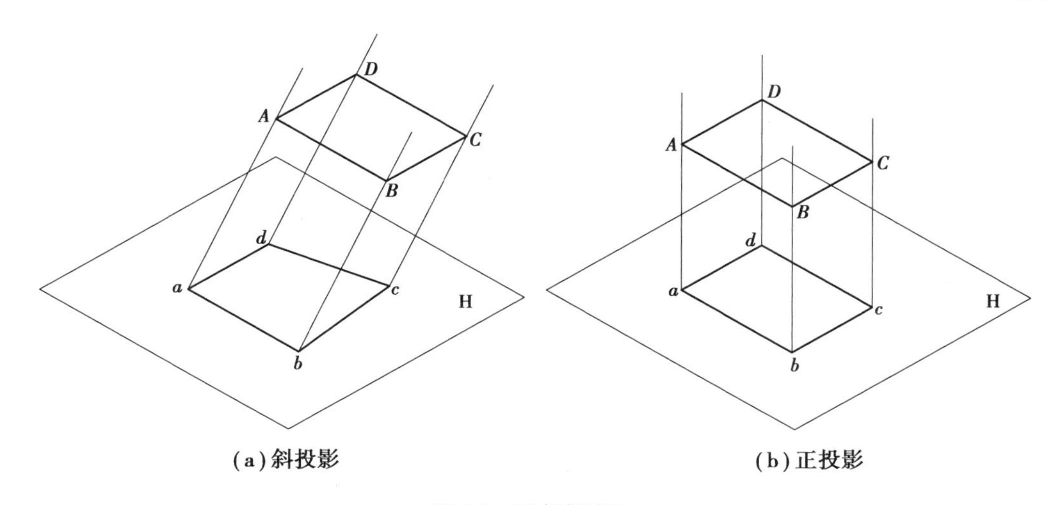

(a)斜投影　　(b)正投影

图 2.3 平行投影法

2.2 正投影的特征

点、线、面是构成各种形体的基本几何元素,它们是不能脱离形体而孤立存在的。点的运动轨迹构成了线,线(直线或曲线)的运动轨迹构成了面,面(平面或曲面)的运动轨迹构成了体。研究点、线、面的正投影特征,有助于认识形体的投影本质,掌握形体的投影规律。

▶2.2.1 类似性

点的投影在任何情况下都是点,如图 2.4(a)所示。

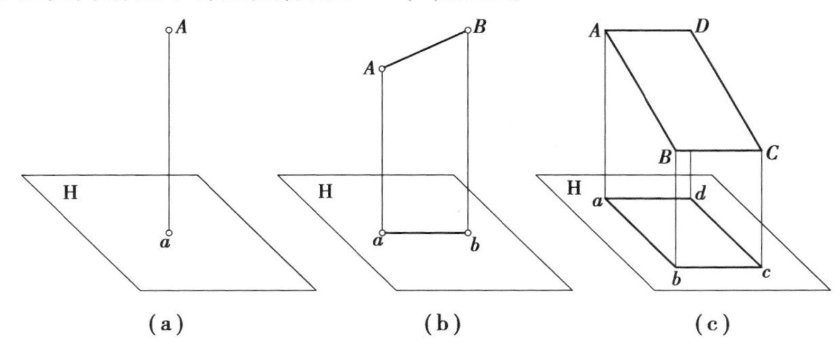

(a)　　(b)　　(c)

图 2.4 正投影的类似性

直线的投影在一般情况下仍是直线。当直线倾斜于投影面时,如图 2.4(b)中所示直线 *AB*,其投影 *ab* 长度小于实长。

平面的投影在一般情况下仍是平面。当平面图形倾斜于投影面时,如图 2.4(c)所示平面 *ABCD* 倾斜于投影面H,其投影 *abcd* 小于实形且与实形类似。

这种情况下,直线和平面的投影不能反映实长或实形,其投影形状是空间形体的类似形,因而把投影的这种特征称为类似性。所谓类似形,是指投影与原空间平面的形状类似,即边数不变、平行不变、曲直不变、凹凸不变,但不是原平面图形的相似形。

▶2.2.2　全等性

空间直线 AB 平行于投影面 H 时,其投影 ab 反映实长,即 $ab=AB$,如图 2.5(a)所示。

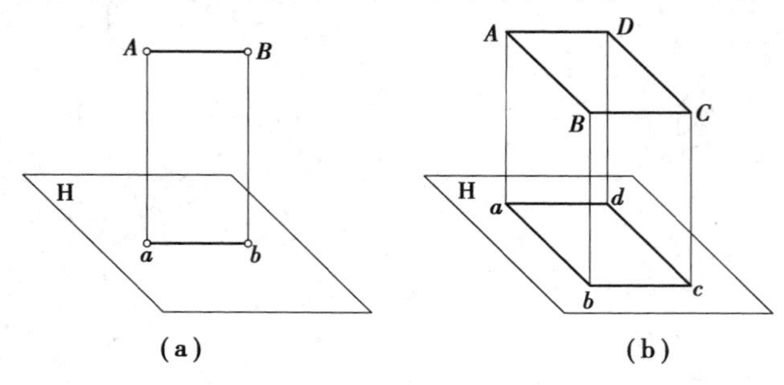

图 2.5　正投影的全等性

平面四边形 $ABCD$ 平行于投影面 H 时,其投影 $abcd$ 反映实形,即四边形 $abcd \cong$ 四边形 $ABCD$,如图 2.5(b)所示。

▶2.2.3　积聚性

空间直线 AB(或 AC)平行于投射线即垂直于投影面 H 时,其投影积聚成一点。属于直线上任一点的投影也积聚在该点上,如图 2.6(a)所示。

平面四边形 $ABCD$ 垂直于投影面 H 时,其投影积聚成一条直线 ad。属于平面上任一点(如点 E)、任一直线(如直线 AE)、任一图形(如三角形 AED)的投影也都积聚在该直线上,如图 2.6(b)所示。

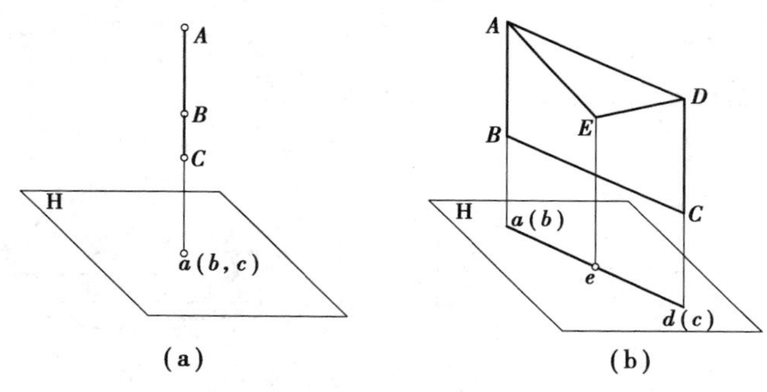

图 2.6　正投影的积聚性

2.3　三面投影图

▶2.3.1　三面投影图的形成

工程上绘制图样的方法主要是正投影法,所绘正投影图能反映形状的实际形状和大小尺寸,即度量性好,且作图简便,能够满足设计与施工的需要。但是仅作一个单面投影图来表达物体的形状是不够的,因为一个投影图仅能反映该形体某些面的形状,不能表现出形体的全部形状。如图 2.7 所示,4 个形状不同的物体在投影面 H 上具有完全相同的正投影,单凭这个投影图来确定物体的唯一形状,是不可能的。

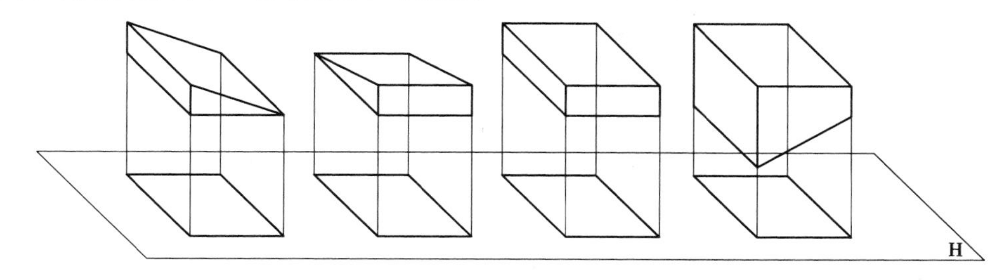

图 2.7　形体的单面投影图

如果对一个较为复杂的物体,只向两个投影面作其投影时,其投影只能反映其两个面的形状和大小,也不能确定物体的唯一形状。如图 2.8 所示的 3 个物体,它们的 H 面、V 面投影完全相同,要凭这两面的投影来区分它们的空间形状,是不可能的。可见,若要用正投影图来唯一确定物体的形状,就必须采用多面正投影的方法。

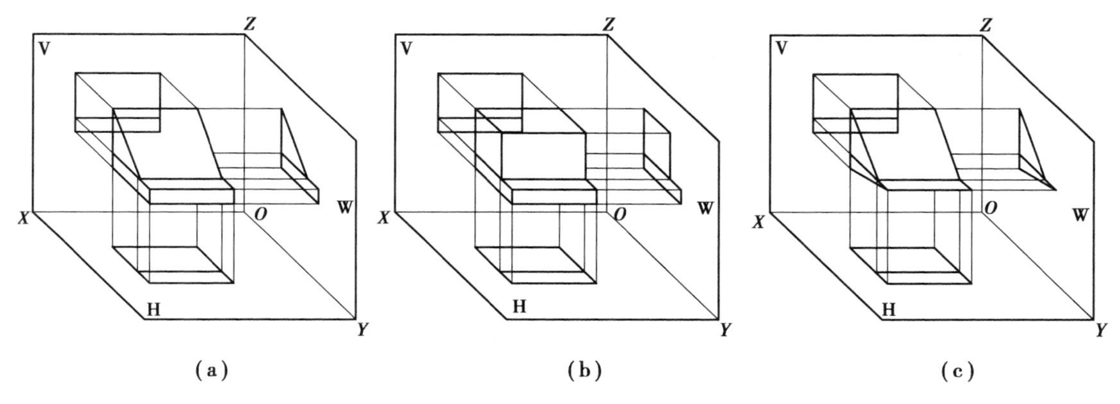

图 2.8　形体的两面投影图

设立 3 个互相垂直的平面作为投影面,组成三面投影体系。如图 2.9(a)所示,这 3 个互相垂直的投影面分别为:水平投影面,用字母 H 表示,简称水平面或 H 面;正立投影面,用字母 V 表示,简称正立面或 V 面;侧立投影面,用字母 W 表示,简称侧立面或 W 面。3 个投影面两两相交构成的 3 条轴称为投影轴,H 面与 V 面的交线为 *OX* 轴,H 面与 W 面的交线为 *OY* 轴,W 面与 V 面的交线为 *OZ* 轴,3 条轴也互相垂直,并相交于原点 *O*。

将形体放在投影面之间,并分别向 3 个投影面进行投影,就能得到该形体在 3 个投影面上的投影图。从上向下投影,在 H 面上得到水平投影图;从前向后投影,在 V 面得到正面投影图;从左向右投影,在 W 面上得到侧面投影图。将这 3 个投影图结合起来观察,就能准确地反映出该形体的形状和大小,如图 2.9(b)所示。

▶2.3.2　三面投影图的展开

为了把形体的 3 个不共面(相互垂直)的投影绘制在一张平面图纸上,需将 3 个投影面进行展开,使其共面。假设 V 面保持不动,将 H 面绕 *OX* 轴向下旋转 90°,将 W 面绕 *OZ* 轴向右后旋转 90°,如图 2.10(a)所示,则 3 个投影面就展开到一个平面内。

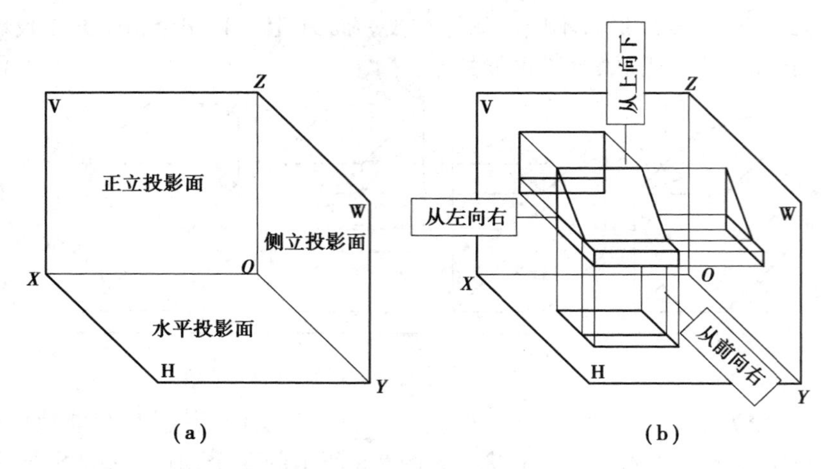

图 2.9　三面投影体系及三面投影图的形成

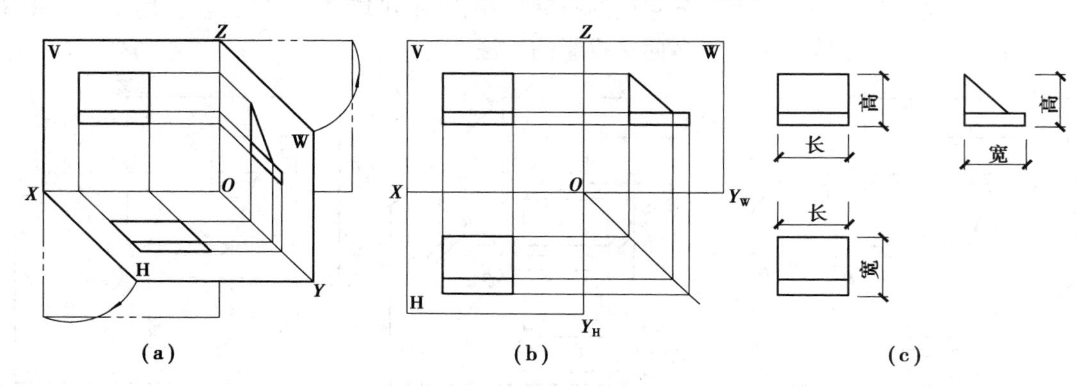

图 2.10　三面投影体系的展开

形体的 3 个投影在一张平面图纸上画出来，这样所得到的图形称为形体的三面正投影图，简称投影图，如图 2.10(b)所示。三面投影图展开后，3 条轴就成了两条互相垂直的直线，原来的 OX 轴、OZ 轴的位置不变。OY 轴则分为两条，一条随 H 面旋转到 OZ 轴的正下方，成为 Y_H 轴；一条随 W 面旋转到 OX 轴的正右方，成为 Y_W 轴。

实际绘制投影图时，没有必要画出投影面的边框，也无须注写 H,V,W 字样。三面投影图与投影轴之间的距离，反映出形体与 3 个投影面的距离，与形体本身的形状无关，因此作图时一般也不必画出投影轴。习惯上将这种不画投影面边框和投影轴的投影图称为“无轴投影”，工程中的图纸均是按照“无轴投影”绘制的，如图 2.10(c)所示。

▶2.3.3　三面投影图的基本规律

从形体三面投影图的形成和展开的过程可以看出，形体的三面投影之间有一定的投影关系。其中，物体的 X 轴方向尺寸称为长度，Y 轴方向尺寸称为宽度，Z 轴方向尺寸称为高度。

水平投影反映出形体的长和宽两个尺寸，正面投影反映出形体的长和高两个尺寸，侧面投影反映出形体的宽和高两个尺寸。从上述分析可知，水平投影和正面投影在 X 轴方向都反映出形体的长度，且它们的位置左右应该对正，简称“长对正”；正面投影和侧面投影在 Z 轴方向都反映出形体的高度，且它们的位置上下是对齐的，简称“高平齐”；水平投影和侧面投影在

Y 轴方向都反映出形体的宽度,且这两个尺寸一定相等,简称“宽相等”,如图 2.10(c)所示。

因此,形体三面投影图 3 个投影之间的基本关系可以归结为“长对正、高平齐、宽相等”,简称“三等关系”,是工程项目画图和读图的基础。

三面投影图还可反映形体的空间方位关系。水平投影反映出形体前后、左右方位关系,正面投影反映出形体的上下、左右方位关系,侧面投影反映出形体的上下、前后方位关系。

2.4 点的投影

▶2.4.1 点的三面投影

点是构成形体的最基本元素,点只有空间位置而无大小。

1)点的三面投影的形成

把空间点 A 放置在三面投影体系中,过点 A 分别作垂直于 H 面、V 面、W 面的投射线,投射线与 H 面的交点 a 称为 A 点的水平投影(H 投影);投射线与 V 面的交点 a' 称为 A 点的正面投影(V 投影);投射线与 W 面的交点 a'' 称为 A 点的侧面投影(W 投影)。

投影的表示方法约定:空间点用大写字母表示(如 A),其在 H 面上的投影用相应的小写字母表示(如 a),在 V 面上的投影用相应的小写字母并在右上角加一撇表示(如 a'),在 W 面上的投影用相应的小写字母并在右上角加两撇表示(如 a'')。如图 2.11(a)所示,空间点 A 的 H,V,W 面投影分别为 a,a',a''。

按前述规定将 3 个投影面展开,就能得到点 A 的三面投影图,如图 2.11(b)所示。在点的投影图中一般只画出投影轴,不画投影面的边框,如图 2.11(c)所示。

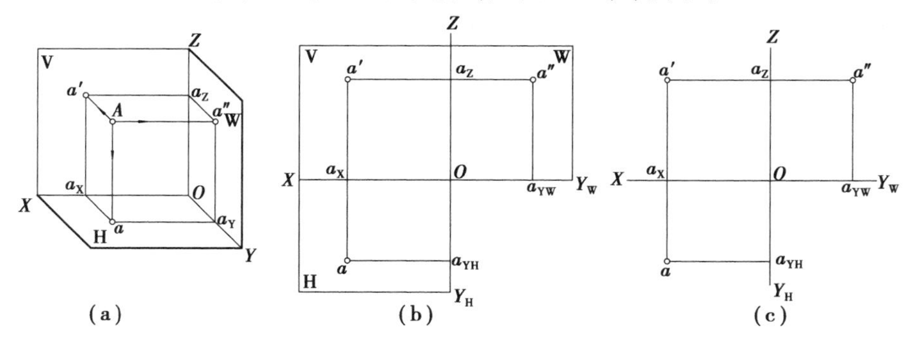

图 2.11 点的三面投影

2)点的投影规律

由图 2.11(a)可知,过空间点 A 的两条投影线 Aa 和 Aa' 所构成的矩形平面 $Aa a_X a'$,与 V 面和 H 面互相垂直并相交,交线 aa_X 和 $a'a_X$ 与 OX 轴必然互相垂直且相交于一点 a_X,OX 轴垂直于平面 $Aa a_X a'$。而 aa_X 和 $a'a_X$ 是互相垂直的两条直线,当 V 面不动,将 H 面绕 OX 轴旋转 90°至与 V 面成为同一平面时,aa_X 和 $a'a_X$ 就成为一条垂直于 OX 轴的直线,a',a_X,a 三点共线,即 $aa' \perp OX$,如图 2.11(b)所示。同理可证,$a'a'' \perp OZ$。a_Y 在投影面展平之后,被分为

a_{YH}和 a_{YW}两个点,所以 $aa_{YH} \perp OY_H$,$a''a_{YW} \perp OY_W$。

通过以上分析,可以得出点的投影规律如下:

(1)点的投影的连线垂直于相应的投影轴

①点的 V 面投影和 H 面投影的连线垂直于 X 轴,即 $aa' \perp OX$。

②点的 V 面投影和 W 面投影的连线垂直于 Z 轴,即 $a'a'' \perp OZ$。

③$aa_{YH} \perp OY_H$,$a''a_{YW} \perp OY_W$,$aa_{YH} = a''a_{YW}$。

这 3 项正投影规律,称为"长对正、高平齐、宽相等"的三等关系。

(2)点的投影到各投影轴的距离,分别代表点到相应的投影面的距离

①$a'a_X = a''a_{YW} = Aa$,即点的 V 面投影到 OX 轴的距离等于点的 W 面投影到 OY_W 轴的距离,等于空间点 A 到 H 面的距离。

②$aa_X = a''a_Z = Aa'$,即点的 H 面投影到 OX 轴的距离等于点的 W 面投影到 OZ 轴的距离,等于空间点 A 到 V 面的距离。

③$a'a_Z = aa_{YH} = Aa''$,即点的 V 面投影到 OZ 轴的距离等于点的 H 面投影到 OY_H 轴的距离,等于空间点 A 到 W 面的距离。

3)求点的第三投影

根据上述投影特性可以得出:在点的三面投影图中,每两个投影都具有一定的联系性。因此,只要给出一点的任意两个投影,就可求出其第三投影,并且确定点的空间位置。

如图 2.12(a)所示,已知点 A 的水平投影 a 和正面投影 a',则可求出其侧面投影 a''。

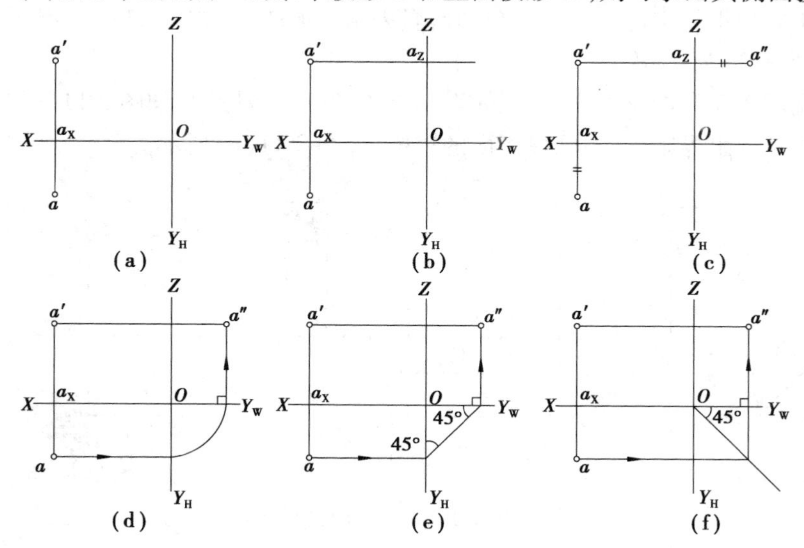

图 2.12　求点的第三投影

①过 a'引 OZ 轴的垂线 $a'a_Z$,所求 a''必在改线延长线上,如图 2.12(b)所示。

②在 $a'a_Z$ 的延长线上截取 $a''a_Z = aa_X$,a''即为所求,如图 2.12(c)所示。

或以原点 O 为圆心,以 aa_X 为半径作弧找到与 OY_W 轴的交点,过此点作 OY_W 轴的垂线交 $a'a_Z$ 于一点,此点即为 a'',如图 2.12(d)所示。

也可过 a 引 OY_H 轴的垂线 aa_{YH},再过 a_{YH}作与 OY_H 轴夹角 45°的辅助线,过交点作垂线向上交 $a'a_Z$ 于一点,此点即为 a'',如图 2.12(e)所示。

还可过原点 O 作 45°辅助线,过 a 引 OY_H 轴的垂线并延长交辅助线于一点,过此点作 OY_W 轴垂线交 $a'a_Z$ 于一点,此点即为 a'',如图 2.12(f)所示。

4)特殊位置点的投影

①投影面上的点:如空间点位于投影面上,点到该投影面的距离为零(即空间点和该面投影重合),点在另外两个面的投影则位于投影轴上。反之,空间点的 3 个投影中如有两个投影位于投影轴上,该空间点必定位于某一投影面上。

如图 2.13 所示,A 点位于 H 面上,则 A 点到 H 面的距离为零。其 H 面投影 a 与 A 重合,V 面投影 a'在 OX 轴上,W 面投影 a''在 OY_W 轴上。同理可得,位于 V 面的 B 点和位于 W 面的 C 点的投影。

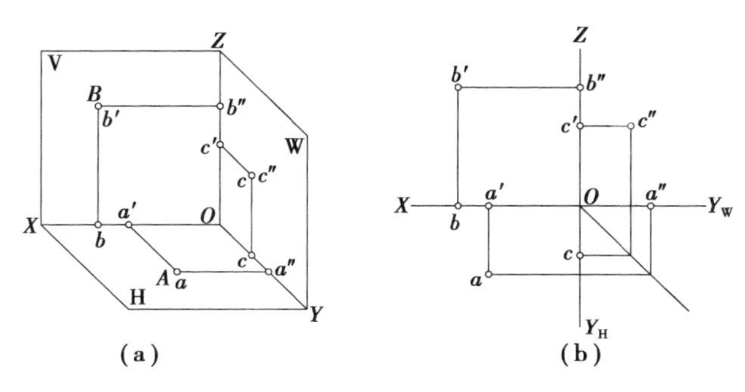

图 2.13　投影面上的点

②投影轴上的点:如空间点位于投影轴上,点到两个投影面的距离都为零(即空间点和两个面投影重合,且位于投影轴上),点的另外一个投影则与原点 O 重合。反之,空间点的 3 个投影中如有两个投影重合且位于投影轴上,该空间点必定位于某一投影轴上。

如图 2.14 所示,D 点位于 X 轴上,则 D 点到 H 面、V 面的距离均为零。其 H 面投影 d、V 面投影 d'都与 D 重合,W 面投影 d''与原点 O 重合。同理可得出位于 Y 轴的 E 点和位于 Z 轴的 F 点的投影。

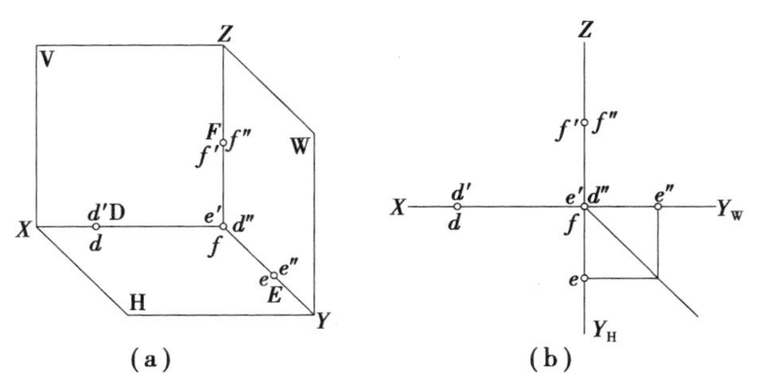

图 2.14　投影轴上的点

▶2.4.2　两点的相对位置

1)两点的相对位置

两点的相对位置是以其中一个点为基准,来判断两点的前后、左右、上下位置关系。

空间两点的相对位置可根据它们的同面投影来确定,每个投影图可以反映 4 个方位:H

面投影反映它们的左右、前后关系，V 面投影反映它们的上下、左右关系，W 面投影反映它们的上下、前后关系，如图 2.15(a)所示。

若建立直角坐标系，空间两点的相对位置还可以根据其坐标关系来确定。将三面投影体系中的 3 个投影面看成是直角坐标系中的 3 个坐标面，则 3 条投影轴相当于坐标轴，原点相当于坐标原点。因而一点的空间位置可用其直角坐标表示为(X,Y,Z)，X 坐标反映空间点到 W 面的距离；Y 坐标反映空间点到 V 面的距离；Z 坐标反映空间点到 H 面的距离。

这样，两点的相对位置就可通过坐标值的大小来进行判断：X 坐标大者在左，小者在右；Y 坐标大者在前，小者在后；Z 坐标大者在上，小者在下。如图 2.15(b)所示：$X_A>X_B$，表示 A 点在 B 点之左；$Y_A>Y_B$，表示 A 点在 B 点之前；$Z_A>Z_B$，表示 A 点在 B 点之上，即 A 点在 B 点的左、前、上方。

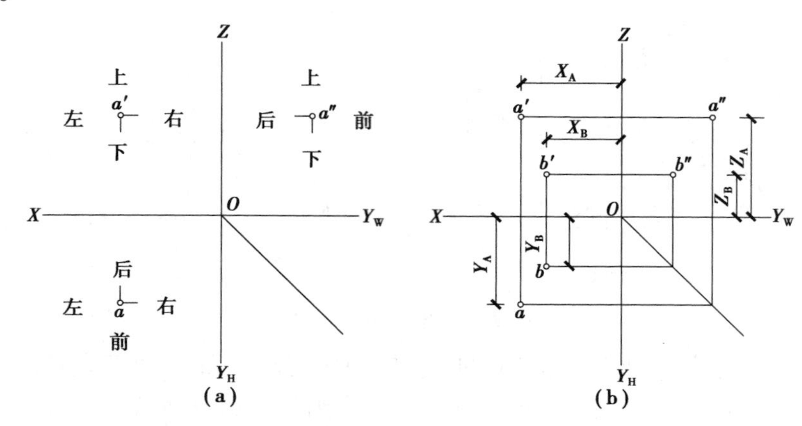

图 2.15　两点的相对位置关系

2)重影点

当空间两点位于某投影面的同一投射线上，则这两点在该投影面上的投影就重合在一起。这种在某一投影面的投影重合的两个空间点，称为对该投影面的重影点，重合的投影称为重影。

在表 2.1 中，当 A 点位于 B 点的正上方时，即它们在同一条垂直于 H 面的投射线上，其 H 面投影 a 和 b 重合，A,B 两点是 H 面的重影点，它们的 X,Y 坐标相同，Z 坐标不同。由于 A 点在上，B 点在下，向 H 面投影时，投射线先遇点 A，后遇点 B，所以点 A 的投影 a 可见，点 B 的投影b 不可见。为了区别重影点的可见性，将不可见点的投影用字母加括号表示，如重影点$a(b)$。

同理，当 C 点位于 D 点的正前方时，其 V 面投影 c'和 d'重合，C,D 两点是 V 面的重影点，它们的 X,Z 坐标相同，Y 坐标不同。由于 C 点在前，D 点在后，所以点 C 的投影 c'可见，点 D 的投影 d'不可见，重合的投影标记为 $c'(d')$。

当 E 点位于 F 点的正左方时，其 W 面投影 e''和f''重合，E,F 两点是 W 面的重影点，它们的 Y,Z 坐标相同，X 坐标不同。由于 E 点在左，F 点在右，所以点 E 的投影 e''可见，点 F 的投影f''不可见，重合的投影标记为 $e''(f'')$。

表 2.1 投影面的重影点

	直观图	投影图	投影特性
水平面的重影点	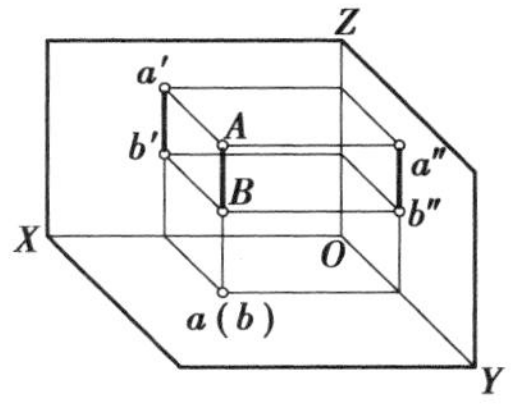	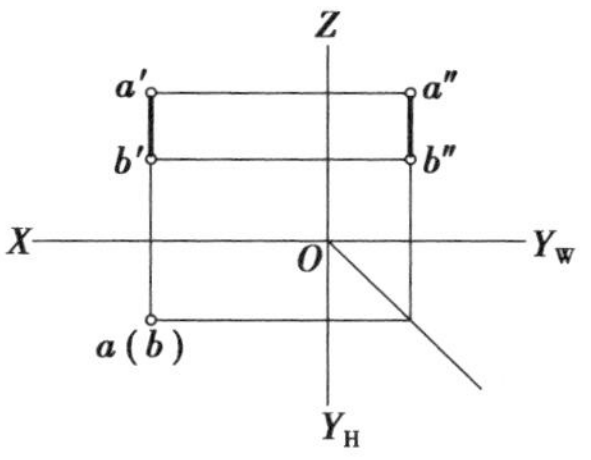	1.X,Y 坐标相同,Z 坐标不同; 2.正面投影和侧面投影反映两点的上、下位置; 3.水平投影重合为一点,上面一点可见,下面一点不可见
正立面的重影点	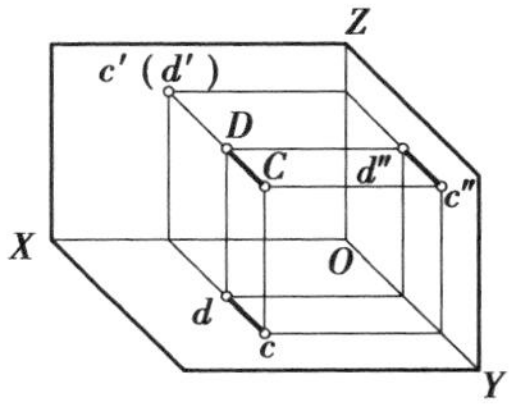	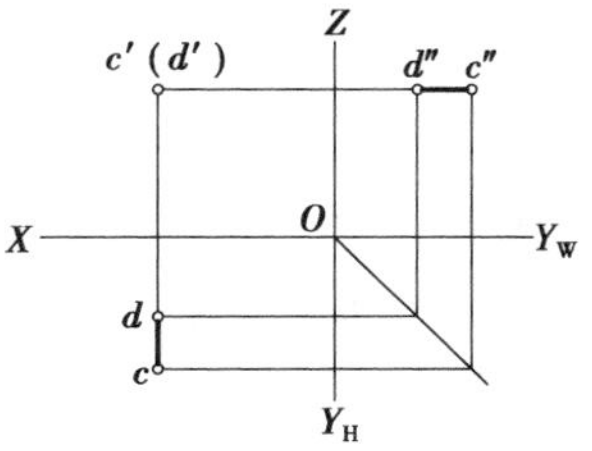	1.X,Z 坐标相同,Y 坐标不同; 2.水平投影和侧面投影反映两点的前、后位置; 3.正面投影重合为一点,前面一点可见,后面一点不可见
侧立面的重影点	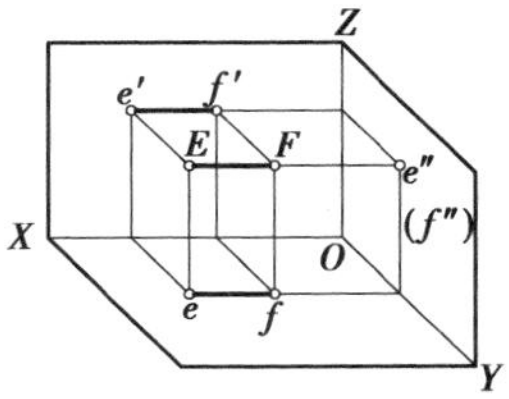	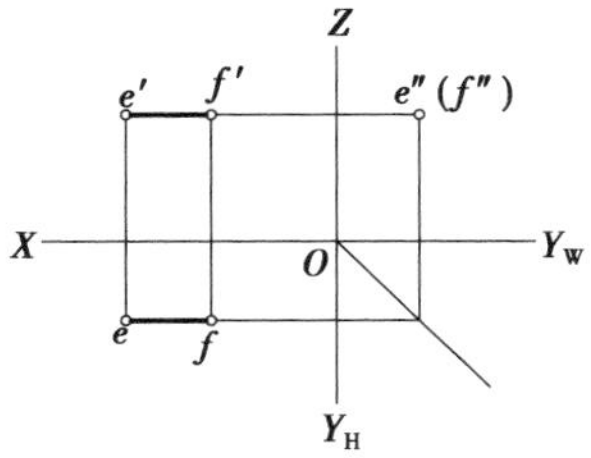	1.Y,Z 坐标相同,X 坐标不同; 2.水平投影和正面投影反映两点的左、右位置; 3.侧面投影重合为一点,左面一点可见,右面一点不可见

2.5 直线的投影

点的运动轨迹构成了线,两点可以确定一条直线。直线在某一投影面上的投影是通过该直线上各点的投影线所形成的平面与该投影面的交线,直线的投影一般情况下仍是直线。

按照直线与 3 个投影面的相对位置不同,直线可分为倾斜、平行和垂直 3 种情况。倾斜于投影面的直线称为一般位置直线,简称一般直线,如图 2.16(a)中所示的直线 AB;平行或垂直于投影面的直线称为特殊位置直线,简称特殊直线。如图 2.16(a)中所示的直线 CD 为投影面平行线,直线 EF 为投影面垂直线。

作某一直线的投影,只要作出属于直线的任意两点的三面投影,然后将两点的同面投影相连,即得直线的三面投影。图 2.16(b)中,只要作出属于直线的点 $A(a,a',a'')$ 和点 $B(b,b',b'')$,将 ab,$a'b'$,$a''b''$连成直线即为直线 AB 的三面投影。

直线与投影面之间的夹角,称为直线的倾角。约定直线与 H,V,W 面的夹角分别用 α,β,

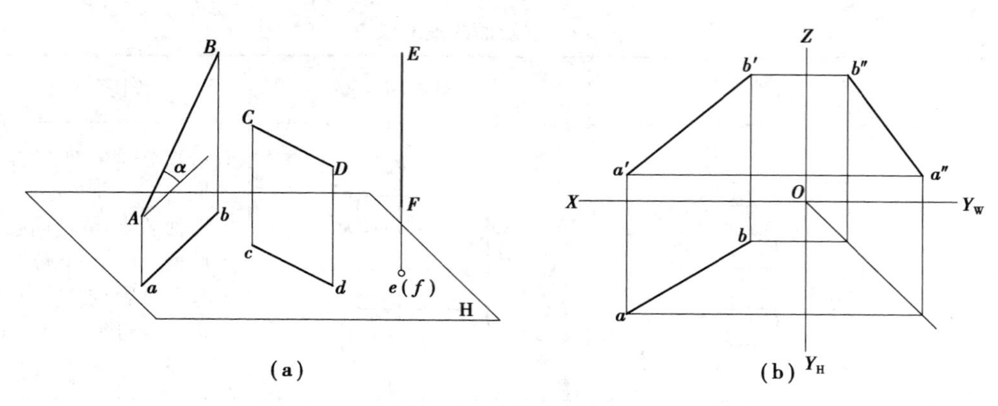

图 2.16　直线的投影

γ 来表示。直线的投影特性反映如下：

①当直线 AB 倾斜于投影面时，其投影小于实长（如 $ab=AB\cos\alpha$）。

②当直线 CD 平行于投影面时，其投影与直线本身平行且等长（如 $cd=CD$）。

③当直线 EF 垂直于投影面时，其投影积聚为一点。

因此，直线的投影一般仍为直线，只有当直线垂直于投影面时，其投影才积聚为一点。以上直线的各投影特性对于投影面 V 和 W 也具有同样的性质。

►2.5.1　特殊位置的直线

1）投影面平行线

平行于某一投影面且倾斜于另外两个投影面的直线，称为投影面平行线。按照直线平行于不同的投影面，可分为以下 3 种：

平行于 H 面且倾斜于 V，W 面的直线称为水平线，见表 2.2 中直线 AB。

平行于 V 面且倾斜于 H，W 面的直线称为正平线，见表 2.2 中直线 CD。

平行于 W 面且倾斜于 H，V 面的直线称为侧平线，见表 2.2 中直线 EF。

它们的直观图、投影图和投影特性见表 2.2。

表 2.2　投影面平行线

名称	直观图	投影图	投影特性
水平线	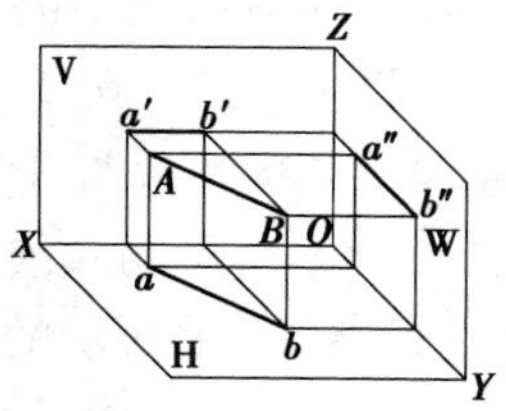	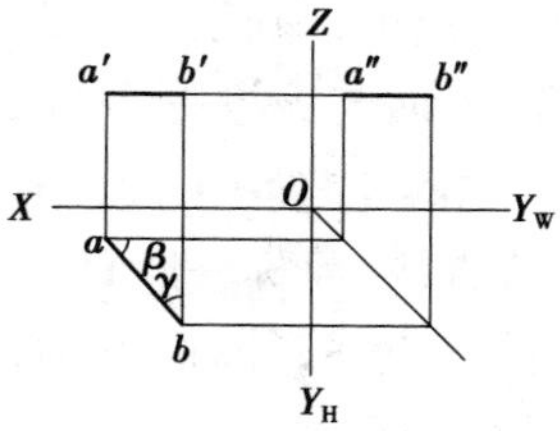	1.$a'b'\parallel OX$，$a''b''\parallel OY_W$； 2.$ab=AB$； 3.ab 与投影轴的夹角反映 β，γ 实角

续表

名称	直观图	投影图	投影特性
正平线	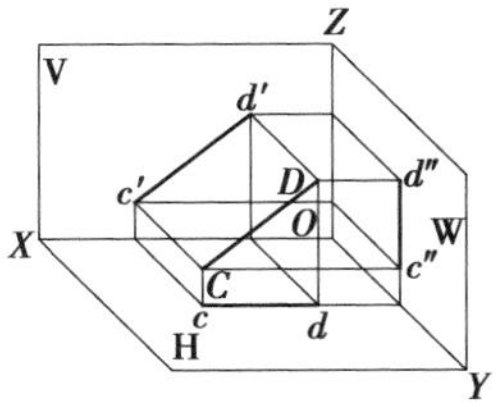	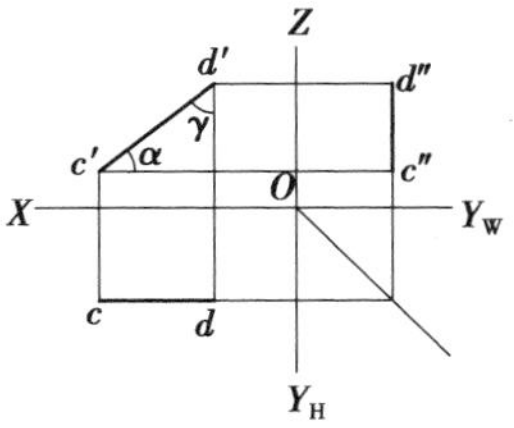	1. $cd // OX$, $c''d'' // OZ$; 2. $c'd' = CD$; 3. $c'd'$与投影轴的夹角反映 α, γ 实角
侧平线	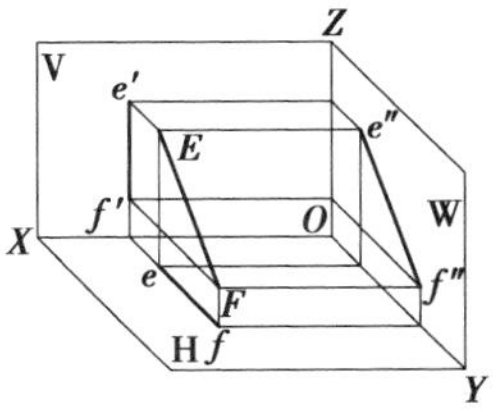	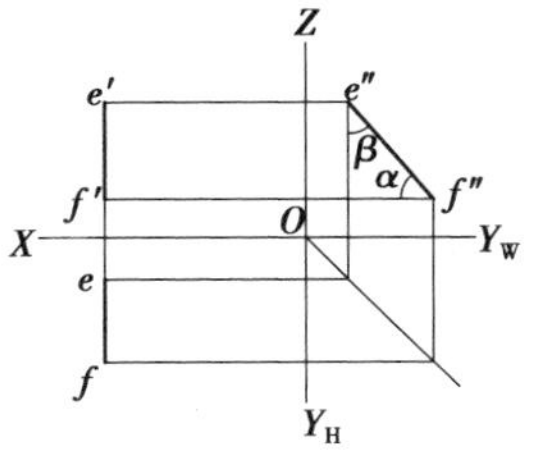	1. $ef // OY_H$, $e'f' // OZ$; 2. $e''f'' = EF$; 3. $e''f''$与投影轴的夹角反映 α, β 实角

以水平线 AB 为例,其投影特征如下:

由于直线 AB 平行于 H 面,同时又倾斜于 V,W 面,其 H 面投影 ab 与直线 AB 平行且相等,即 ab 反映直线的实长,$ab=AB$。H 面投影 ab 倾斜于 OX 轴、OY_H 轴,其与 OX 轴的夹角反映直线 AB 对 V 面的倾角 β 的实形;与 OY_H 轴的夹角反映直线 AB 对 W 面的倾角 γ 的实形。直线 AB 的 V 面投影 $a'b'$和 W 面投影 $a''b''$分别平行于 OX 轴和 OY_W 轴,且同时垂直于 OZ 轴。

同理可分析出正平线 CD 和侧平线 EF 的投影特征。

综合表 2.2 中水平线 AB、正平线 CD、侧平线 EF 的投影规律,可归纳出投影面平行线的投影特性如下:

①投影面平行线在其所平行的投影面上的投影反映实长,且倾斜于投影轴,该投影与相应投影轴之间的夹角反映空间直线对另两个投影面的倾角。

②其余两个投影分别平行于相应的投影轴,这两条投影轴正好组成空间直线所平行的投影面。

2)投影面垂直线

垂直于一个投影面的直线,称为投影面垂直线。按照直线垂直于不同的投影面,可分为以下 3 种:

①垂直于 H 面的直线称为铅垂线,见表 2.3 中直线 AB。

②垂直于 V 面的直线称为正垂线,见表 2.3 中直线 CD。

③垂直于 W 面的直线称为侧垂线,见表 2.3 中直线 EF。

它们的直观图、投影图和投影特性见表 2.3。

表 2.3　投影面垂直线

名称	直观图	投影图	投影特性
铅垂线	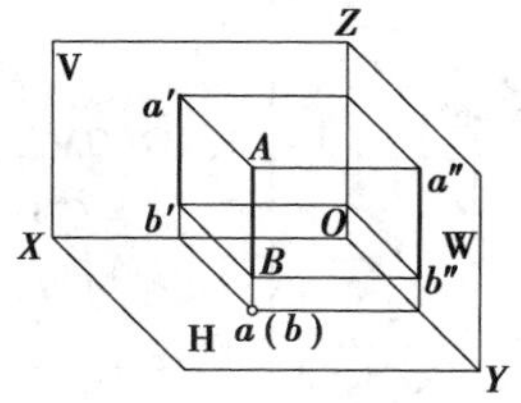	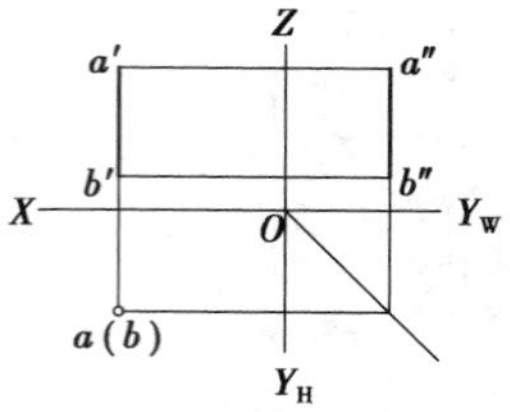	1.ab 积聚成一点； 2.$a'b' \perp OX, a''b'' \perp OY_W$，$a'b' // a''b'' // OZ$； 3.$a'b' = a''b'' = AB$
正垂线	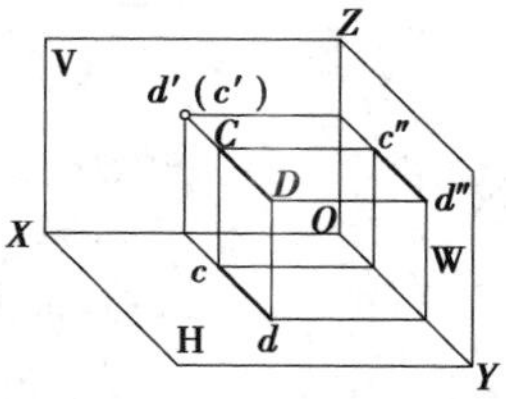	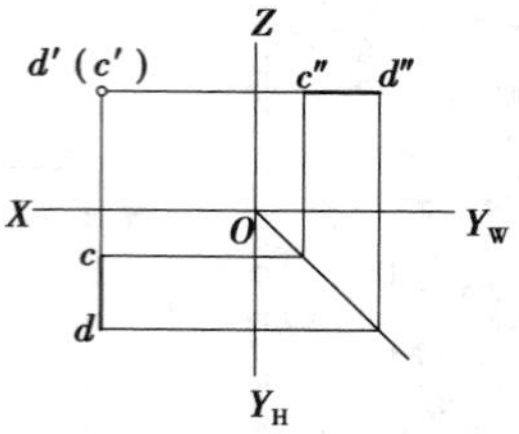	1.$c'd'$积聚成一点； 2.$cd \perp OX, c''d'' \perp OZ, cd //$ $OY_H, c''d'' // OY_W$； 3.$cd = a''b'' = CD$
侧垂线	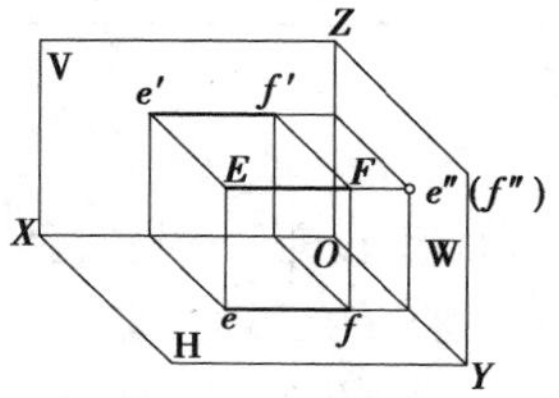	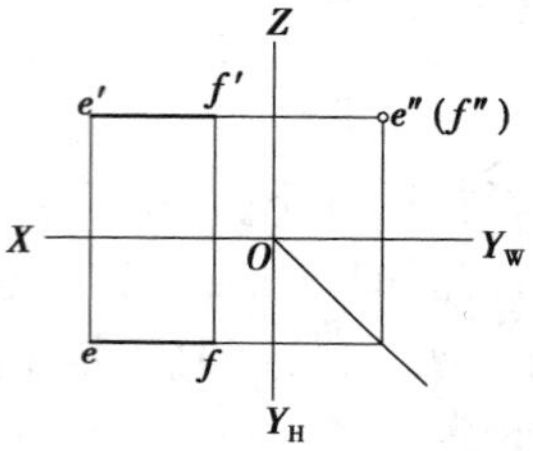	1.$e''f''$积聚成一点； 2.$ef \perp OY_H, e'f' \perp OZ, ef //$ $e'f' // OX$； 3.$ef = e'f' = EF$

以铅垂线 AB 为例，其投影特征如下：

由于直线 AB 垂直于 H 面，所以必定平行于 V 面和 W 面，其 H 面投影积聚为一点 $a(b)$。V 面投影 $a'b'$垂直于 OX 轴，W 面投影 $a''b''$垂直于 OY_W 轴，且同时平行于 OZ 轴。V 面投影 $a'b'$和 W 面投影 $a''b''$均反映空间直线 AB 实长。

同理可分析出正垂线 CD 和侧垂线 EF 的投影特征。

综合表 2.3 中铅垂线 AB、正垂线 CD、侧垂线 EF 的投影规律，可归纳出投影面垂直线的投影特性如下：

①直线在其所垂直的投影面上的投影积聚为一点。

②直线的另外两个投影垂直于相应的投影轴，这两条投影轴正好组成空间直线所垂直的投影面，且两投影均反映直线的实长。

▶2.5.2　一般位置直线

1）一般位置直线的投影特性

与 H，V，W 3 个投影面均倾斜（即不平行又不垂直）的直线称为一般位置直线，简称一般直线。如图 2.17(a) 中 AB 就是一般位置直线，AB 与 H，V，W 面的倾角分别为 α, β, γ。图 2.17(b) 表示一般位置直线 AB 的三面投影图，其投影特性如下：

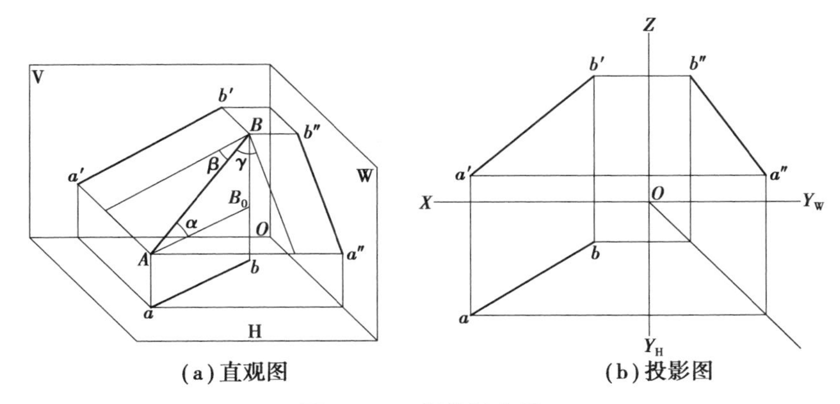

(a)直观图　(b)投影图

图 2.17　一般位置直线

①一般直线在 3 个投影面上的投影均倾斜于投影轴。

②各投影与投影轴的夹角不能反映直线 AB 对投影面的真实倾角。

③各投影的长度均小于直线 AB 的实长，分别有：$ab=AB\cos\alpha$；$a'b'=AB\cos\beta$；$a''b''=AB\cos\gamma$（α,β,γ 为 0°~90°）。

2）一般位置直线的实长和倾角

由于一般位置直线对 3 个投影面的投影都是倾斜的，故 3 个投影均不反映该直线的实长及其对投影面的倾角，但可以根据直线的投影，用图解的方法来进行求解。下面用直角三角形法来解决一般位置直线实长及倾角的求法。

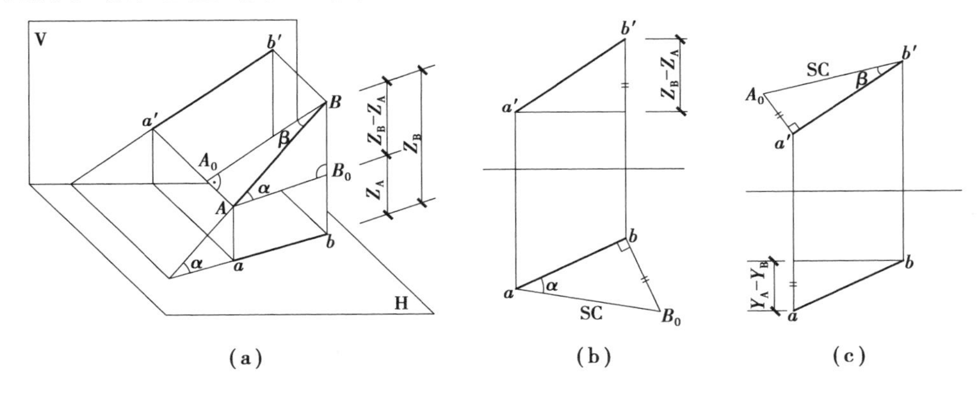

(a)　(b)　(c)

图 2.18　求一般位置直线 AB 的实长及倾角

如图 2.18(a)所示，AB 为一般位置直线，在 AB 与其水平投影 ab 所决定的平面 $ABba$ 内，过点 A 作 $AB_0//ab$，与 Bb 相交于 B_0 点。由于 $Bb\perp ab$，所以 $AB_0\perp BB_0$，$\triangle AB_0B$ 是直角三角形。该直角 $\triangle AB_0B$ 中有：斜边 AB 是实长（用 SC 来表示实长），$\angle BAB_0=\alpha=$直线 AB 对 H 面的倾角，$AB_0=ab=$直线的 H 面投影长度，$B_0B=Bb-Aa=Z_B-Z_A$（即 B，A 两点到 H 面的距离差）。因此，只要作出 $\triangle AB_0B$，便可求出一般位置直线 AB 的实长和对 H 面倾角 α。

同理，过点 B 作 $BA_0//a'b'$，则 $\triangle AA_0B$ 也是直角三角形，亦有：斜边仍是空间直线 AB，$\angle ABA_0=\beta=$直线 AB 对 V 面的倾角，$BA_0=a'b'=$直线的 V 面投影长度，$AA_0=Y_A-Y_B$（即 A，B 两点到 V 面的距离差）。因此，只要作出 $\triangle AA_0B$，便可求出一般位置直线 AB 的实长和对 V 面的倾角 β。

根据上述方法，在投影图中以水平投影 ab 为一条直角边，然后过 b（或 a）引 ab 的垂线，并在该垂线上量取 $bB_0 = Z_B - Z_A$，连 aB_0 即为直线 AB 的实长，aB_0 与 ab 的夹角（即 bB_0 边所对的角）便是 AB 对 H 面的倾角 α，如图 2.18（b）所示。

以 $a'b'$ 为一条直角边，过 a'（或 b'）作 $a'b'$ 的垂线，在该垂线上量取 $a'A_0 = Y_A - Y_B$，连 A_0b' 即为直线 AB 的实长，A_0b' 与 $a'b'$ 的夹角便是直线 AB 对 V 面的倾角 β，如图 2.18（c）所示。

综上所述，在投影图上求直线的实长和倾角的方法是：以直线在某个投影面上的投影为一条直角边，以直线的两端点到该投影面的距离差为另一条直角边作直角三角形，该直角三角形的斜边就是所求直线的实长，而此斜边与投影的夹角，就是该直线对该投影面的倾角。

以上求一般位置直线的实长和倾角的方法，称为直角三角形法。该直角三角形中包含了实长、距离差、投影和倾角 4 个参数。四者任知其中二者，即可作出一个直角三角形，从而便可求出其余两个。需要注意的是，距离差、投影、倾角三者是对同一投影面而言。

3）属于直线的点

（1）属于直线的点的投影特性

属于直线的点的投影必在该直线的同面投影上，且符合点的投影规律。

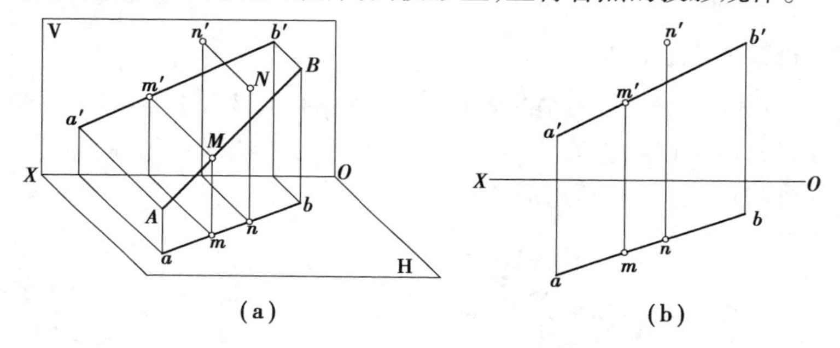

图 2.19　属于直线的点的投影

如图 2.19（a）所示，直线 AB 的 H 面投影为 ab，若点 M 属于直线 AB，则过点 M 的投射线 Mm 必属于包含 AB 向 H 面所作的投射平面 $ABba$，因而 Mm 与 H 面的交点 M 必属于该投射平面与 H 面的交线 ab。同理可知 m' 必属于 $a'b'$。

反之，如果点的各个投影均属于直线的各同面投影，且各投影符合点的投影规律，即投影连线垂直于相应的投影轴，则该点属于该直线。如图 2.19（b）所示中，点 M 属于直线 AB，而点 N 则不属于直线 AB。

（2）点分线段成定比

点分线段成某一比例，则该点的投影也分该线段的投影成相同的比例。

在图 2.19（a）中，点 M 分空间直线 AB 为 AM 和 MB 两段，其水平投影 m 也分 ab 为 am 和 mb 两段。在投射平面 $ABba$ 中，直线 AB 与 ab 被一组互相平行的投射线 Aa，Mm，Bb 所截割，则 $am : mb = AM : MB$。同理可得：$a'm' : m'b' = AM : MB$ 和 $a''m'' : m''b'' = AM : MB$。所以，点分直线段成定比，投影后比例不变，即：

$$\frac{am}{mb} = \frac{a'm'}{m'b'} = \frac{a''m''}{m''b''} = \frac{AM}{MB}$$

2.6 平面的投影

▶2.6.1 平面的表示方法

直线的运动轨迹构成了平面,平面的空间位置可用几何元素或迹线来进行表示。

1)用几何元素表示平面

不在同一条直线上的 3 点可以确定一个平面,由此可以演变出以下几种平面的表示方法:

①不在同一直线上的 3 点(A,B,C),如图 2.20(a)所示。

②一直线和该直线外一点(AB,C),如图 2.20(b)所示。

③相交的两直线(AC,BC),如图 2.20(c)所示。

④平行的两直线($AC//BD$),如图 2.20(d)所示。

⑤平面图形($\triangle ABC$),如图 2.20(e)所示。

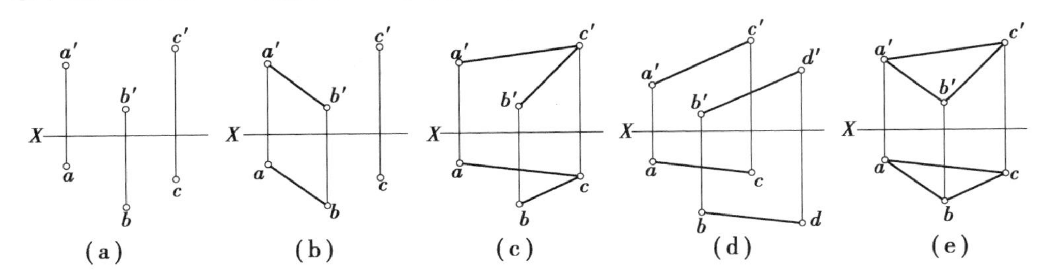

图 2.20 平面的表示方法

对同一平面来说,无论采用哪一种方法表示,它所确定的空间平面位置是不变的。需要强调的是,前 4 种只确定平面的位置,第 5 种不但能确定平面的位置,而且能表示平面的形状和大小,所以一般常用平面图形来表示平面。

2)用迹线表示平面

平面的空间位置还可以由它与投影面的交线来确定,平面与投影面的交线称为该平面的迹线。如图 2.21 所示,P 平面与 H 面的交线称为水平迹线,用 P_H 表示;P 平面与 V 平面的交线称为正面迹线,用 P_V 表示;P 平面与 W 面的交线称为侧面迹线,用 P_W 表示。

一般情况下,相邻两条迹线相交于投影轴上,它们的交点也就是平面与投影轴的交点。在投影图中,这些交点分别用 P_X,P_Y,P_Z 来表示。如图 2.21(b)所示,也就是说,三条迹线中任意两条可以确定平面的空间位置。

由于迹线位于投影面上,它的一个投影与自身重合,另外两个投影与投影轴重合,通常只用画出与自身重合的投影并加注标记的办法来表示迹线,凡是与投影轴重合的投影均不标记。

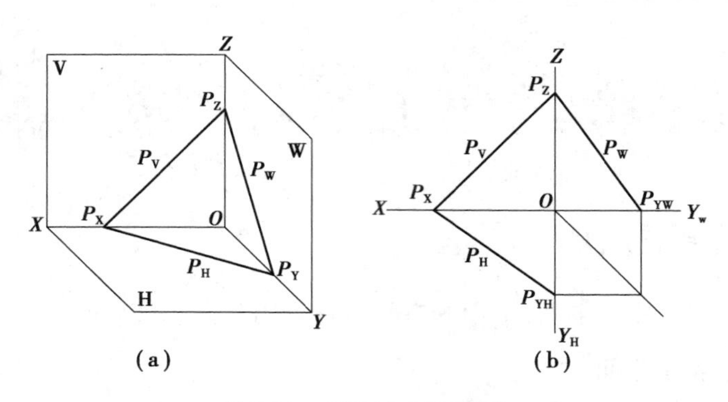

图 2.21　用迹线表示平面

在三面投影体系中,根据平面和投影面的相对位置不同,将平面分为 3 类:投影面垂直面、投影面平行面和一般位置平面。相对于一般位置平面,前两类统称为特殊位置平面。

①投影面垂直面:垂直于某一个投影面,倾斜于另外两个投影面。

②投影面平行面:平行于某一个投影面,垂直于另外两个投影面。

③一般位置平面:与 3 个投影面都倾斜。

►2.6.2　投影面的垂直面

投影面的垂直面根据其所垂直的投影面不同又分为以下 3 种:

①垂直于 H 面、倾斜于 V 面和 W 面的平面称为铅垂面(见表 2.4 中平面 P)。

②垂直于 V 面、倾斜于 H 面和 W 面的平面称为正面垂直面,简称正垂面(见表 2.4 中平面 Q)。

③垂直于 W 面、倾斜于 H 面和 V 面的平面称为侧面垂直面,简称侧垂面(见表 2.4 中平面 R)。

平面与投影面的夹角称为平面的倾角,平面与 H 面、V 面、W 面的倾角分别用 α,β,γ 标记。表 2.4 分别列出了铅垂面、正垂面和侧垂面的投影图和投影特性。

从表 2.4 可分析归纳出投影面的垂直面的投影特性为:

①平面在它所垂直的投影面上的投影积聚为一直线,该直线与相应投影轴的夹角分别反映平面对另外两个投影面的倾角。

②平面在另外两个投影面上的投影为原平面图形的类似形,但面积比实形小。

③积聚迹线与投影轴的夹角,反映平面与另外两个投影面的倾角,其余两条迹线分别垂直于相应投影轴。

如果不需表示平面的形状和大小,只需确定其位置,可用迹线来表示,且只用有积聚性的迹线。见表 2.4 中铅垂面 P,只需画出 P_H 就能确定空间平面 P 的位置。

表 2.4 投影面的垂直面

名称		直观图	投影图	投影特性
铅垂面	图形平面	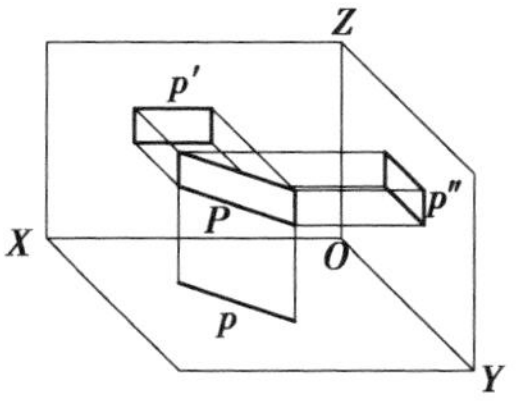	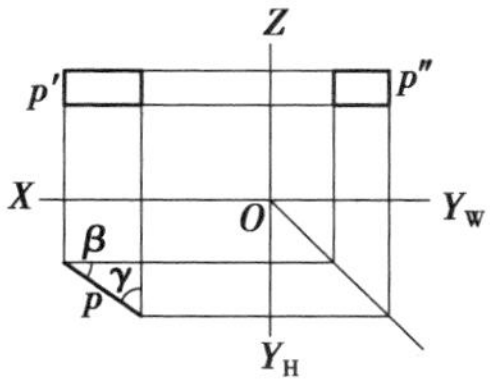	1.水平投影 p 积聚为一直线,并反映对 V,W 面的倾角 β,γ; 2.正面投影 p' 和侧面投影 p'' 为平面 P 的类似形
	迹线平面	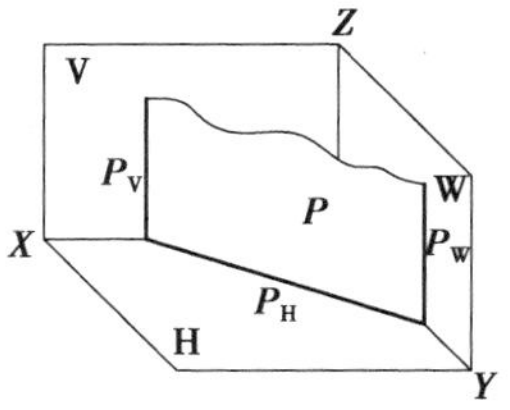	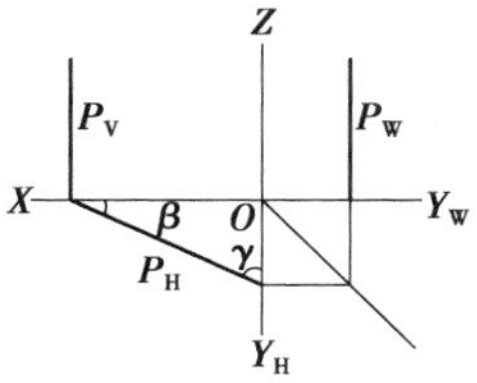	1.P_H 有积聚性,与 OX 轴和 OY_H 轴的夹角分别反映角 β,γ; 2.$P_V \perp OX$ 轴,$P_W \perp OY_W$ 轴
正垂面	图形平面	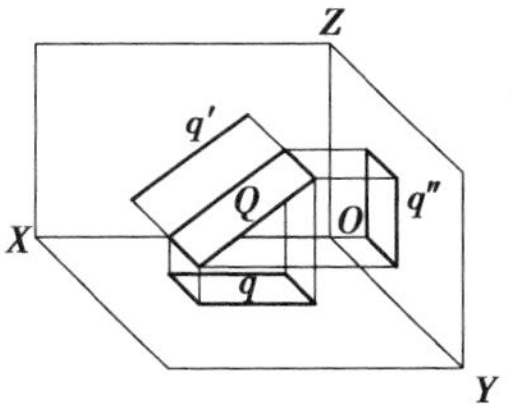	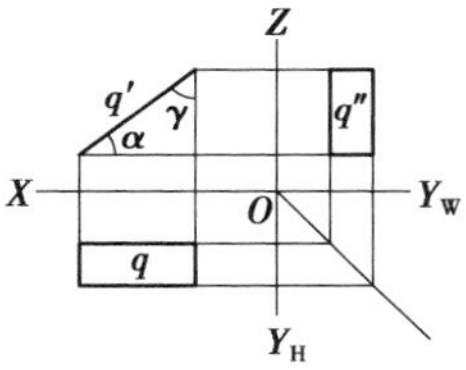	1.正面投影 q' 积聚为一直线,并反映对 H,W 面的倾角 α,γ; 2.水平投影 q 和侧面投影 q'' 为平面 Q 的类似形
	迹线平面	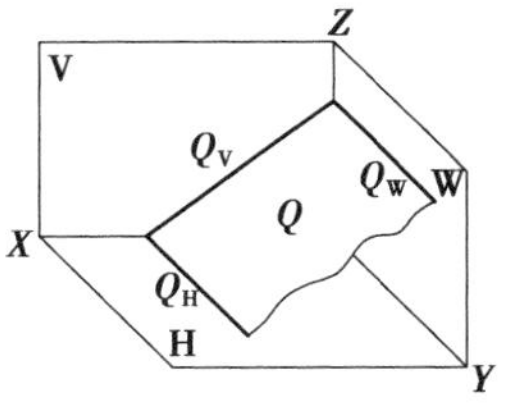	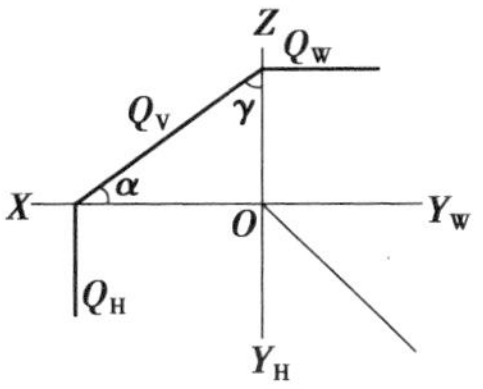	1.Q_V 有积聚性,与 OX 轴和 OZ 轴的夹角分别反映角 α,γ; 2.$Q_H \perp OX$ 轴,$Q_W \perp OZ$ 轴
侧垂面	图形平面	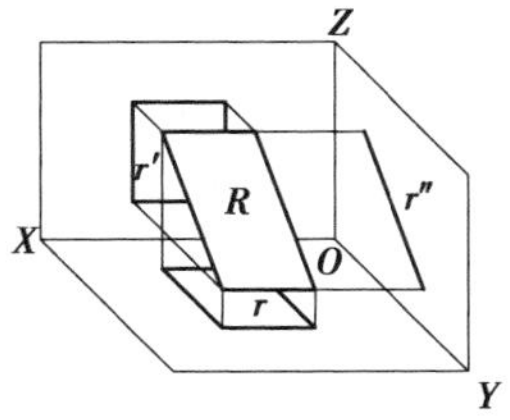	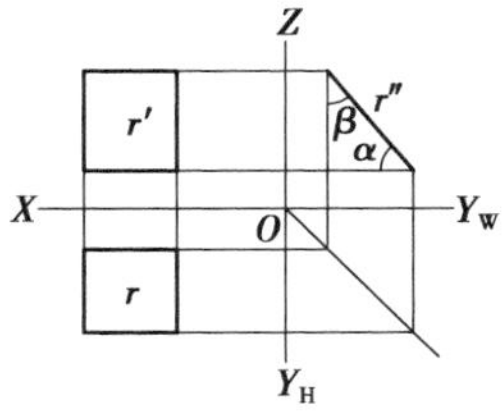	1.侧面投影 r'' 积聚为一直线,并反映对 H,V 面的倾角 α,β; 2.水平投影 r 和正面投影 r' 为平面 R 的类似形
	迹线平面	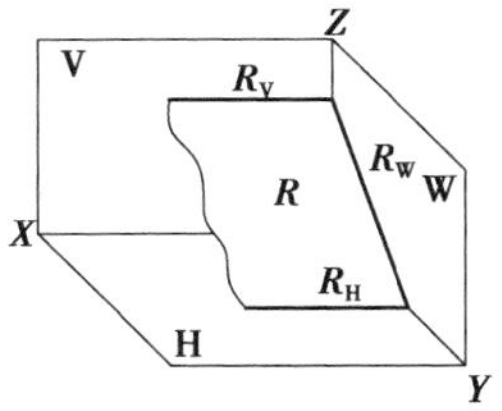	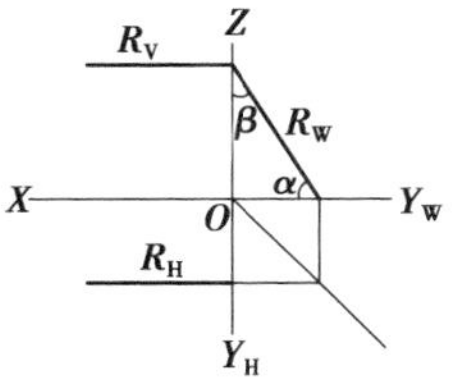	1.R_W 有积聚性,与 OY_W 轴和 OZ 轴的夹角分别反映 α,β; 2.$R_V \perp OZ$ 轴,$R_H \perp OY_H$ 轴

▶2.6.3 投影面的平行面

投影面的平行面根据其所平行的投影面不同又分为以下 3 种：

①平行于 H 面的平面称为水平面平行面，简称水平面（见表 2.5 中平面 P）。

②平行于 V 面的平面称为正面平行面，简称正平面（见表 2.5 中平面 Q）。

③平行于 W 面的平面称为侧面平行面，简称侧平面（见表 2.5 中平面 R）。

表 2.5 分别列出了水平面、正平面和侧平面的投影图和投影特性。

从表 2.5 可分析归纳出投影面的平行面的投影特性为：

①平面在它所平行的投影面上的投影反映实形。

②平面在另外两个投影面上的投影积聚为一直线，且分别平行于相应的投影轴。

③平面在它所平行的投影面上无迹线，另外两条迹线均平行于相应的投影轴且具有积聚性。

表 2.5 投影面的平行面

名称		直观图	投影图	投影特性
水平面	图形平面	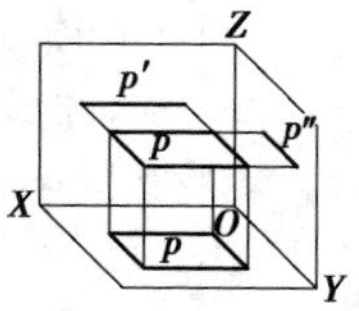	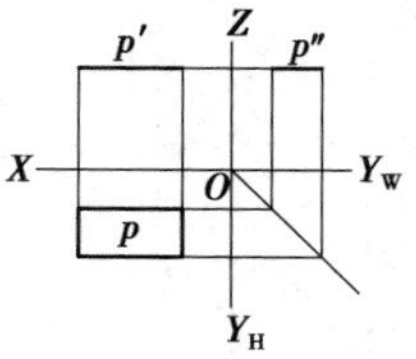	1.水平投影 p 反映实形； 2.正面投影 p' 积聚为一直线，且平行于 OX 轴，侧面投影 p'' 积聚为一直线，且平行于 OY_W 轴
	迹线平面	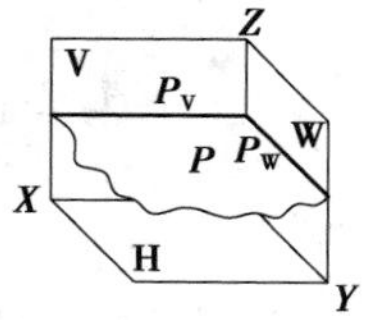	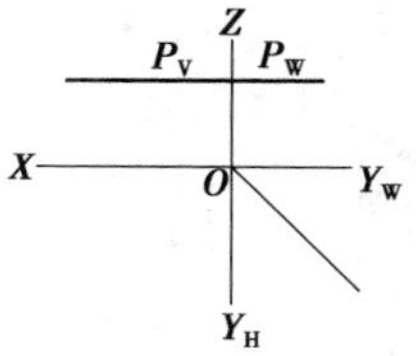	1.无水平迹线 P_H； 2.P_V // OX 轴，P_W // OY_W 轴有积聚性
正平面	图形平面	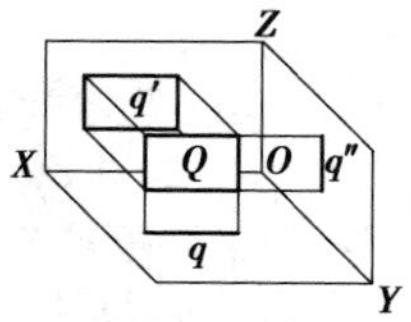	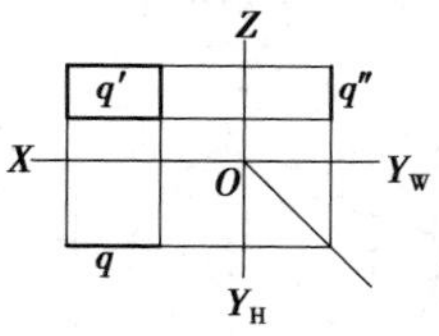	1.正面投影 q' 反映实形； 2.水平投影 q 积聚为一直线，且平行于 OX 轴，侧面投影 q'' 积聚为一直线，且平行于 OZ 轴
	迹线平面	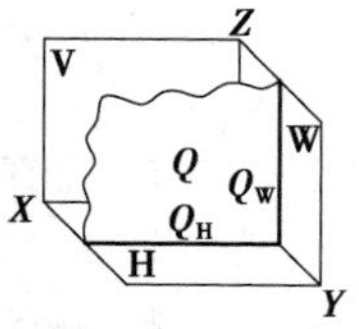	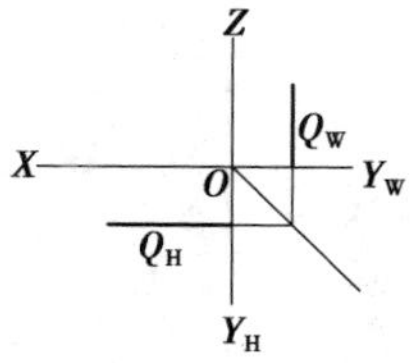	1.无正面迹线 Q_V； 2.Q_H // OX 轴，Q_W // OZ 轴有积聚性

续表

名称		直观图	投影图	投影特性
侧平面	图形平面			1.侧面投影 r''反映实形； 2.水平投影 r 积聚为一直线，且平行于 OY_H 轴，正面投影 r'积聚为一直线，且平行于 OZ 轴
	迹线平面			1.无侧面迹线 R_W； 2.$R_H // OY_H$ 轴，$R_V // OZ$ 轴有积聚性

▶2.6.4 一般位置平面

对3个投影面都倾斜（既不平行又不垂直）的平面，称为一般位置平面，如图2.22(a)所示△ABC。一般位置平面在H，V，W面上的投影仍然为一个三角形，且三角形的面积均小于实形，如图2.22(b)所示。

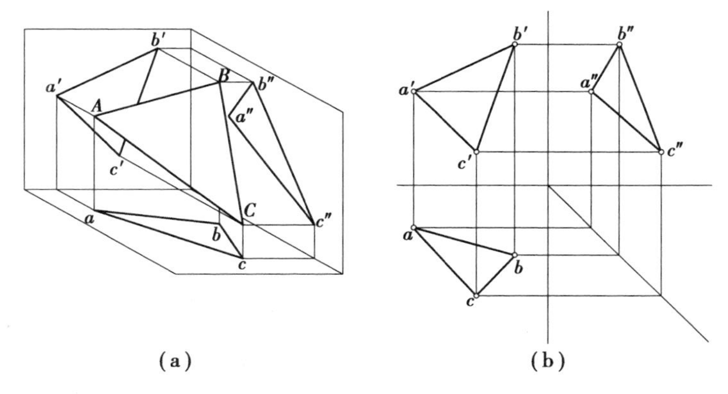

图2.22 一般位置平面

由此可知，一般位置平面的投影特性为：

①三面投影都不反映空间平面图形的实形，是原平面图形的类似形，且面积比空间平面图形的实形小。

②平面图形的三面投影都不反映该平面对投影面的倾角。

▶2.6.5 属于平面的直线和点

1）属于平面的直线

直线属于平面的几何条件为：

①直线通过属于平面上的两个点，则该直线属于此平面，如图2.23(a)所示中的直线

MN,BM。

②直线通过属于平面的一点,且平行于平面内的另一条直线,则直线属于此平面。如图2.23(b)所示中的直线 L,其通过平面上的点 A,且平行于平面内的直线 BC,因此该直线属于△ABC。

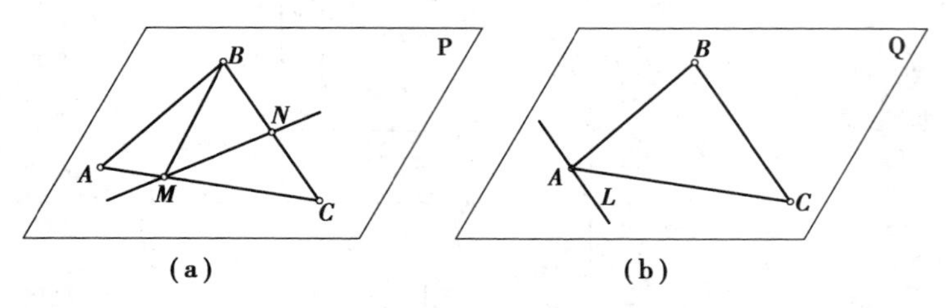

图 2.23 平面上直线的几何条件

在已知平面△ABC 的投影图中求取属于平面的直线的作图法,如图 2.24 所示。

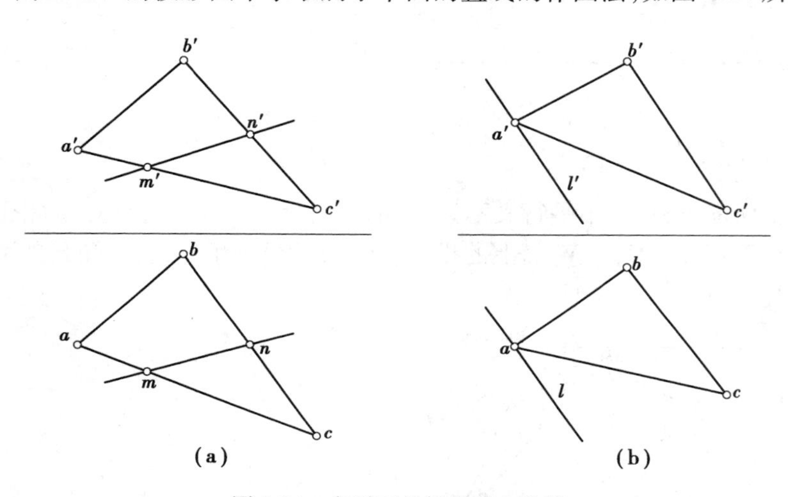

图 2.24 在平面的投影图上取线

①图为先取属于平面△ABC 的两点 $M(m',m)$,$N(n',n)$,然后分别连接直线 $m'n'$,mn,则直线 MN 一定属于平面△ABC 的。

②图为过△ABC 平面上一点 A(可为平面上任意一点),且平行于△ABC 的一条边 BC($b'c'$,bc)作一直线 $L(l',l)$,则直线 L 一定属于平面△ABC。

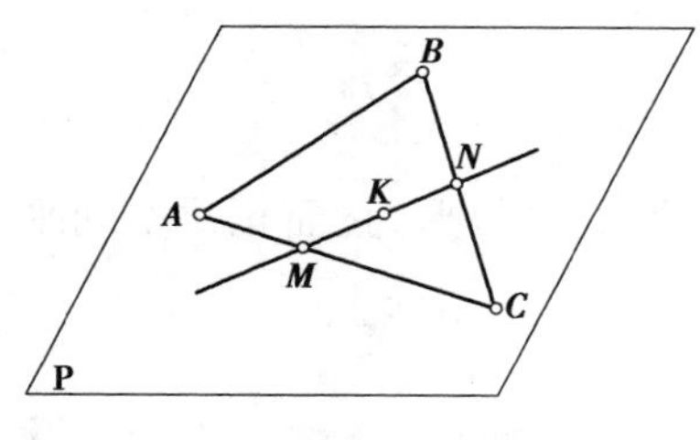

图 2.25 平面上点的几何条件

2)属于平面的点

点属于平面的几何条件为:点属于平面的任一直线,则点属于此平面,如图 2.25 所示。

取属于平面的点,只有先取属于平面的一条直线,再取属于直线的点,才能保证点属于平面。否则,在投影图中不能保证点一定属于平面。

在已知平面△ABC 的投影图中求取属于平面的点的作图法,如图 2.26 所示。

已知 K 点属于△ABC,还知 K 点的 V 面投影 k',求作 K 点的水平投影 k。先在△$a'b'c'$内过投影 k'任作一直线 $m'n'$,然后求出其 H 投影 mn,进而求出在 mn 上的投影 k,则投影 k 一定属于投影△ABC。即 K 点一定属于平面△ABC，如图 2.26(b)所示。

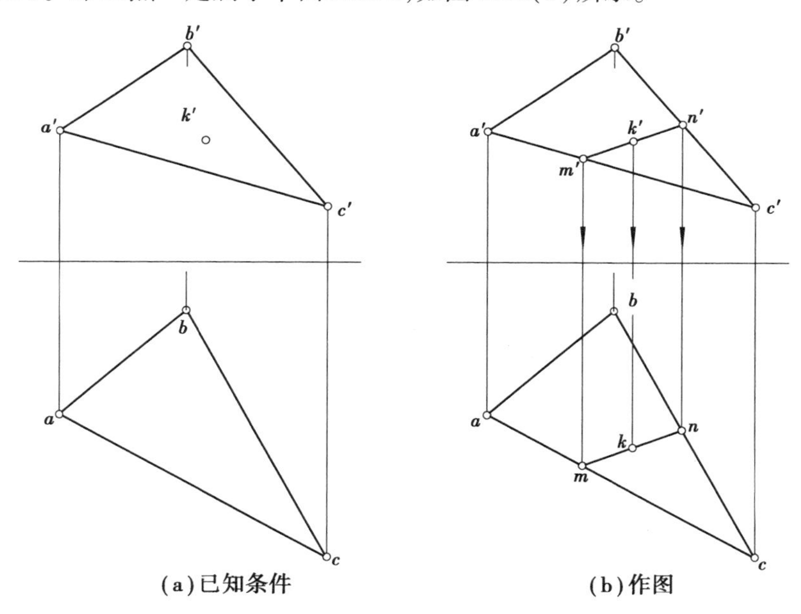

(a)已知条件　　(b)作图

图 2.26　平面的投影图上取点

复习思考题

1.投影的概念是什么？产生投影的基本条件有哪些？

2.简述投影法的分类。

3.正投影的特性有哪些？

4.什么是三面投影体系？三面投影图的基本规律是什么？

5.简述点的投影规律。

6.怎样判断两点的相对位置？

7.什么是重影点？重影点的表示方法是什么？

8.简述投影面平行线和投影面垂直线的基本概念和投影特性。

9.简述一般位置直线的投影特性，一般位置直线实长和倾角的求法。

10.怎样判断点和直线的位置关系？

11.简述投影面垂直面和投影面平行面的基本概念和投影特性。

12.简述一般位置平面的投影特性。

13.简述属于平面的直线和点的几何条件。

3

立 体

本章导读

工程实践中有诸多立体的表现,例如,居住的多高层住宅、低层的别墅;再比如,日常学习所在的教学楼等。这些空间形体,无论其形状多么复杂,总可以将其分解成简单的几何形体。因此,立体的相关知识是我们学习更加复杂的工程形体所必需的。工程中常见的几何形体按其形状、类型不同,可分为平面立体和曲面立体。表面全部由平面组成的立体称为平面立体,常见的有棱柱、棱锥(台)等;表面全是曲面或既有曲面又有平面的立体称为曲面立体,常见的有圆柱、圆锥(台)、球等。

本章主要讲解各种立体的形成及投影,立体各表面的可见性,立体表面上取点及其可见性等。

3.1 平面立体

▶3.1.1 棱柱体

1)形成

由上下两个平行的多边形平面(底面)和其余相邻两个面(棱面)的交线(棱线)都互相平行的平面所组成的立体称为棱柱体。

棱柱体的特点:上、下底面平行且相等;各棱线平行且相等;底面的边数 N=侧棱面数 N=侧棱线数 $N(N\geqslant 3)$;表面总数=底面边数+2。图 3.1(a)是直三棱柱,其上、下底面为三角形,侧棱线垂直于底面,3 个侧棱面均为矩形,共 5 个表面。

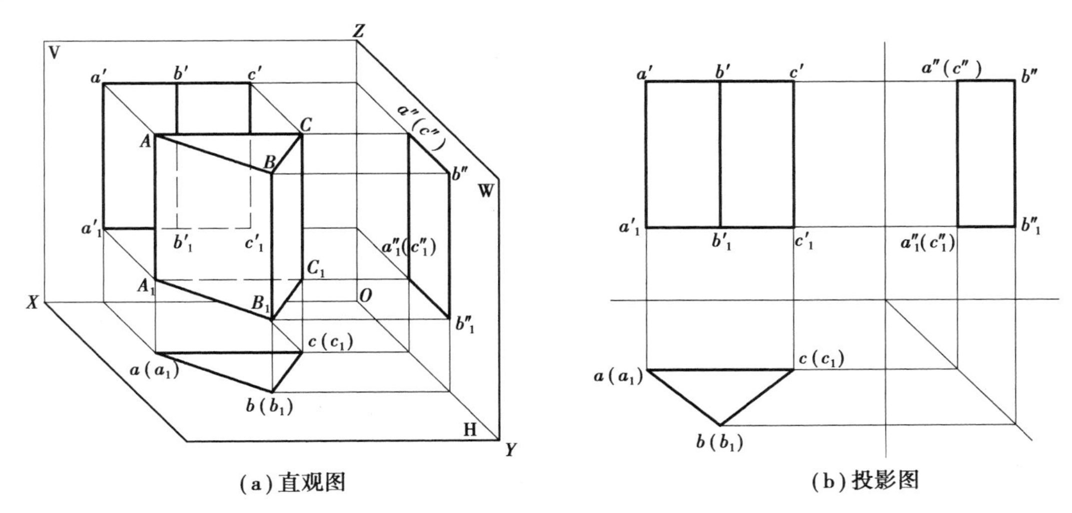

(a)直观图　　(b)投影图

图 3.1　三棱柱的投影

2)投影

(1)安放位置

同一形体因安放位置不同其投影也有所不同。为作图简便,应将形体的表面尽量平行或垂直于投影面。如图 3.1(a)所示放置的三棱柱,上、下底面平行于 H 面,后棱面平行于 V 面,则左、右棱面垂直于 H 面。这样安放的三棱柱投影就较简单。

(2)投影分析[见图 3.1(a)]

H 面投影:是一个三角形。它是上、下底面实形投影的重合(上底面可见,下底面不可见)。由于 3 个侧棱面都垂直于 H 面,因此,三角形的三条边即为 3 个侧棱面的积聚投影;三角形的 3 个顶点为三条棱线的积聚投影。

V 面投影:是两个小矩形合成的一个大矩形。左、右矩形分别为左、右棱面的投影(可见);大矩形是后棱面的实形投影(不可见);大矩形的上、下边线是上、下底面的积聚投影。

W 面投影:是一个矩形。它是左、右棱面投影的重合(左侧棱面可见、右侧棱面不可见)。矩形的上、下、左边线分别是上、下底面和后棱面的积聚投影;矩形的右边线是前棱线 BB_1 的投影。

(3)作图步骤[见图 3.1(b)]

①画上、下底面的各投影。先画 H 面上的实形投影,即$\triangle abc$,后画 V 面,W 面上的积聚投影,即 $a'c'$,$a'_1c'_1$,$a''b''$,$a''_1b''_1$。

②画各棱线的投影,即完成三棱柱的投影,3 个投影应保持“三等”关系。

3)棱柱体表面上取点

立体表面上取点的步骤:根据已知点的投影位置及其可见性,分析、判断该点所属的表面;若该表面有积聚性,则可利用积聚投影的直线作出点的另一投影,最后作出第三投影;若该表面无积聚性,则可采用平面上取点的方法,过该点在所属表面上作一条辅助线,利用此线作出点的另一个二投影。

【例 3.1】　已知三棱柱表面上 M 点的 H 面投影 m(可见)及 N 点的 V 面投影 n'(可见),求 M,N 点的另一个二投影,如图 3.2(a)所示。

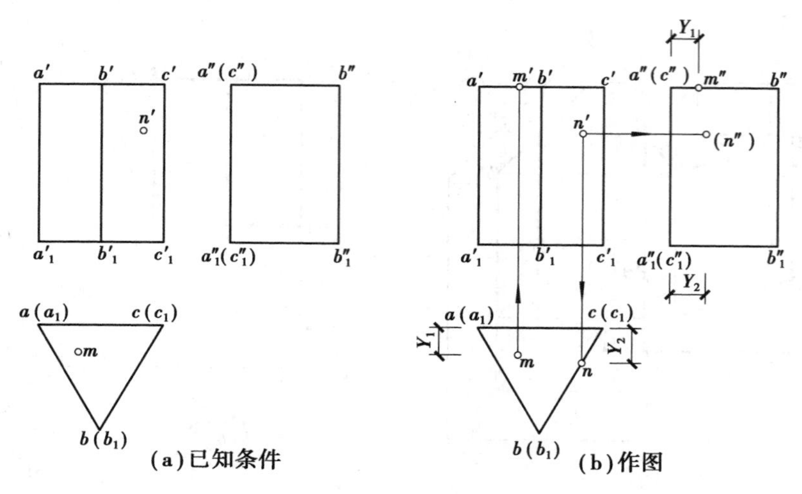

图 3.2　棱柱体表面上取点

【解】　(1)分析

由于 m 可见,则可判断 M 点属三棱柱上底面△ABC;n'点可见,则可判断 N 点属右棱面。由于上底面、右棱面都有积聚投影,则 M 点、N 点的另一投影可直接求出。

(2)作图[见图 3.2(b)]

①由 m 向上作 OX 轴的垂线(以下简称"垂线")与上底面在 V 面的积聚投影 $a'b'c'$ 相交于 m';由 m,m'及 Y_1,求得 m''。

②由 n'向下作垂线与右棱面 H 面的积聚投影 bc 相交于 n;由 n',n 及 Y_2 求得 n''。

(3)判别可见性

点的可见性与点所在的表面的可见性是一致的。如右棱面的 W 面投影不可见,则 n''不可见。当点的投影在平面的积聚投影上时,一般不判别其可见性,如 m',m''和 n。

►3.1.2　棱锥体

1)形成

由一个多边形平面(底面)和其余相邻两个面(侧棱面)的交线(棱线)都相交于一点(顶点)的平面所围成的立体称为棱锥体。

棱锥体的特点:底面为多边形;各侧棱线相交于一点;底面的边数 N=侧棱面数 N=侧棱线数 $N(N\geqslant3)$;表面总数=底面边数+1。图 3.3(a)是三棱锥,由底面(△ABC)和 3 个侧棱面(△SAB,△SBC,△SAC)围成,共 4 个表面。

2)投影

(1)安放位置

如图 3.3(a)所示,将三棱锥底面平行于 H 面,后棱面垂直于 W 面。

(2)投影分析[见图 3.3(a)]

H 面投影:是 3 个小三角形合成的一个大三角形。3 个小三角形分别是 3 个侧棱面的投影(可见);大三角形是底面的投影(不可见)。

V 面投影:是两个小三角形合成的一个大三角形。两个小三角形是左、右侧棱面的投影

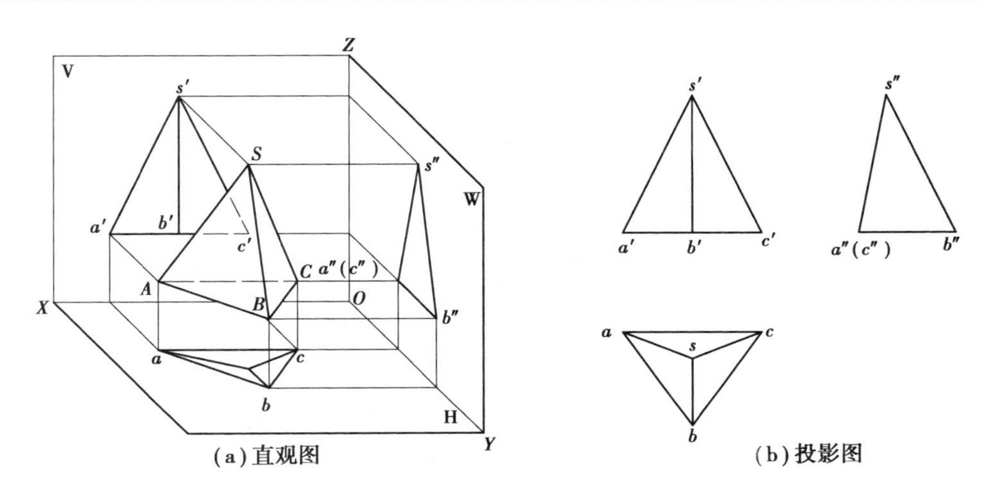

图 3.3 三棱锥的投影

(可见);大三角形是后棱面的投影(不可见);大三角形的下边线是底面的积聚投影。

W 面投影:是一个三角形。它是左右侧棱面投影的重合,左侧棱面可见,右侧棱面不可见;三角形的左边线、下边线分别是后棱面和底面的积聚投影。

(3)作图步骤[见图 3.3(b)]

①画底面的各投影。先画 H 面上的实形投影,即$\triangle abc$,后画 V 面、W 面上的积聚投影,即$a'c'$,$a''b''$。

②画顶点 S 的三面投影,即 s,s',s''。

③画各棱线的三面投影,即完成三棱锥的投影。

(4)棱锥体表面上取点

【例 3.2】 已知三棱锥表面上的 M 点的 H 面投影 m(可见)和 N 点的 V 面投影(不可见),求 M,N 点的另一个二投影,如图 3.4(a)所示。

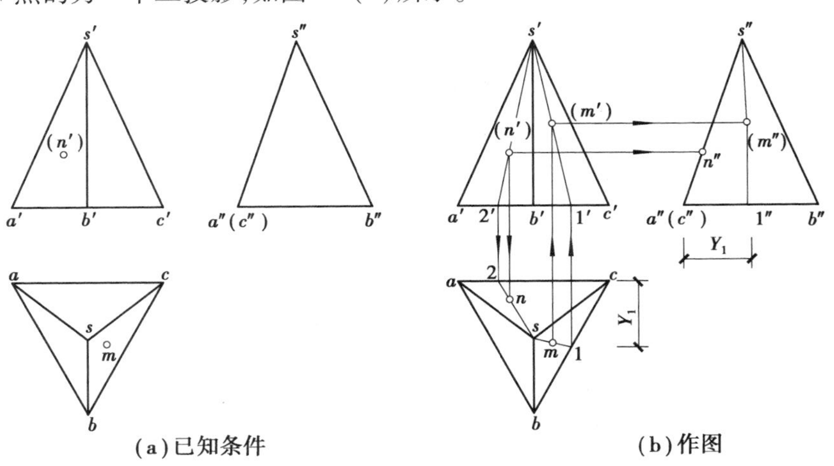

图 3.4 棱锥体表面上取点

【解】 (1)分析

由于 m 可见,则 M 点属$\triangle SBC$;n'不可见,则 N 点属于$\triangle SAC$,利用平面上取点的方法即可求得所缺投影。

(2)作图[见图3.4(b)]

①连接 sm 并延长交 bc 于1;由1向上引垂线交 $b'c'$ 于1';连接 $s'1'$ 与过 m 向上的垂线相交于 m';由1及 y_1 求得1",从而求得 m''。

②连接 $s'n'$ 并延长交 $a'c'$ 于2';由2'向下引垂线交 ac 于2;连接 $s2$ 与过 n' 向下的垂线相交于 n;由 n' 向右作 OZ 轴的垂线(即 OX 轴的平行线,以下简称平行线)交 $s''c''$ 得 n''。

(3)判断可见性

M 点属△SBC,因△$s'b'c'$ 可见,则 m' 点可见;△$s''b''c''$ 不可见,则 m'' 不可见。N 点属△SAC,因△sac 可见,则 n 可见;△$s''a''c''$ 有积聚性,故 n'' 不判别可见性。

3.2 曲面立体

常见的曲面立体有圆柱体、圆锥体、圆球体等,它们都是旋转体。

▶3.2.1 圆柱体

1)形成

由矩形(AA_1O_1O)绕其边(OO_1)为轴旋转运动的轨迹称为圆柱体[见图3.5(a)]。与轴垂直的两边(OA 和 O_1A_1)的运动轨迹是上、下底圆,与轴平行的一边(AA_1)运动的轨迹是圆柱面。AA_1 称为母线,母线在圆柱面上的任一位置称为素线。圆柱面是无数多条素线的集合。圆柱体由上、下底圆和圆柱面围成。上、下底圆之间的距离称为圆柱体的高。

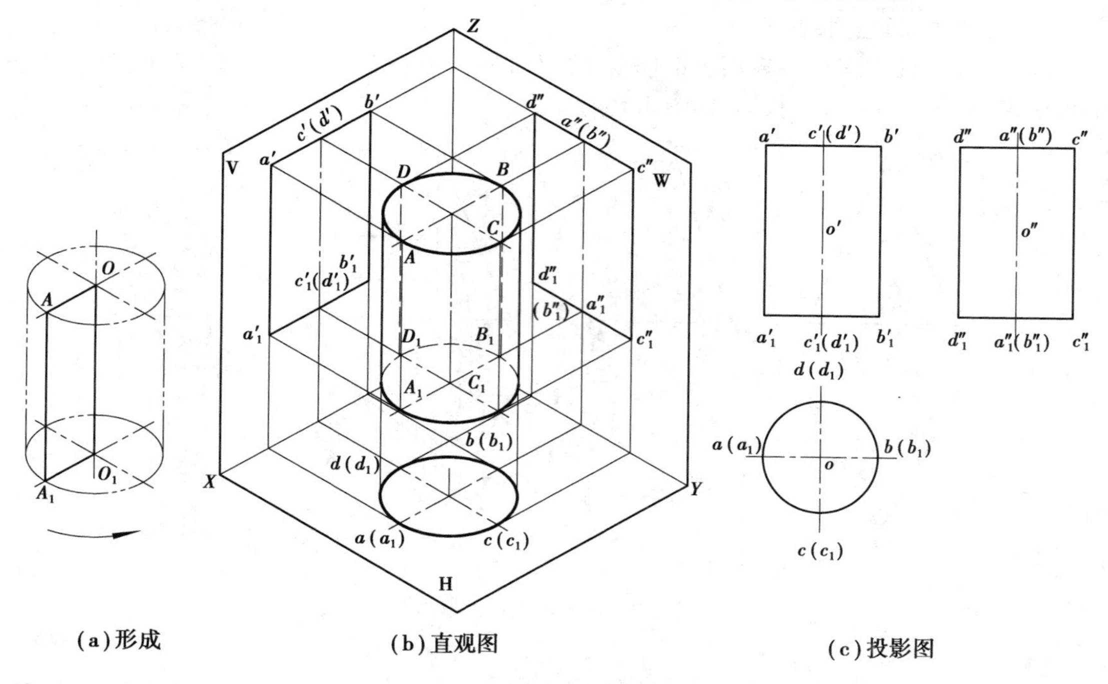

图3.5 圆柱体的形成与投影

2)投影

(1)安放位置

为了简便作图,一般将圆柱体的轴线垂直于某一投影面。如图 3.5(b)所示,将圆柱体的轴线(OO_1)垂直于 H 面,则圆柱面垂直于 H 面,上、下底圆平行于 H 面。

(2)投影分析[见图 3.5(b)]

H 面投影:为一个圆。它是可见的上底圆和不可见的下底圆实形投影的重合,其圆周是圆柱面的积聚投影,圆周上任一点都是一条素线的积聚投影。

V 面投影:为一矩形。它是可见的前半圆柱和不可见的后半圆柱投影的重合,其对应的 H 面投影是前、后半圆,对应的 W 面投影是右和左半个矩形。矩形的上、下边线($a'b'$和 $a_1'b_1'$)是上、下底圆的积聚投影;左、右边线($a'a_1'$ 和 $b'b_1'$)是圆柱最左、最右素线(AA_1 和 BB_1)的投影,也是前半、后半圆柱投影的分界线。

W 面投影:为一矩形。它是可见的左半圆柱和不可见的右半圆柱投影的重合,其对应的 H 面投影是左、右半圆;对应的 V 面投影是左右半个矩形。矩形的上、下边线($d''c''$和 $d_1''c_1''$)是上、下底圆的积聚投影;左、右边线($d''d_1''$和 $c''c_1''$)是圆柱最后、最前素线(DD_1 和 CC_1)的投影,也是左半、右半圆柱投影的分界线。

(3)作图步骤[见图 3.5(c)]

①画轴线的三面投影(O,O',O''),过 O 作中心线,轴和中心线都画单点长画线。

②在 H 面上画上、下底圆的实形投影(以 O 为圆心,OA 为半径);在 V,W 面上画上、下底圆的积聚投影(其间距为圆柱的高)。

③画出转向轮廓线,即画出最左、最右素线的 V 面投影($a'a_1'$和 $b'b_1'$);画出最前、最后素线的 W 面投影($c''c_1''$和 $d''d_1''$)。

3)圆柱体表面上取点

【例 3.3】 已知圆柱体上 M 点的 V 面投影 m'(可见)及 N 点的 H 面投影 n(不可见),求 M,N 点的另一个二投影,如图 3.6(a)所示。

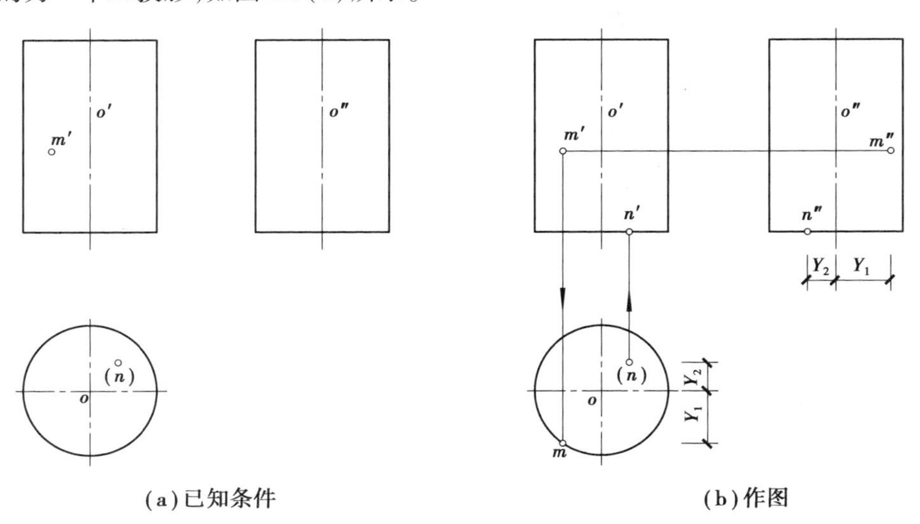

(a)已知条件　　(b)作图

图 3.6　圆柱体表面上取点

【解】 (1)分析

由于 m' 可见,且在轴 O' 左侧,可知 M 点在圆柱面的前、左部分;n 不可见,则 N 点在圆柱的下底圆上。圆柱面的 H 面投影和下底圆的 V 面、W 面投影有积聚性,可从积聚投影入手求解。

(2)作图[见图 3.6(b)]

①由 m' 向下作垂线,交 H 面投影中的前半圆周于 m,由 m',m 及 Y_1 可求得 m''。

②由 n 向上引垂线,交下底圆的 V 面积聚投影于 n',由 n,n' 及 Y_2 可求得 n''。

(3)判别可见性

M 点位于左半圆柱,故 m'' 可见;m,n',n'' 在圆柱的积聚投影上,不判别其可见性。

►3.2.2 圆锥体

1)形成

由直角三角形(SAO)绕其一直角边(SO)为轴旋转运动的轨迹称为圆锥体,如图 3.7(a)所示。另一直角边(AO)旋转运动的轨迹是垂直于轴的底圆;斜边(SA)旋转运动的轨迹是圆锥面。SA 称为母线,母线在圆锥面上任一位置称为素线。圆锥面是无数多条素线的集合。圆锥由圆锥面和底圆围成。锥顶(S)与底圆之间的距离称为圆锥的高。

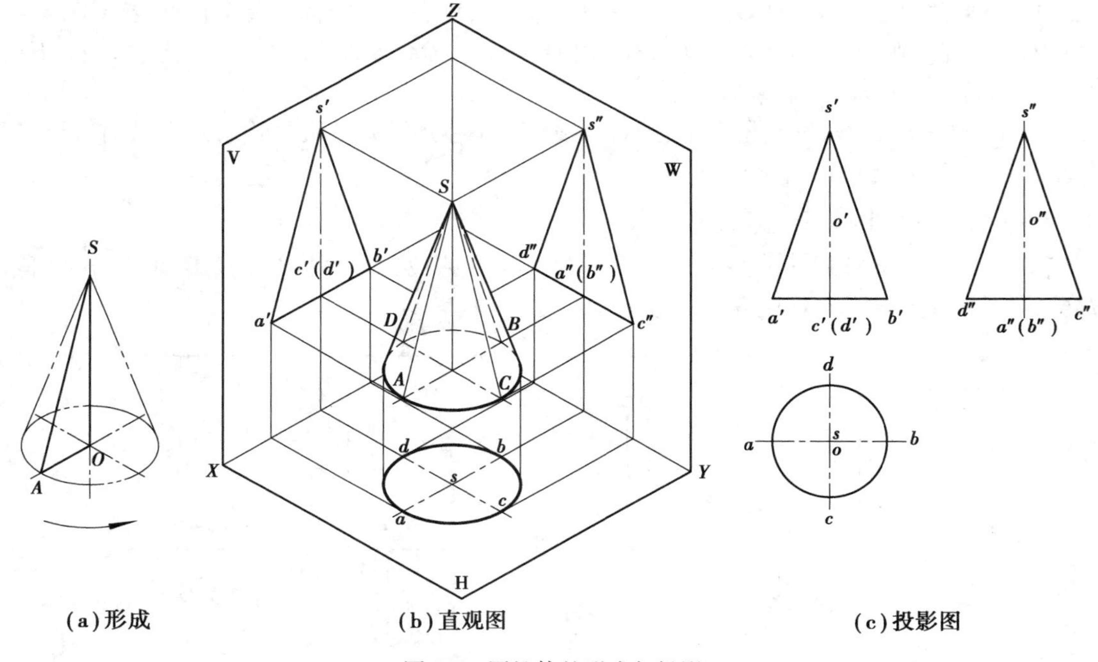

图 3.7 圆锥体的形成与投影

2)投影

(1)安放位置

如图 3.7(b)所示,将圆锥体的轴线垂直于 H 面,则底圆平行于 H 面。

(2)投影分析[见图 3.7(b)]

H 面投影:为一个圆。它是可见的圆锥面和不可见的底圆投影的重合。

V 面投影:为一等腰三角形。它是可见的前半圆锥和不可见的后半圆锥投影的重合,其对应的 H 面投影是前、后半圆,对应的 W 面投影是右、左半个三角形。等腰三角形的底边是圆锥底面的积聚投影;两腰($s'a'$和$s'b'$)是圆锥最左、最右素线(SA 和 SB)的投影,也是前、后半圆锥的分界线。

W 面投影:为一等腰三角形。它是可见的左半圆锥和不可见的右半圆锥投影的重合,其对应的 H 面投影是左、右半圆;对应的 V 面投影是左、右半个三角形。等腰三角形的底边是圆锥底圆的积聚投影;两腰($s''c''$和$s''d''$)是圆锥最前、最后素线(SC 和 SD)的投影,也是左、右半圆锥的分界线。

(3)作图步骤[见图 3.7(c)]

①画轴线的三面投影(o,o',o''),过 o 作中心线,轴和中心线都画点画线。

②在 H 面上画底圆的实形投影(以 O 为圆心,OA 为半径);在 V 面、W 面上画底圆的积聚投影。

③画锥顶(S)的三面投影(s,s',s'',由圆锥的高定 s',s'')。

④画出转向轮廓线,即画出最左、最右素线的 V 面投影($s'a'$和 $s'b'$);画出最前、最后素线的 W 面投影($s''c''$和 $s''d''$)。

3)圆锥表面取点

【例 3.4】 已知圆锥上一点 M 的 V 面投影 m'(可见),求 m 及 m'',如图 3.8(a)所示。

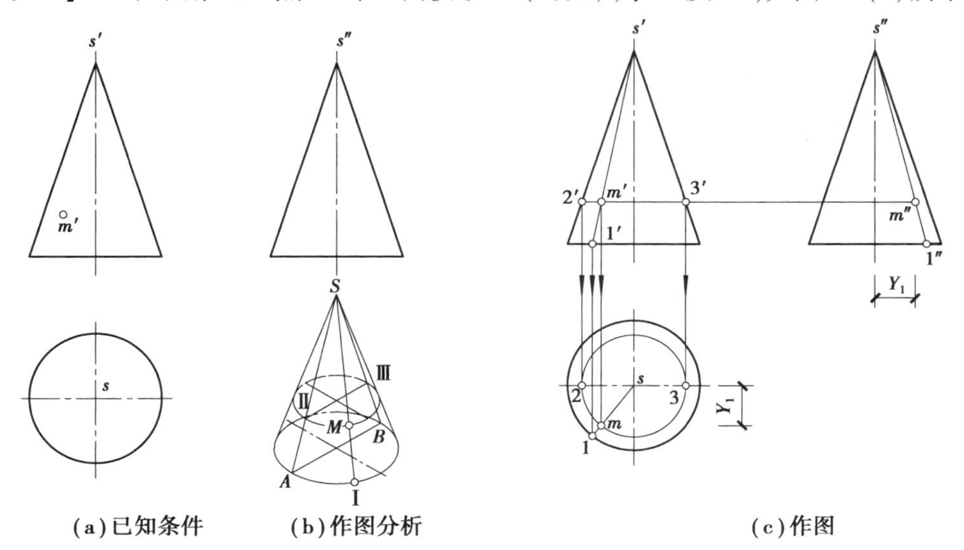

图 3.8 圆锥体表面上取点

【解】 (1)分析

由于 m'可见,且在轴 o'左侧,可知 M 点在圆锥面的前、左部分。由于圆锥面的 3 个投影都无积聚性,所缺投影不能直接求出,可利用素线法和纬圆法求解。利用素线法,即过锥顶 S 和已知点 M 在圆锥面上作一素线 S_1,交底圆于 1 点,求得 S_1 的三面投影,则 M 点的 H 面、W 面投影必然在 S_1 的 H 面、W 面投影上。利用纬圆法,即过 M 点作垂直于圆锥轴线的水平圆(其圆心在轴上),该圆与圆锥的最左、最右素线(SA 和 SB)相交于Ⅱ、Ⅲ点,以Ⅱ、Ⅲ为直径在圆锥面上画圆,则 M 点的 H 面、W 面投影必然在该圆 H 面、W 面投影上,如图

3.8(b)所示。

(2)作图[见图 3.8(c)]

①素线法:连接 $s'm'$ 并延长交底圆的积聚投影于 1′;由 1′向下作垂线交 H 面投影中圆周于 1,连接 s_1;由 m' 向下作垂线交 s_1 于 m,由 Y_1 和利用“高平齐”关系求得 m''。

②纬圆法:过 m' 作平行于 OX 轴方向的直线,交三角形两腰于 2′,3′,线段 2′3′就是所作纬圆的 V 面积聚投影,也是纬圆的直径;再以 2′3′为直径在 H 面投影上画纬圆的实形投影;由 m' 向下作垂线,与纬圆前半部分相交于 m,由 m',m 及 Y_1 得 m''。

(3)判别可见性

由于 M 点位于圆锥面前、左部分,故 m,m'' 均可见。

▶3.2.3 圆球体

1)形成

半圆面绕其直径(O 轴)为轴旋转运动的轨迹称为圆球体,如图 3.9(a)所示。半圆线旋转运动的轨迹是球面,即圆球的表面。

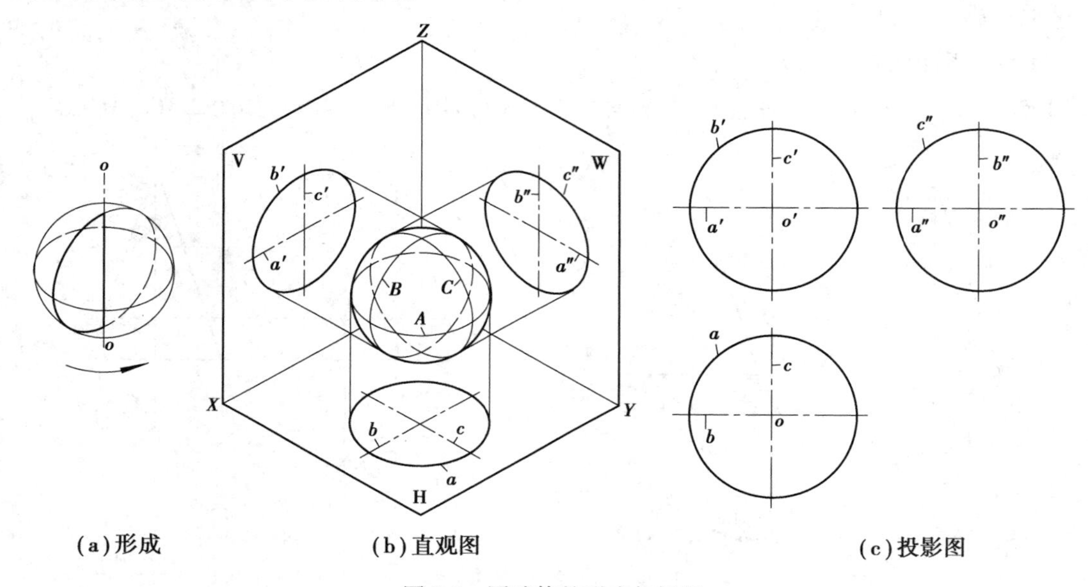

(a)形成 (b)直观图 (c)投影图

图 3.9 圆球体的形成与投影

2)投影

(1)安放位置

由于圆球形状的特殊性(上下、左右、前后均对称),无论怎样放置,其三面投影都是相同大小的圆。

(2)投影分析[见图 3.9(b)]

圆球的三面投影均为圆。

H 面投影的圆是可见的上半球面和不可见的下半球面投影的重合。圆周 a 是圆球面上平行于 H 面的最大圆 A(也是上、下半球面的分界线)的投影。

V 面投影的圆是可见的前半球面和不可见的后半球面投影的重合。圆周 b' 是圆球面上平行于 V 面的最大圆 B(也是前、后半球面的分界线)的投影。

W 面投影的圆是可见的左半球面和不可见的右半球面投影的重合。圆周 c''是圆球面上平行于 W 面的最大圆 C(也是左、右半球面的分界线)的投影。

3 个投影面上的 3 个圆对应的其余投影均积聚成直线段,并重合于相应的中心线上,不必画出。

(3)作图步骤[见图 3.9(c)]

①画球心的三面投影(o,o',o''),过球心的投影分别作横、竖向中心线(单点长画线)。

②分别以 o,o',o''为圆心,以球的半径(即半球面的半径),在 H,V,W 面投影上画出等大的 3 个圆,即为球的三面投影。

3)圆球面上取点

【例 3.5】 已知球面上一点 M 的 V 面投影 m'(可见),求 m 及 m'',如图 3.10(a)所示。

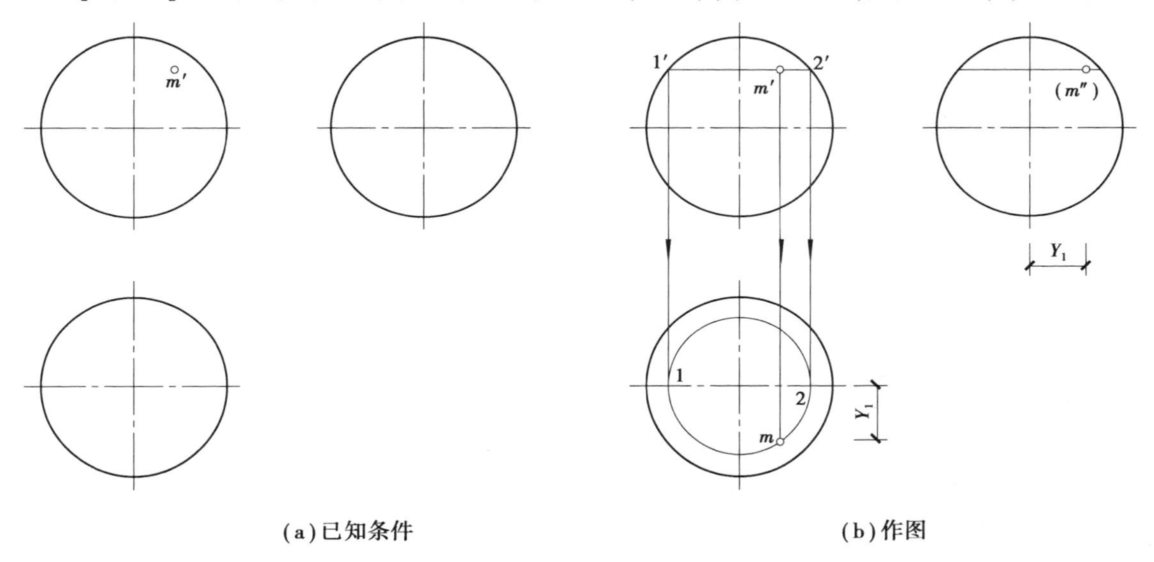

图 3.10 圆球体表面上取点

【解】 (1)分析

球的三面投影都没有积聚性,且球面上也不存在直线,故只有采用纬圆法求解。可设想过 M 点在圆球面上作水平圆(纬圆),该点的各投影必然在该纬圆的相应投影上。作出纬圆的各投影,即可求出 M 点的所缺投影。

(2)作图[见图 3.10(b)]

①过 m'作水平纬圆的 V 面投影,该投影积聚为一线段 $1'2'$。

②以 $1'2'$为直径,在 H 面上作纬圆的实形投影。

③由 m'向下作垂线交纬圆的 H 面投影于 m(因 m'可见,M 点必然在圆球面的前半部分),由 m,m'及 Y_1 求得 m''。

(3)判别可见性

因 M 点位于圆球面的上、右、前半部分,故 m 可见,m''不可见。

3.3 组合体的视图

由基本体(如棱锥、棱柱、圆锥、圆柱、圆球等)按一定规律组合而成的形体,称为组合体。

▶3.3.1 组合体的组成方式

组合体的组成方式有以下 3 种:

①叠加式:由基本体叠加而成,如图 3.11(a)所示。

②截割式:由基本体被一些面截割后而成,如图 3.11(b)所示。

③综合式:由基本体叠加和被截割而成,如图 3.11(c)所示。

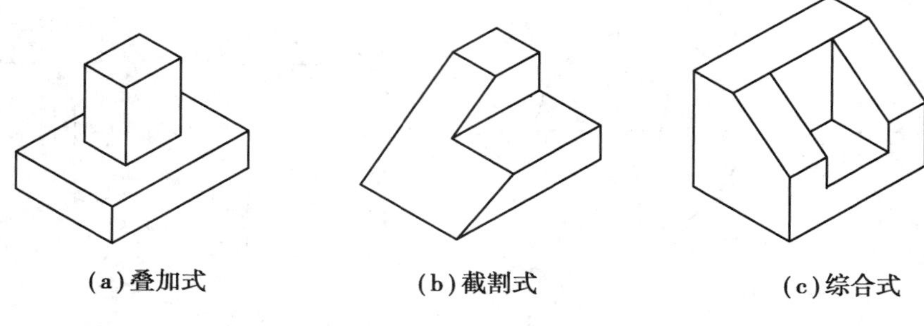

图 3.11 组合体的组成方式

▶3.3.2 组合体视图的名称及位置

形体一般用在 V,H,W 面上的正投影来表示,将该三面投影图称为三视图。当形体外形较复杂时,图中的各种图线易于密集重合,给读图带来困难。因此,在原来的 3 个投影面的基础上,可再增加与它们各自平行的 3 个投影面(均为基本投影面),就好像由 6 个投影面组成了一个方箱,把形体放在中间,然后向 6 个投影面进行正投影,再按图 3.12 中箭头所示方向将它们展开到一个平面上,便得到形体的 6 个投影图。由于都属于基本投影面上的投影,故称为基本视图。各视图的名称、排列位置如图 3.13 所示。

▶3.3.3 组合体视图的画法

画组合体的视图时,一般按以下步骤进行:

①形体分析;

②选择视图;

③画出视图;

④标注尺寸;

⑤填写标题栏及文字说明。

现以梁板式基础[见图 3.14(a)]为例进行说明。

1)形体分析

将组合体分解成一些基本体,并弄清它们的相对位置,如图 3.14(b)所示。梁板式基础可

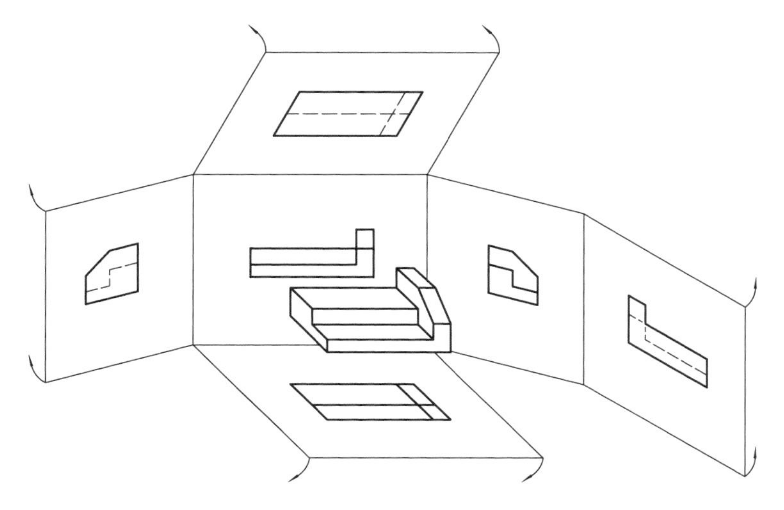

图 3.12 6 个基本视图的展开

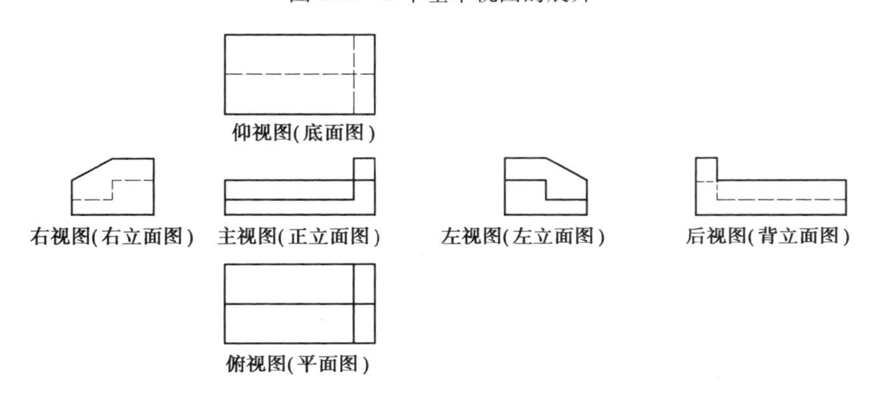

图 3.13 6 个基本视图的名称及位置

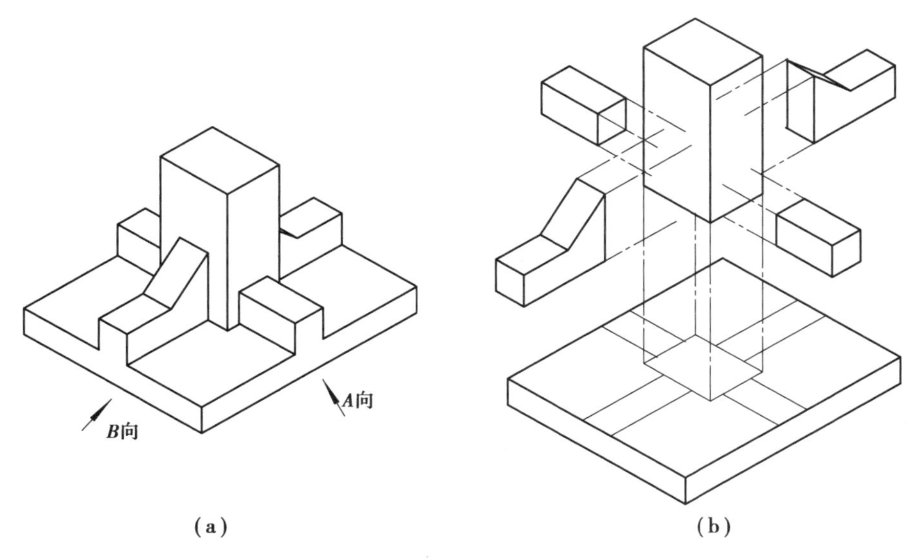

图 3.14 梁板式基础

分解成最下边的长方形板,板正中央上方的四棱柱和柱四周的4根支撑的肋梁及肋板。4根支撑的肋梁及肋板在柱的4边,其位置前后左右对称,柱在长方形板的正中央。

2)选择视图

选择视图主要包括以下两个方面:

(1)确定安放位置

主要考虑3点:一是将形体的主要表面平行或垂直于基本投影面,这样视图的实形性好,而且视图的形状简单、画图容易。如图3.14(a)所示,基础的各个面均平行或垂直于H,V,W 3个投影面;二是使主视图反映出形体的主要特征,如图3.14(a)所示,将*A*向作主视图就好,将*B*向作主视图就差;三是使各视图中的虚线较少。

(2)确定视图数量

其原则是:在保证完整清晰地表达出形体各部分形状和位置的前提下,视图数量应尽量少。如梁板式基础,由于梁柱前后左右对称,因此只需H,V,W 3个视图。

3)画出视图

①根据形体大小和注写尺寸、图名及视图间的间隔所需面积,选择适当的图幅和比例。

②布置视图。先画出图框和标题栏线框,确定出图纸上可画图的范围,然后安排3个视图的位置,使每个视图在注完尺寸、写出图名后它们之间的距离及它们与图框线之间的距离大致相等,如图3.15(a)所示。

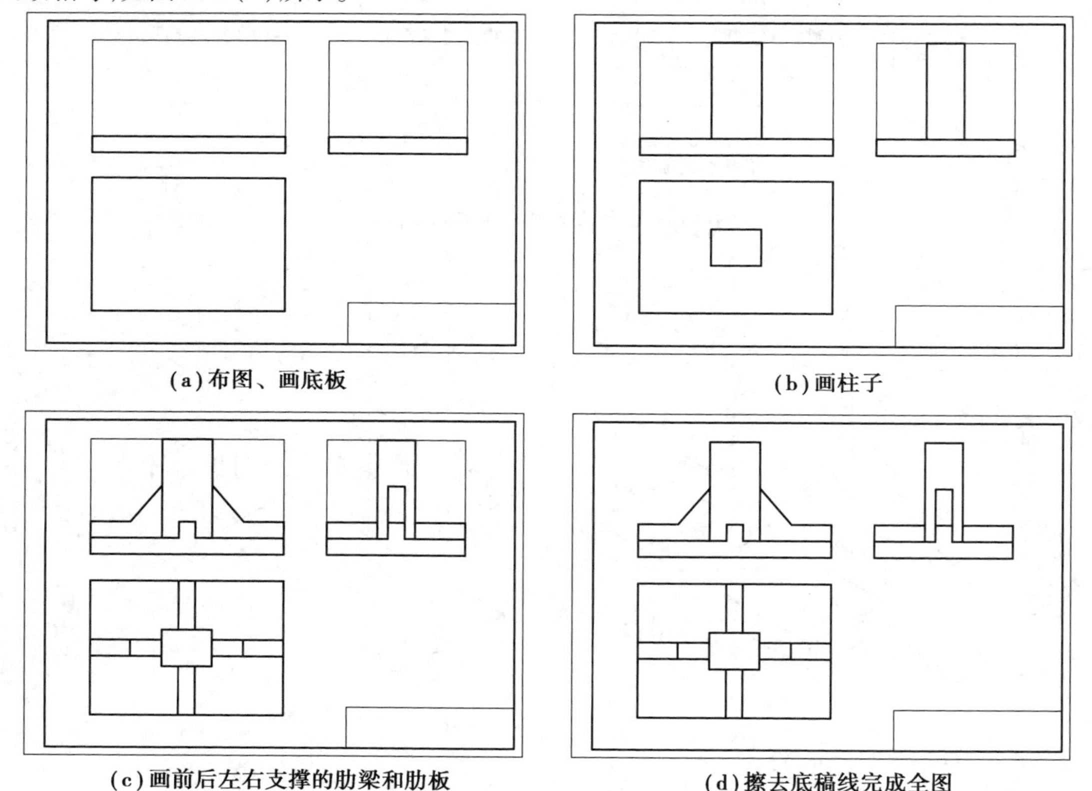

(a)布图、画底板　(b)画柱子

(c)画前后左右支撑的肋梁和肋板　(d)擦去底稿线完成全图

图3.15　梁板式基础的作图步骤

③画底图。根据形体分析，先主后次、先大后小地逐个画出各基本体的视图，如图 3.15 所示。

注意，形体实际上是一个不可分割的整体，形体分析仅仅是一种假想的分析方法。当将组合体分解成各个基本体，又还原成组合体时，同一个平面上就不应该有交线，如图 3.15(c)所示，梁和底板侧面之间就不应该有交线。

④加深图线。经检查无误后，擦去多余线，并按规定的线型加深，如图 3.15(d)所示。如有不可见的棱线，就画成虚线。

4)标注尺寸

详见本章 3.3.4 节。

5)填写标题栏及必要的文字说明，完成全图

▶3.3.4 组合体视图的尺寸标注

视图是表达形体形状的依据，尺寸是表达形体大小的依据，施工制作时缺一不可。

1)组合体的尺寸分类

组合体是由基本几何体所组成，只要标注出这些基本几何体的大小及它们之间的相对位置，就完全确定了组合体的大小。

(1)定形尺寸

确定组合体中各基本几何体大小的尺寸，称为定形尺寸。一般按基本几何体的长、宽、高 3 个方向来标注，但有的形体由于其形状较特殊，也可只注两个或一个尺寸，如图 3.16 所示。

(2)定位尺寸

确定组合体中各基本几何体之间相对位置的尺寸，称为定位尺寸。一般按基本几何体之间的前后、左右、上下位置来标注。标注定位尺寸，先要选择尺寸标注的起点，视组合体的不同组成，一般可选择投影面的平行面、形体的对称面、轴线、中心线等作为尺寸标注的起点，并且可以有一个或多个这样的起点。

如图 3.17 所示，组合体平面图中圆柱定形尺寸为 $\phi 8$，矩形孔定形尺寸为 12×14。为确定圆柱和矩形孔在组合体中的位置，就需标出它们的定位尺寸。在长度方向上，以底板左端面为起点，标注出圆柱的定位尺寸是 10，再以此圆柱中心线为起点，标注出矩形孔左端面的定位尺寸是 8；在宽度方向上，对于圆柱和方孔，以中间对称面为基准就前后对称，所以可不标出定位尺寸。也可以底板前端面为起点，标注出矩形孔前面的定位尺寸是 3，再以该面为起点，标注出圆柱中心线的定位尺寸是 7，圆柱中心线也是矩形孔的对称线，最后标出矩形孔的另一半尺寸 7；在高度方向上，因为圆柱直接放在底板上，矩形孔是穿通的，所以无须标注定位尺寸。

(3)总尺寸

表示组合体总长、总宽、总高的尺寸，称为总尺寸。如图 3.17 所示，组合体的长×宽×高=35×20×13 就是该组合体的总尺寸。当形体的定形尺寸与总尺寸相同时只取一个表示即可。

2)尺寸的标注

一般按以下原则标注：

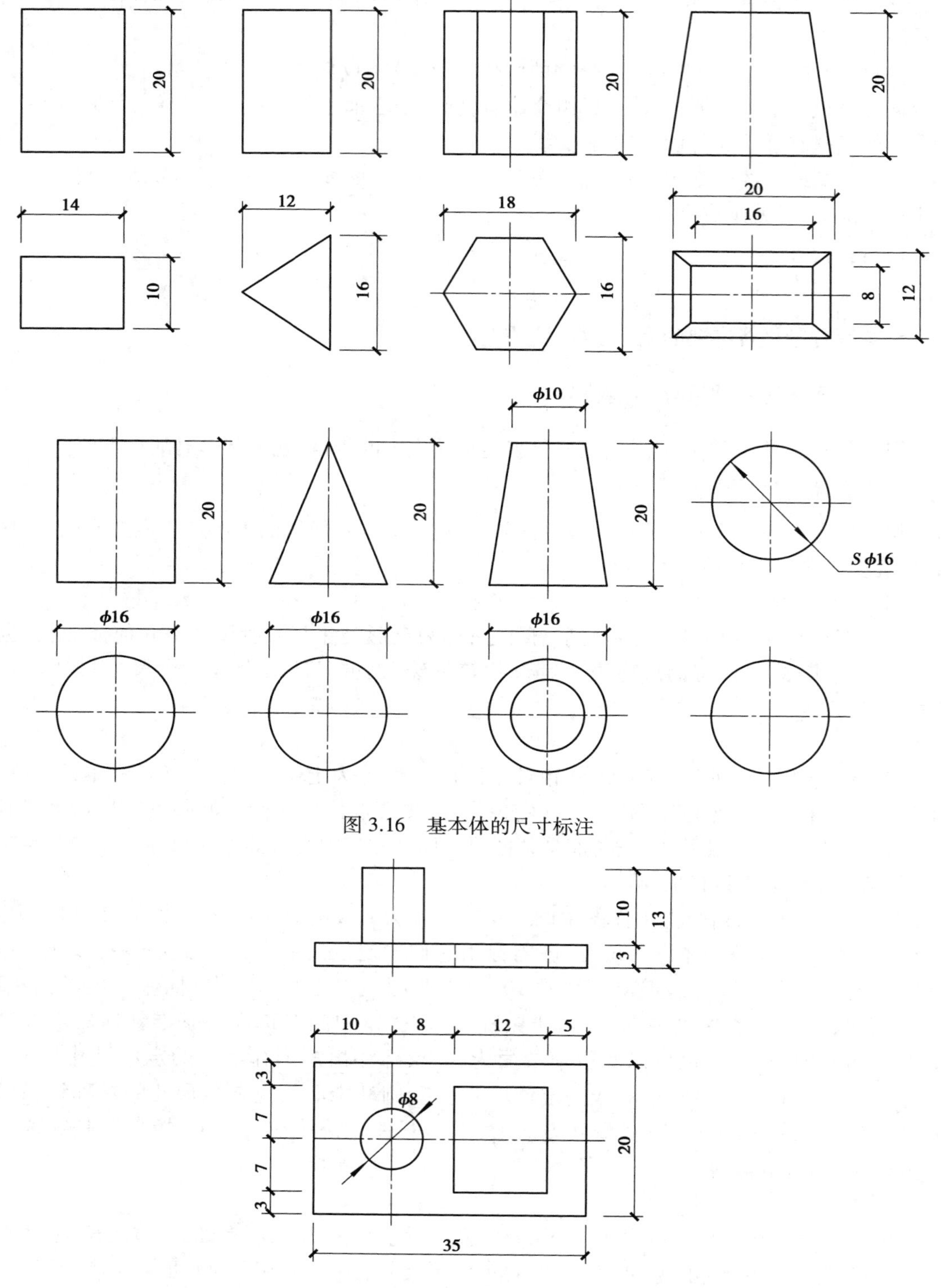

图 3.16　基本体的尺寸标注

图 3.17　定位尺寸

①尺寸标注明显。尺寸尽可能标注在最能反映形体特征的视图上。

②尺寸标注集中。同一基本体的定形、定位尺寸尽量集中标注;与两视图有关的尺寸,应标在两视图之间的位置。

③尺寸布置整齐。大尺寸布置在外,小尺寸布置在内,各尺寸线之间的间隔大约相等,尺寸线和尺寸界线应避免交叉。

④保持视图清晰。尺寸尽量布置在视图之外,少布置在视图之内;虚线处不标注尺寸。

►3.3.5 组合体视图的阅读

读图是由视图想象出形体空间形状的过程,它是画图的逆过程。读图是增强空间想象力的一个重要环节,必须掌握读图的方法和多实践,才能提高读图能力。

1)读图的基本要素

①掌握形体三视图的基本关系,即“长对正、高平齐、宽相等”三等关系。

②掌握各种位置直线、平面的投影特性(实形性、积聚性、类似性)。

③联系形体的各个视图来读图。形体表达在视图上,需两个或 3 个视图。读图时,应将各个视图联系起来,只有这样才能完整、准确地想象出空间形体来。如图 3.18 所示,它们的主视图、左视图都相同,但俯视图不同,所以其空间形体也各不相同。

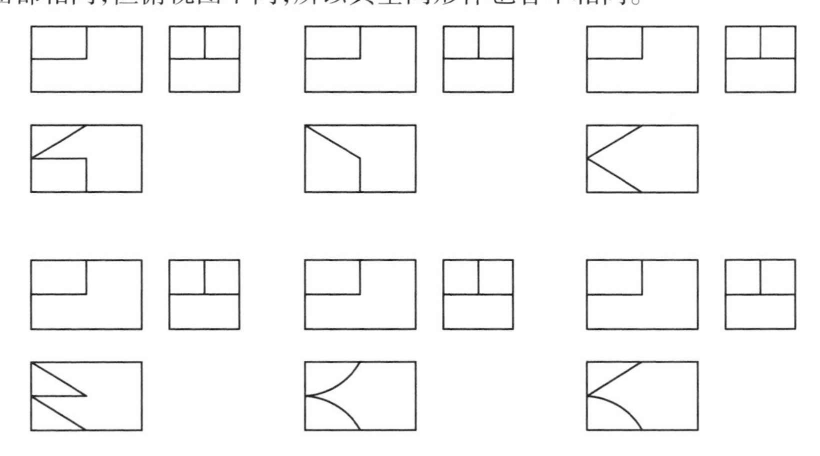

图 3.18 根据三视图判断形体的形状

2)读图的方法

读图的方法一般可分为形体分析法和线面分析法。

(1)形体分析法

读图时,首先要对组合体作形体分析,了解它的组成,然后将视图上的组合体分解成一些基本体。根据各基本体的视图想象出它们的形状,再根据各基本体的相对位置,综合想象出组合体的形状。这里把组合体分解成几个基本体并找出它们相应的各视图,是运用形体分析法读图的关键。应注意组成组合体的每一个基本体,其投影轮廓线都是一个封闭的线框,亦即视图上每一个封闭线框一定是组合体或组成组合体的基本体投影的轮廓线,对一个封闭的线框可根据“三等”关系找出它的各个视图来。此方法多用于叠加式组合体。

【例 3.6】 根据如图 3.19 所示组合体的三视图,想象其形状。

【解】 根据图 3.19 的主视图、左视图了解到该组合体由 3 个部分所组成。因此,将其分

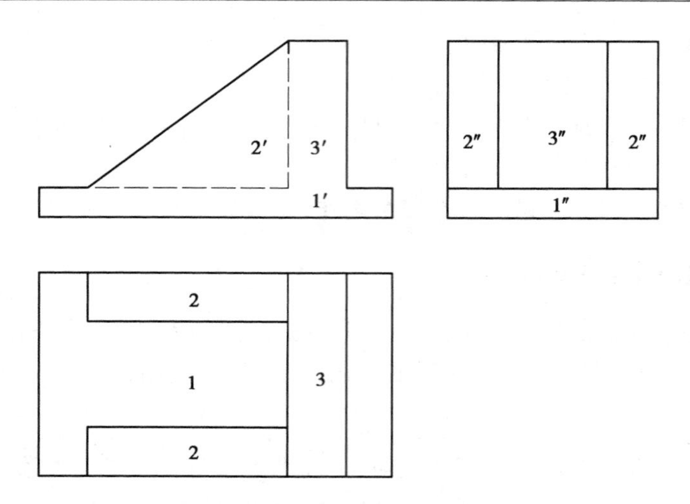

图 3.19　组合体的三视图

解为 3 个基本体。由组合体左视图中的矩形线框 1″,用“高平齐”找出其 V 投影为矩形线框 1′,用“长对正、宽相等”找出 H 投影为矩形线框 1。将它们从组合体中分离出矩形的三视图,如图 3.20(a)所示。由三视图想象出的形状是正四棱柱Ⅰ,如图 3.20(b)所示。

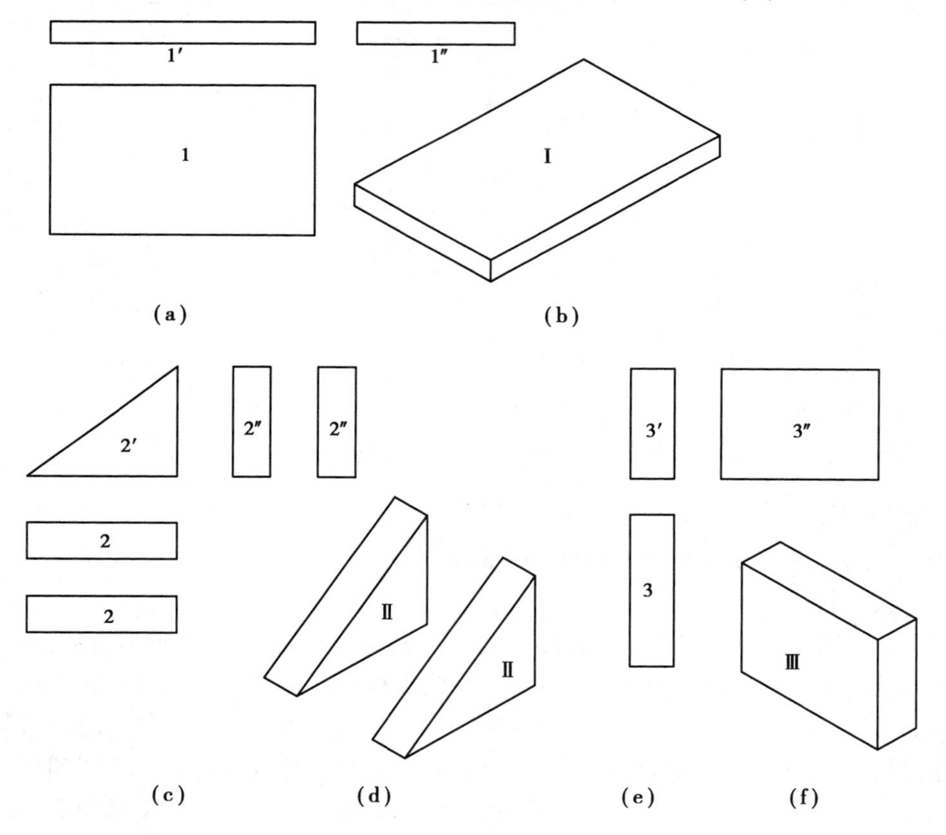

图 3.20　组合体的形体分析

同理,由线框 2″找出其线框 2 和 2′,分离出形体的三视图,如图 3.20(c)所示,由此想象出的形状是三棱柱Ⅱ,如图 3.20(d)所示。

由线框 3 找出 3′和 3″,分离出形状的三视图,如图 3.20(e)所示,由此想象出的形状是正四棱柱Ⅲ,如图 3.20(f)所示。

把上述分别想得的基本体按照如图 3.19 所给定的相对位置组合成整体,就得视图所表示的空间形体的形状,如图 3.21 所示。

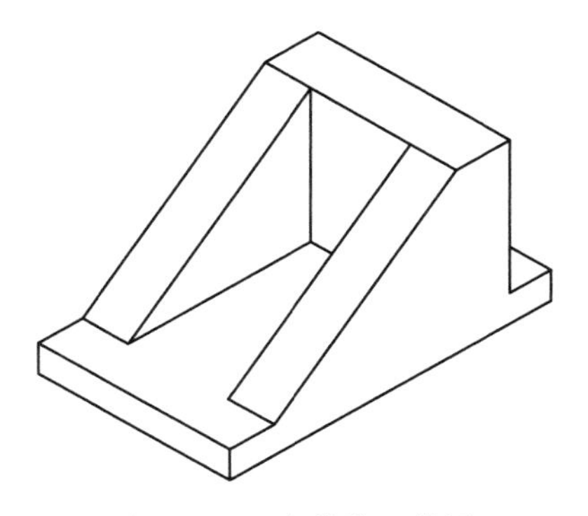

图 3.21 组合体的立体图

(2)线面分析法

根据形体中线、面的投影,分析它们的空间形状和位置,从而想象出它们所组成的形体的形状。此方法多用于截割式组合体。

用线面分析法读图,关键是要分析出视图中每一条线段和每一个线框的空间意义。

①线条的意义。视图中的每一线条可以是下述 3 种情况之一:

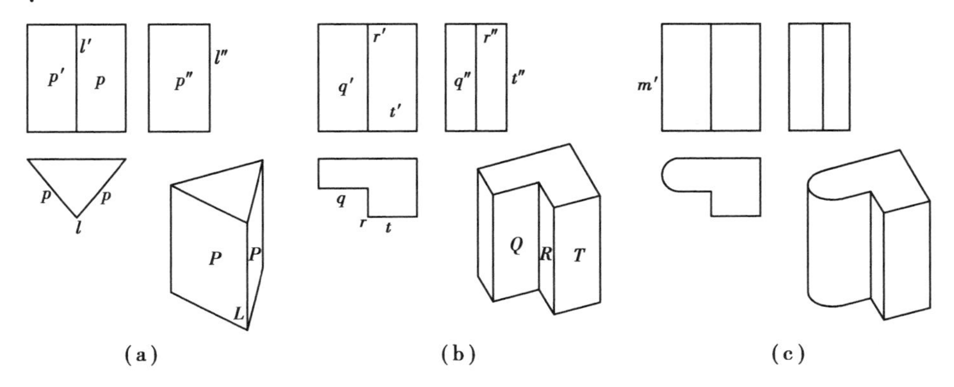

图 3.22 线条及线框的意义

a.表示两面的交线,如图 3.22(a)所示中的 L。

b.表示平面的积聚投影,如图 3.22(b)所示中的 R。

c.表示曲面的转向轮廓线,如图 3.22(c)所示中立面图上的 m'。

若三视图中无曲线,则空间形体无曲面,如图 3.22(a)、(b)所示。

若三视图中有曲线,则空间形体有曲面,如图 3.22(c)所示。

②线框的意义:

a.一般情况。一个线框表示形体上一个表面的投影,如图 3.22(b)所示中的 Q,T 都表示一个平面。

b.特殊情况。一个线框表示形体上两个端面的重影,如图 3.22(a)所示中的 P''就表示了形体的两个棱面 P 在 W 面上的投影。

c.相邻两线框表示两个面。若两线框的分界线是线的投影,则表示该两面相交,如图 3.22(a)所示的分界线是两面的交线 L;若两线框的分界线是面的积聚投影,则表示两面有前后、高低、左右之分,如图 3.22(b)所示的分界线是平面 R 的积聚投影,平面 Q 和平面 T 就有前后、左右之分。

【例 3.7】 试用线面分析法读图 3.23(a)所示形体的空间形状。

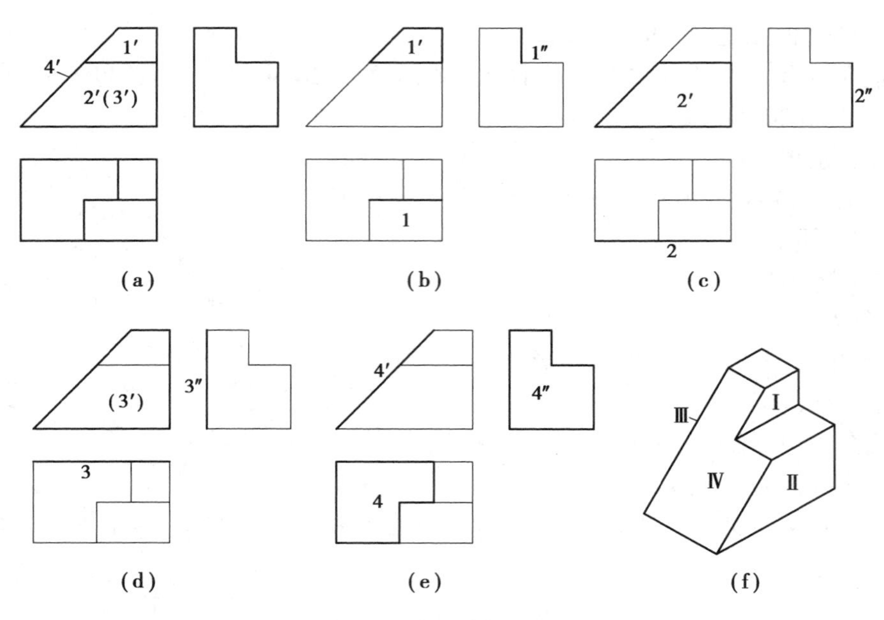

图 3.23　线面分析法读图

【解】　在主视图中,共有 3 个线框和 5 条线段。首先分析线框 1′,如图 3.23(b)所示,利用三等关系,由"高平齐"找到其侧面投影 1″,由"长对正、宽相等"找出其对应的水平投影 1;得出线框Ⅰ是正平面。同理,可根据投影图分析得出线框Ⅱ和线框Ⅲ也是正平面,其形状均为四边形,如图 3.23(c)、(d)所示。

再分析线段 4′,根据"长对正、高平齐"可知它是一个正垂面,对应的是水平投影 4 和侧面投影 4″,在空间呈 L 形,如图 3.23(e)所示。同理,可分析出主视图中其他线段的空间意义,分析多少根据需要确定。

根据对主视图中 3 个线框和一条线段的分析,就可想象出由它们所围成的形体的空间形状,如图 3.23(f)所示。

对于较复杂的综合式组合体,先以形体分析法分解出各基本体,后用线面分析法读懂难点。

3)已知组合体的二视图,补画第三视图(简称"二补三")

由组合体的二视图补画第三视图,是培养读图能力和检验读图效果的一种重要手段,也是培养分析问题和解决问题能力的一种重要方法。

"二补三"的步骤是:先读图,后补图,再检查。

现举例如下:

【例 3.8】　由组合体的主、左视图补画其俯视图,如图 3.24(a)所示。

【解】　(1)读图

从左视图的外轮廓看,外形是一梯形体。它也可以看成一长方体被一侧垂面所截,在此基础上将形体中间再挖一个槽。以这样从"外"到"内"、从"大"到"小"、先"整体"后"局部"的顺序来读图。

(2)补图

根据三等关系,先补出外轮廓的俯视图,如图 3.24(b)所示;然后再补出槽的俯视图,如图

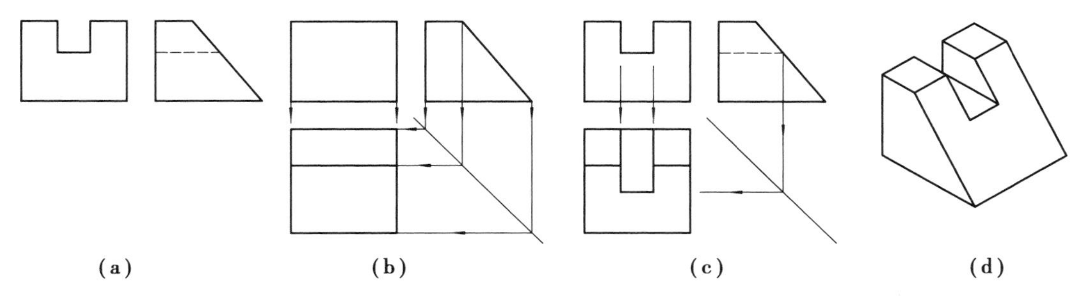

图 3.24 二补三

3.24(c)所示。经检查(用三等关系、形体分析、线面分析以及想象空间形体等来检查)无误后,最后加深图线完成所补图。其空间形体如图 3.24(d)所示。

【例 3.9】 由组合体的主、左视图,补画其俯视图,如图 3.25(a)所示。

【解】 (1)读图

从主视图的外轮廓看,它是一长方体左上部被两个平面所截后剩下的部分。从“高平齐”可知,左边一截平面是侧垂面(W 面上积聚为一直线);右边一截平面是一个一般位置平面(V 面、W 面上均为类似图形)。由此来想象形体的形状。

(2)补图

先由三等关系画出俯视图的外轮廓,然后根据主、左视图上的相关点(这些点可自行标出番号,如 1′,2′,3′,4′和 1″,2″,3″,4″),补出俯视图上相应的点(1,2,3,4),连点成线。经检查无误后,最后加深图线即得所求,如图 3.25(b)所示。其空间形状如图 3.25(c)所示。

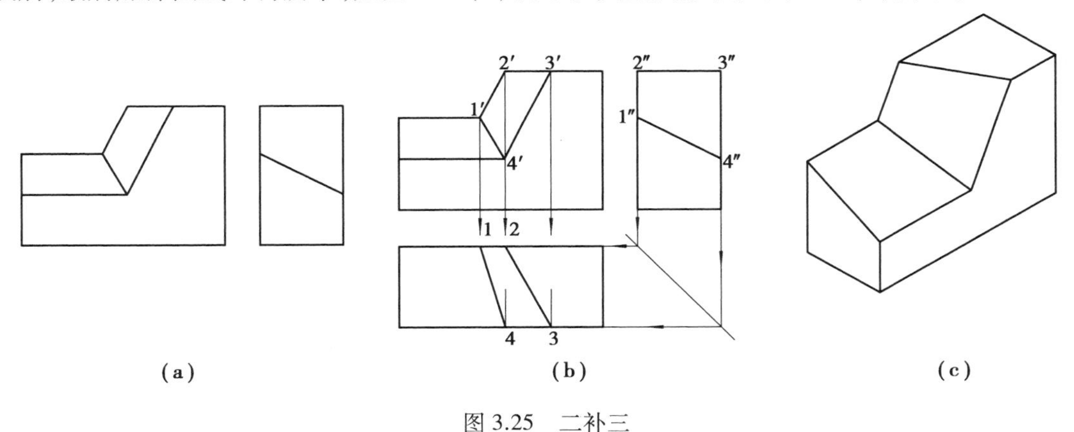

图 3.25 二补三

【例 3.10】 由组合体的主、左视图补画其俯视图,如图 3.26(a)所示。

【解】 (1)读图

从主视图看,该体外轮廓为一矩形体左上部分被一正垂面截掉了,从左视图看,也为矩形体的外轮廓,其上部前后两侧各被截掉一个角,下部中间部分被挖去了一个矩形槽。由此想象出这个矩形体被截去、挖掉后的形状。

(2)补图

根据三等关系,先补出形体未被截割时的外轮廓的 H 投影——矩形线框,如图 3.26(b)所示。然后画出形体左上部分被截去后的 H 投影,如图 3.26(c)所示。再画出形体右上部分被截去两个角后的 H 投影,如图 3.26(d)所示。最后画出形体下部中间被挖去一个矩形槽后

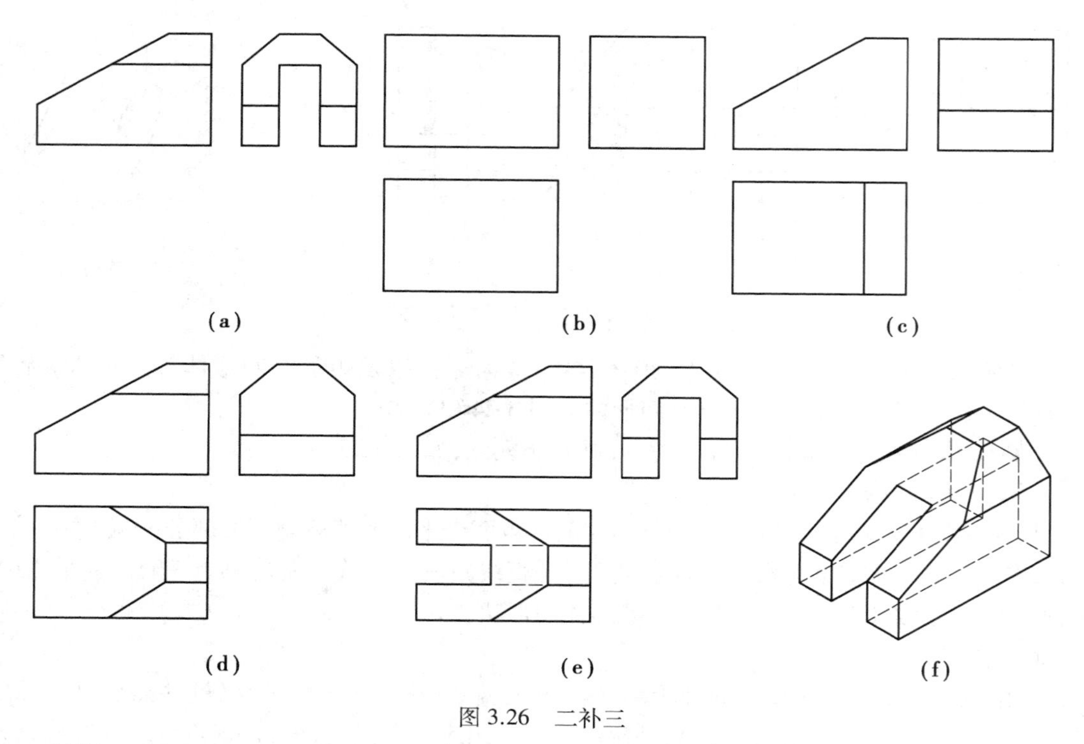

图 3.26　二补三

的 H 投影,经检查无误后加深图线即得图 3.26(e)。图 3.26(f)为形体的立体图。

复习思考题

1.棱柱体是如何形成的?棱柱体的特点是什么?什么是直棱柱?

2.假设有一个三棱柱,如何放置将使它的投影尽可能的简单(答案不唯一)?并且简述在此放置位置时它的各面投影特性。

3.棱柱体表面取点的步骤是什么?

4.棱锥体是如何形成的?棱锥体的特点是什么?

5.假设一个三棱锥,如何放置将使它的投影尽可能的简单(答案不唯一)?并且简述在此放置位置时它的各面投影特性。

6.棱锥表面取点的步骤是什么?

7.圆柱体是如何形成的?简述将圆柱体的轴线垂直于某一投影面放置时各投影特性。

8.简述圆柱体表面取点的步骤。

9.圆锥体是如何形成的?简述将圆锥体底面平行于 H 面放置时各投影特性。

10.简述圆锥体表面取点的步骤。

11.圆球体是如何形成的?简述圆球体的三面投影特性。

12.组合体的组成方式有哪几种?简述组合体 6 个基本视图的名称及位置。

13.简述组合体识图阅读中的两种方法。

14.线面分析法中线条有何意义?线框有何意义?

4 轴测投影

本章导读

在建筑制图中,有一种投影可以很生动形象地表现出建筑物体的立体感,这就是我们这一章的学习任务——轴测投影。用这种投影方式画出的图样称为轴测投影图,简称轴测图。在本章学习中,需要掌握轴测图的形成与作用、轴间角和轴向伸缩系数、正等测图及其画法、斜轴测图及其画法,还有八点法和四心法的运用等。

4.1 轴测投影的基本知识

前面学习了多面正投影图,多面正投影图能确切地表达物体的形状,并且作图简单,因此是工程中常用的图样。其缺点是立体感差,不易想象物体的形状。今天我们要学习的轴测投影图是一种立体感较强的图样。

▶4.1.1 轴测图的形成与作用

将空间一形体按平行投影法投影到平面 P 上,使平面 P 上的图形同时反映出空间形体的 3 个面来,该图形就称为轴测投影图,简称轴测图。

为研究空间形体 3 个方向长度的变化,特在空间形体上设一直角坐标系 $O\text{-}XYZ$,以代表形体的长、宽、高 3 个方向,并随形体一并投影到平面 P 上。于是,在平面 P 上得到 $O_1\text{-}X_1Y_1Z_1$,如图 4.1 所示。

图 4.1 中,S 称为轴测投影方向;P 称为轴测投影面;$O_1\text{-}X_1Y_1Z_1$ 称为轴测投影轴,简称轴测轴。

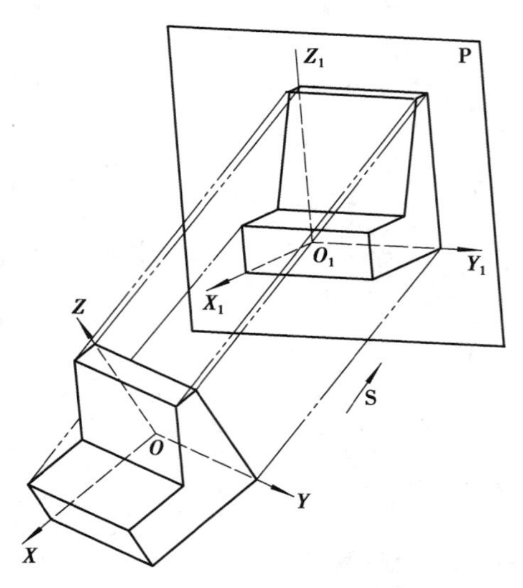

图 4.1　轴测投影的形成

由于轴测投影面 P 上同时反映了空间形体的 3 个面,所以其图形富有立体感。这一点恰好弥补了正投影图的缺点。但其作图复杂,量度性较差。因此,轴测图在工程实践中一般只用作辅助性图样。

▶4.1.2　轴测图的分类

轴测图可分为正轴测投影和斜轴测投影两种。

①正轴测投影

坐标系 $O\text{-}XYZ$ 中的 3 个坐标轴都与投影面 P 相倾斜,投影线 S 与投影面 P 相垂直所形成的轴测投影。

②斜轴测投影

一般坐标系 $O\text{-}XYZ$ 中有两个坐标轴与投影面 P 相平行,投影线 S 与投影面 P 相倾斜所形成的轴测投影。

▶4.1.3　轴测图中的轴间角与伸缩系数

轴测轴之间的夹角称为轴间角,如图 4.1 所示中的 $\angle X_1O_1Y_1$,$\angle Y_1O_1Z_1$,$\angle Z_1O_1Y_1$。

形体在坐标轴(或其平行线)上的定长的投影长度与实长之比,称为轴向伸缩系数,简称伸缩系数。即 $p=\frac{O_1X_1}{OX}$称为 X 轴向伸缩系数,$q=\frac{O_1Y_1}{OY}$称为 Y 轴向伸缩系数,$r=\frac{O_1Z_1}{OZ}$称为 Z 轴向伸缩系数。

轴间角确定了形体在轴测投影图中的方位,伸缩系数确定了形体在轴测投影图中的大小,这两个要素是作出轴测图的关键。

▶4.1.4　轴测投影图的特点

①因轴测投影是平行投影,所以空间一直线其轴测投影一般仍为一直线;空间互相平行的直线其轴测投影仍互相平行;空间直线的分段比例在轴测投影中仍不变。

②空间与坐标轴平行的直线,轴测投影后其长度可沿轴量取;与坐标轴不平行的直线,轴测投影后就不可沿轴量取,只能先确定两端点,然后再画出该直线。

③由于投影方向 S 和空间形体的位置可以是任意的,所以可得到无数个轴间角和伸缩系数,同一形体也可画出无数个不同的轴测图。

4.2 正等测图

正等测属正轴测投影中的一种类型。它是由坐标系 $O\text{-}XYZ$ 的 3 个坐标轴与投影面 P 所成夹角均相等时所形成的投影。此时,正等测的 3 个轴向伸缩系数均相等,故称正等轴测投影(简称"正等测")。由于其画法简单、立体感较强,因此在工程上较常用。

▶4.2.1 正等测的轴间角与伸缩系数

1)轴间角

3 个轴测轴之间的夹角均为 120°。当 O_1Z_1 轴处于竖直位置时,O_1X_1,O_1Y_1 轴与水平线成 30°,这样可便于利用三角板画图。

2)伸缩系数

3 个轴向伸缩系数的理论值:$p=q=r\approx0.82$。为作图简便,取简化值:$p=q=r=1$(画图时,形体的长、宽、高度都不变),如图 4.2 所示。这对形体的轴测投影图的形状没有影响,只是图形放大了 1.22 倍。如图 4.3 所示。

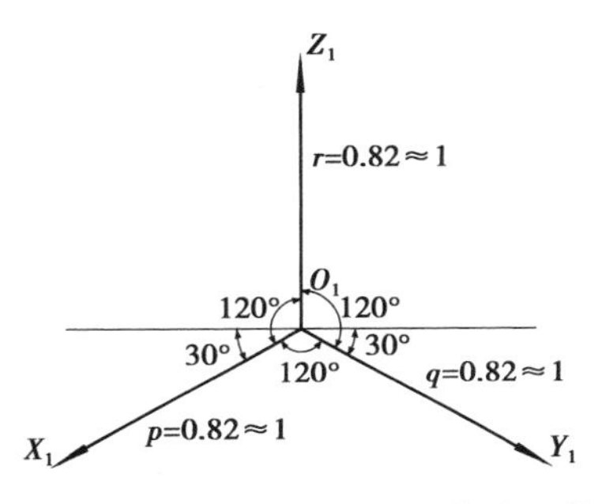

图 4.2 正等测的轴间角与伸缩系数

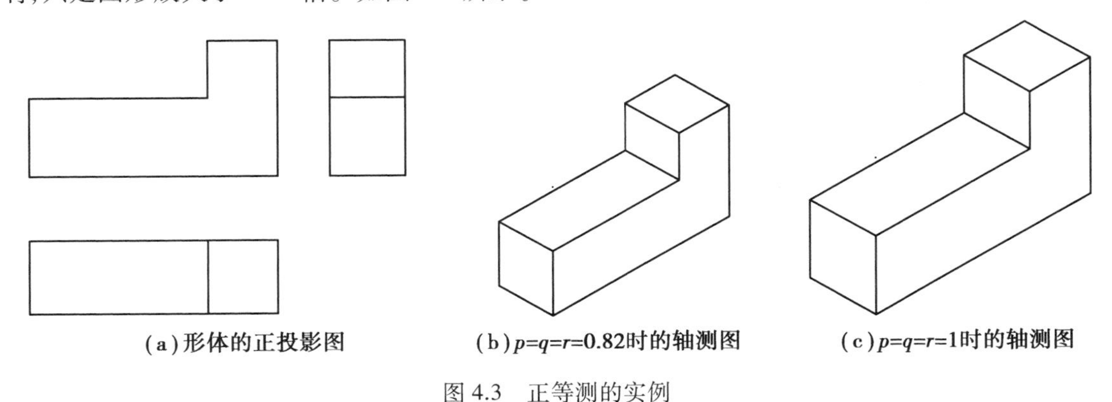

图 4.3 正等测的实例

▶4.2.2 正等测的画法

【例 4.1】 作三棱柱的正等测图,其 V 面、H 面投影如图 4.4(a)所示。

【解】 ①定轴测轴。把坐标原点 O_1 选在三棱柱下底面的后边中点,且让 X_1 轴与其后边重合。这样可在轴测轴中方便量取各边长度,如图 4.4(a)所示。

②根据正等测的轴间角画出轴测轴 $O_1\text{-}X_1Y_1Z_1$,如图 4.4(b)所示。

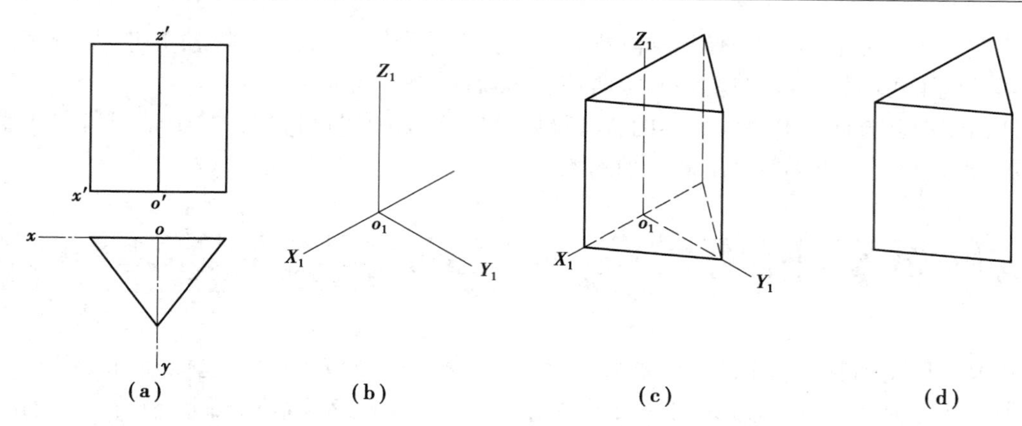

图 4.4　三棱柱的正等测画法

③根据三棱柱各角点的坐标(长度),画出底面的轴测图。

④根据三棱柱的高度,画出三棱柱的上底面及各棱线,如图 4.4(c)所示。

⑤擦去多余图线,加深图线即得所求,如图 4.4(d)所示。

画这类基本体,主要根据形体各点在坐标上的位置来画。该方法称为坐标法。该方法是轴测图中的最基本的画法。其中坐标原点 O_1 的位置选择较重要,如选择恰当,作图就简便快捷。

【例 4.2】　作组合体的正等测图,其 V 面、H 面投影如图 4.5(a)所示。

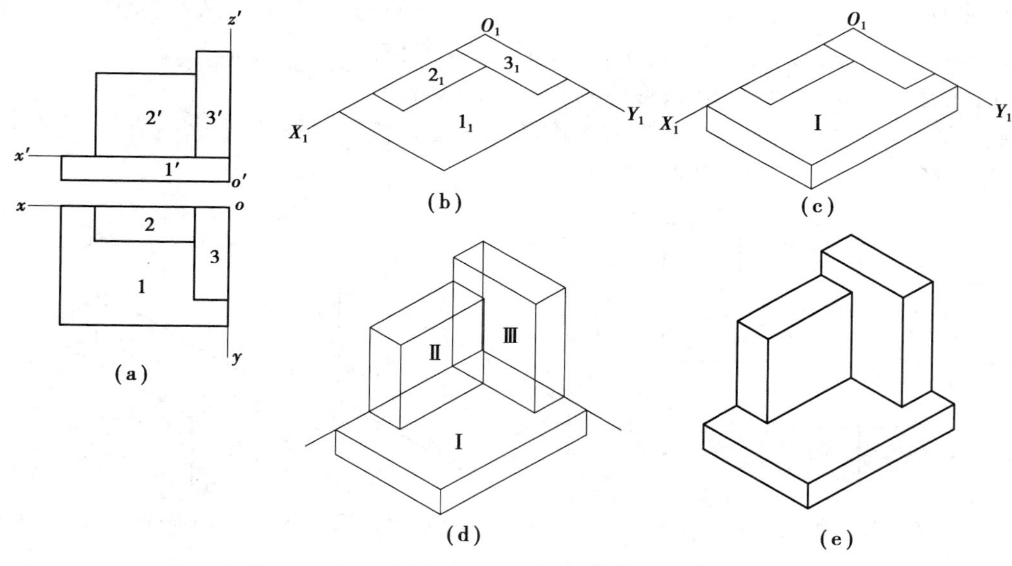

图 4.5　组合体的正等测图画法

【解】　把该组合体分为 3 个基本体,如图 4.5(d)所示。

①定坐标轴。把坐标原点 O_1 选在 I 体上底面的右后角上,如图 4.5(a)所示。

②根据正等测的轴间角及各点的坐标在 I 体的上底面画出组合体的 H 投影的轴测图,如图 4.5(b)所示。

③根据 I 体的高度,画出 I 体的轴测图。

④根据 II 、III 体的高度,画出它们的轴测图,如图 4.5(d)所示。

⑤擦去多余线，加深图线即得所求，如图 4.5(e)所示。

画叠加类组合体的轴测图，应分先后、主次画出组合体各组成部分的轴测图，每一部分的轴测图仍用坐标法画出，但应注意各部分之间的相对位置关系。

【例 4.3】　作形体的正等测图，其三面正投影如图 4.6(a)所示。

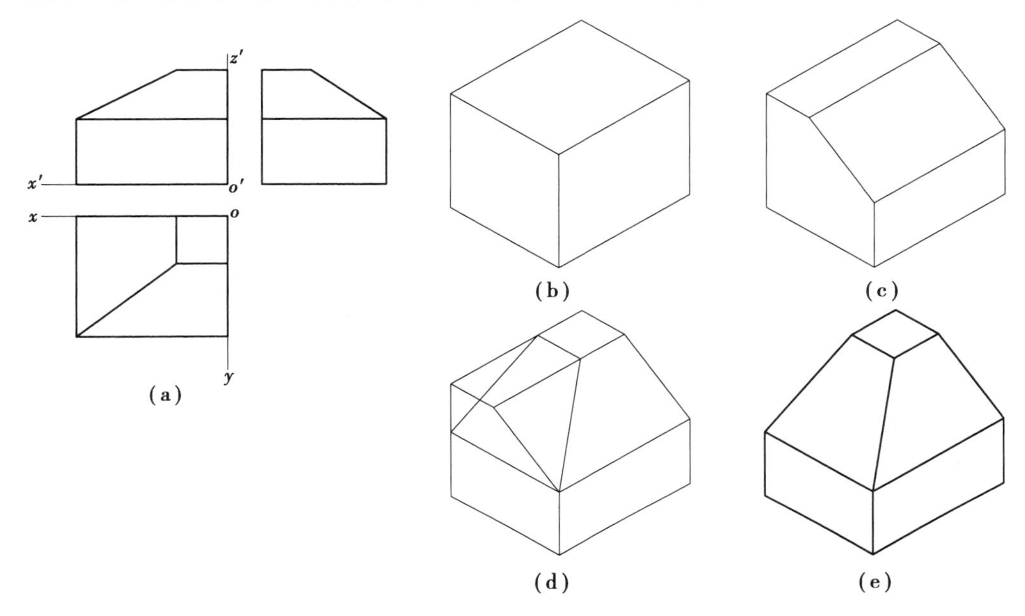

图 4.6　截割体正等测图画法

【解】　①定坐标轴，如图 4.6(a)所示。

②画出正等测的轴测轴，并在其上画出形体未截割时的外轮廓的正等测图，如图 4.6(b)所示。

③在外轮廓体的基础上，应用坐标法先后进行截割，如图 4.6(c)、(d)所示。

④擦去多余线，加深图线即得所求，如图 4.6(e)所示。

画这类由基本体截割后的形体的轴测图，应先画基本体的轴测图，再应用坐标法在该基本体内画各截交线。最后擦掉截去部分即得所需图形。

4.3　斜轴测图

通常将坐标系 O-XYZ 中的两个坐标轴放置在与投影面平行的位置，因此较常用的斜轴测投影有正面斜轴测投影和水平斜轴测投影。但无论哪一种，如果它的 3 个伸缩系数都相等，就称为斜等测投影(简称斜等测)；如果只有两个伸缩系数相等，就称为斜二测轴测投影(简称斜二测)。

►4.3.1 正面斜轴测图

1)形成

如图 4.7 所示,当坐标面 XOZ(形体的正立面)平行于轴测投影面 P,而投影方向倾斜于轴测投影面 P 时所得到的投影,称为正面斜轴测投影。由该投影所得到的图就是正面斜轴测图。

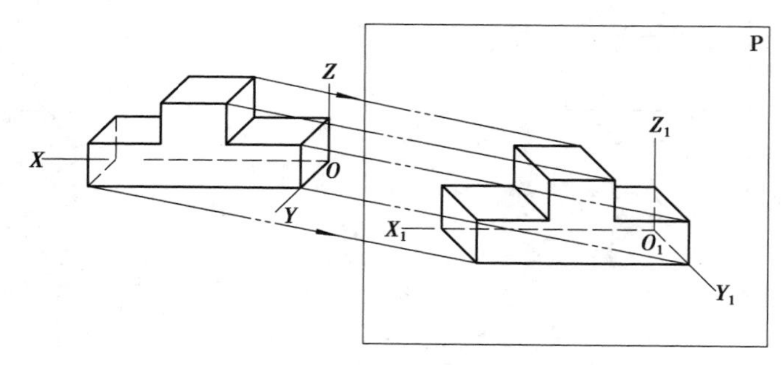

图 4.7 正面斜轴测投影的形成

(1)轴测轴

由于 OX,OZ 都平行于轴测投影面,其投影不发生变形。因此,$\angle X_1O_1Z_1=90°$;OY 轴垂直于轴测投影面,由于投影方向倾斜于轴测投影面,所以它是一条倾斜线,一般取与水平线成 45°。

(2)伸缩系数

当 $p=q=r=1$ 时,称斜等测;当 $p=r=1,q=0.5$ 时,称斜二测,如图 4.8 所示。

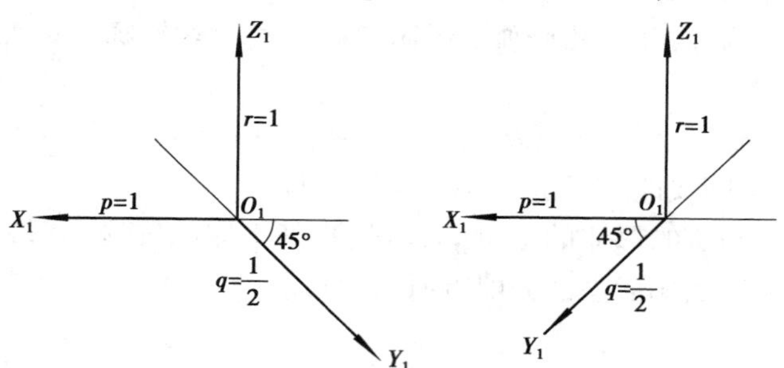

图 4.8 正面斜二测轴间角和伸缩系数

2)应用

对于形体的正平面形状较复杂或具有圆和曲线时,常用正面斜二测图;对于管道线路常用正面斜等测图。

3)画法

【例 4.4】 作形体的斜二测图,其三面正投影如图 4.9(a)所示。

【解】 ①选择坐标原点 O 和斜二测的 O_1-$X_1Y_1Z_1$,如图 4.9(a)、(b)所示。

②将反映实形的 $X_1Y_1Z_1$ 面上的图形如实照画,如图 4.9(c)所示。

③由各点引 Y_1 方向的平行线,并量取实长的一半(q 取 0.5),连各点得形体的外形轮廓的轴测图,如图 4.9(d)所示。

④根据被截割部分的相对位置定出各点,再连线,最后加深图线即得所求,如图 4.9(e)所示。注意,所画轴测图应充分反应形体的特征,如图 4.9 所示,图(e)就好,图(f)就不好。

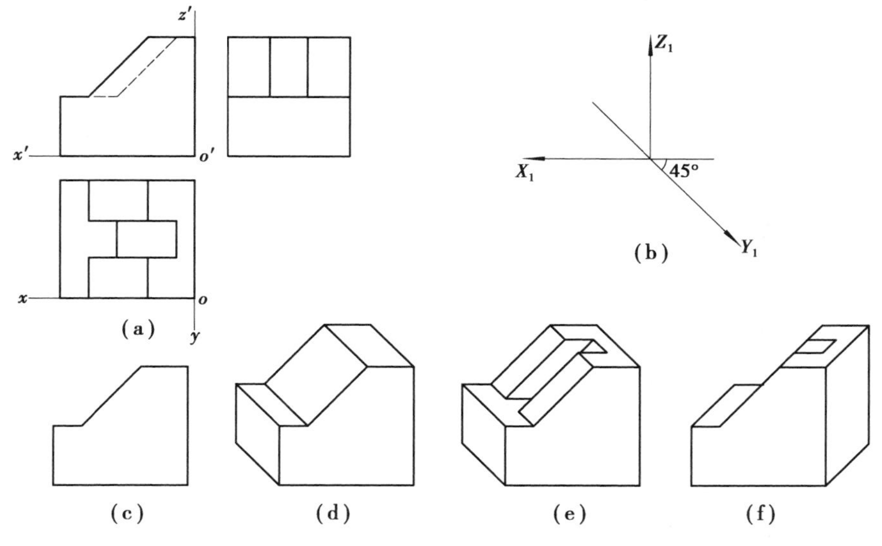

图 4.9 形体的斜二测图画法

【例 4.5】 画出花格的斜二测图,其 V 面、W 面投影如图 4.10(a)所示。

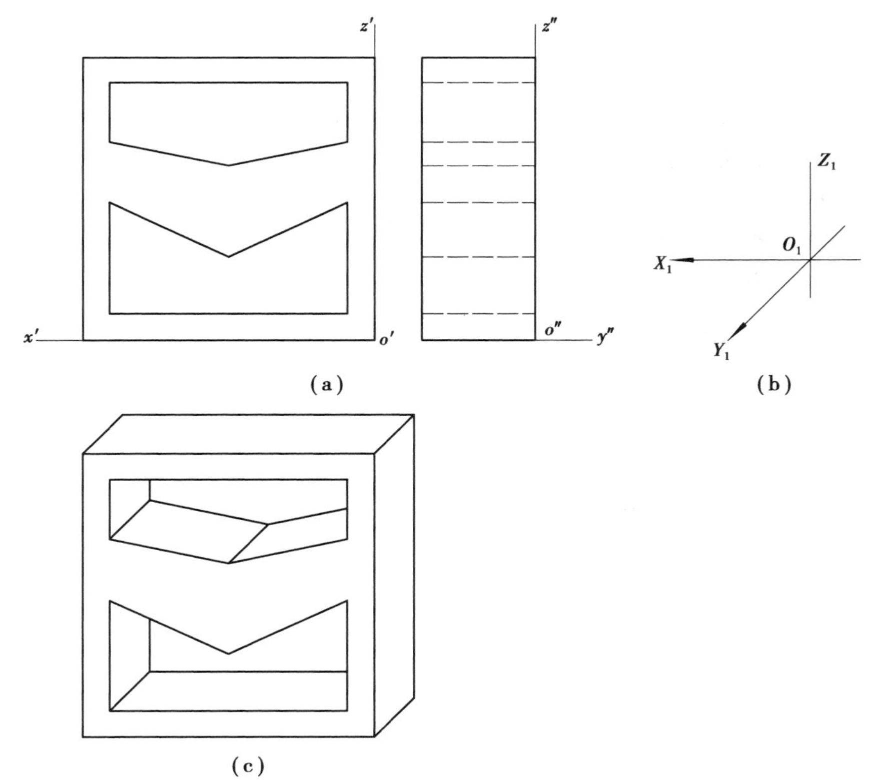

图 4.10 花格的斜二测图的画法

【解】 ①选择坐标原点 O,如图 4.10(a)所示,轴测轴如图 4.10(b)所示。

②将 $X_1O_1Z_1$ 面上的图形如实照画，然后过各点引 Y_1 方向的平行线，并在其上量取实长的一半（$q=0.5$），连各点成线。

③擦去多余线，加深图线即得所求，如图 4.10（c）所示。

【例 4.6】 画出形体的斜二测图，其 V 面、H 面投影如图 4.11（a）所示。

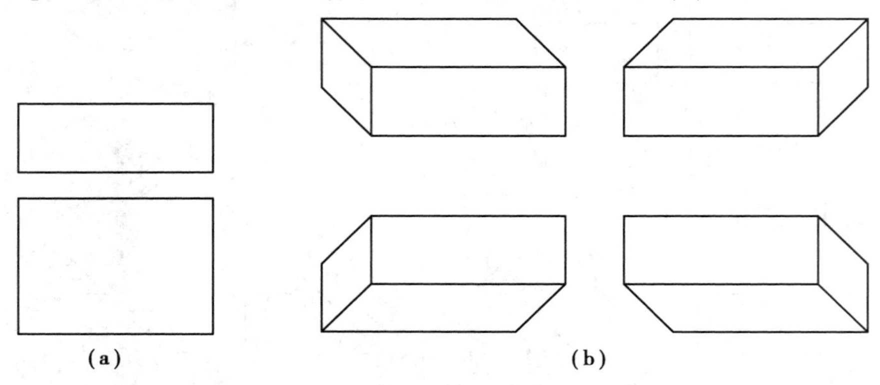

图 4.11 长方体的不同视角的选择

【解】 为充分反映形体的特征，可根据需要选择适当的投影方向。图 4.11（b）就是形体 4 种不同投影方向的斜二测投影。具体作图时，除坐标原点 O 选择位置外，其他画法均不变。

►4.3.2 水平斜轴测图

1）形成

当坐标面 XOY（形体的水平面）平行于轴测投影面，而投影方向倾斜于轴测投影面时所得到的投影，称为水平斜轴测投影。由该投影所得的图就是水平斜轴测图。

（1）轴测轴

由于 OX，OY 轴都平行于轴测投影面，其投影不发生变形。因此 $\angle X_1O_1Y_1=90°$，OZ 轴的投影为一斜线，一般取 $\angle X_1O_1Z_1$ 为 120°，如图 4.12（a）所示。为符合视觉习惯，常将 O_1Z_1 轴取为竖直线，这就相当于整个坐标旋转了 30°，如图 4.12（b）所示。

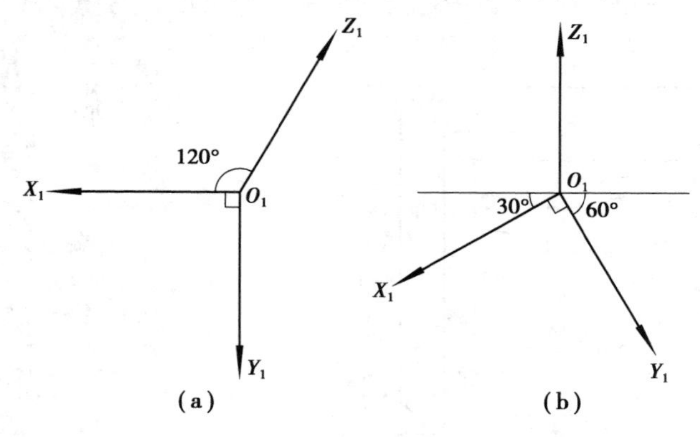

图 4.12 水平斜轴测的轴间角

（2）伸缩系数

$$p=q=r=1$$

2)应用

通常用于小区规划的表现图。

3)画法

【例 4.7】 已知一小区的总平面图,如图 4.13(a)所示,作其水平斜轴测图。

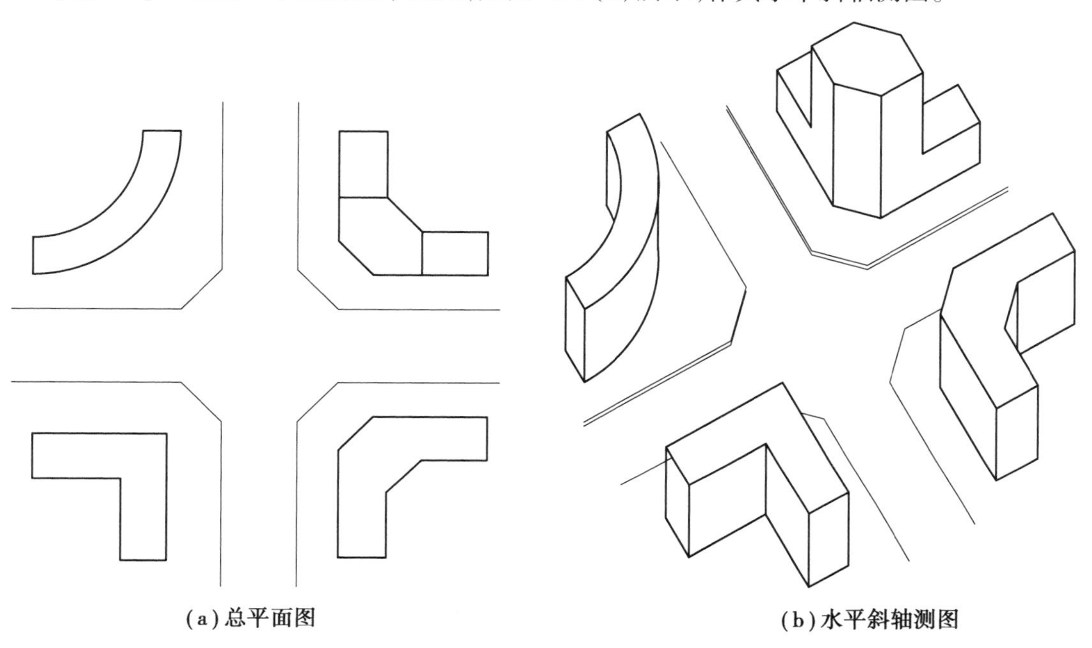

(a)总平面图　　(b)水平斜轴测图

图 4.13　小区的水平斜轴测图

【解】 ①将 X 轴旋转,使其与水平线成 30°。

②按比例画出总平面图的水平斜轴测图。

③在水平斜轴测图的基础上,根据已知的各幢房屋的设计高度按同一比例画出各幢房屋。

④根据总平面图的要求,还可画出绿化、道路等。

⑤擦去多余线,加深图线,如图 4.13(b)所示。

完成上述作图后,还可着色,形成立体的彩色图。

4.4 坐标圆的轴测图

在正等测投影中,当圆平面平行于某一轴测投影面时,其投影为椭圆,如图 4.14 所示。其椭圆的画法可采用八点法和四心圆法。

▶4.4.1 八点法

八点法以水平圆为例,如图 4.15(a)所示。

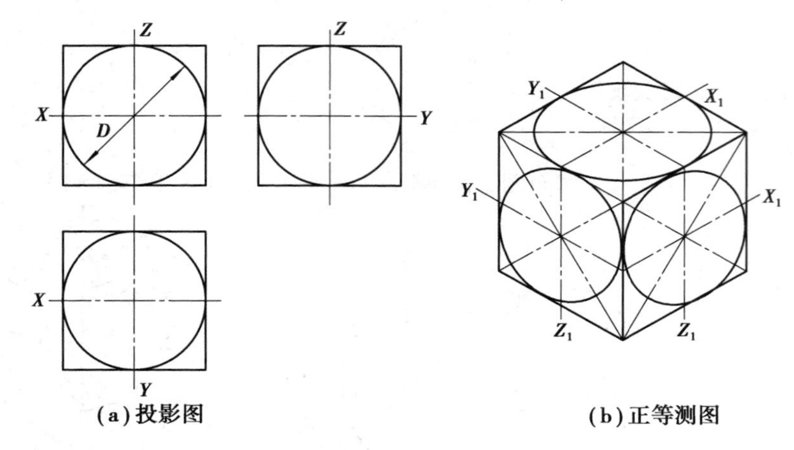

图 4.14　水平、正平、侧平圆的正等测图

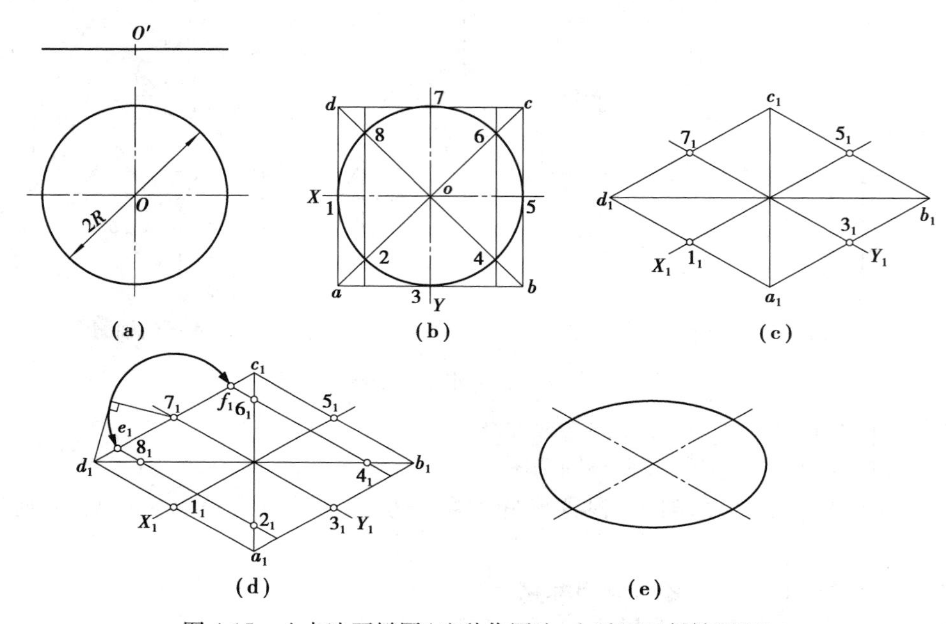

图 4.15　八点法画椭圆(这种作图法,也适用于斜轴测图)

1)画法

①作出正投影圆的外切正方形 *ABCD* 及对角线的 8 个点,其中 1,3,5,7 这 4 个点为切点,2,4,6,8 这 4 个点为对角线上的点。这 4 个点恰好在圆半径与 1/2 对角线之比为 1∶$\sqrt{2}$的位置上。如图 4.15(b)所示。

②作圆的外切正方形及对角线的正等测投影,如图 4.15(c)所示。

③过 O_1 点作两条分别平行于四边形两个方向的直径,得 4 个切点 1_1,3_1,5_1,7_1。

④根据平行投影中比例不变,在四边形一外边作一辅助直角等腰三角形,得 1∶$\sqrt{2}$ 两点 e_1,f_1;然后过这两点作外边的平行线,得 2_1,4_1,6_1,8_1 这 4 个点,如图 4.15(d)所示。

⑤光滑连接这 8 个点,即得所求圆的正等测投影图,如图 4.15(e)所示。

2)应用

【例 4.8】 试根据圆锥台的正投影图画出其正等测图,如图 4.16(a)所示。

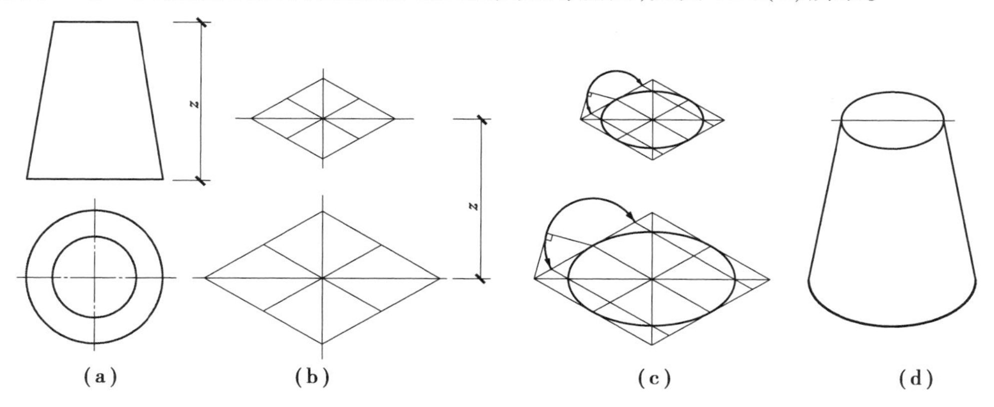

图 4.16 圆锥台的正等测画法

【解】 ①根据圆锥台的高 z 画出其上下底圆的外切四边形的正等测图,如图 4.16(b)所示。

②用八点法画出上下底圆的正等测投影图,如图 4.16(c)所示。

③作上下两椭圆的公切线(外轮廓线),擦掉不可见线,即得所求,如图 4.16(d)所示。

▶4.4.2 四心法

以水平圆为例,如图 4.17(a)所示。

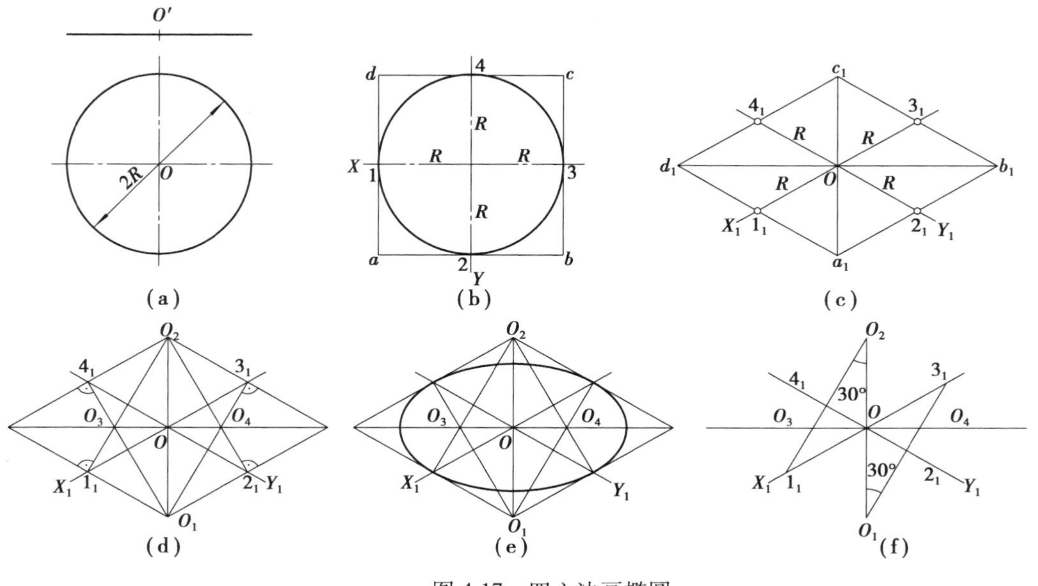

图 4.17 四心法画椭圆

1)画法

①作圆的外切正方形及对角线和过圆心 O 的中心线,并作它的正等测图,如图 4.17(b)、(c)所示。

②以短边对角线上的两顶点 a_1,c_1 为两个圆心 O_1,O_2,以 O_14_1,O_13_1 与长边对角线的交点 O_3,O_4 为另两个圆心,求得4个圆心,如图4.17(d)所示。

③分别以 O_1,O_2,以 O_14_1 和 O_22_2 为半径画弧,又分别以 O_3,O_4 为半径画弧。这4段弧就形成了圆的正等测图,如图4.17(e)所示。

在实际作图时,可不必画出菱形,即过 1_1 作与短轴成30°的直线,其交长、矩轴于 O_3,O_2,利用对称性可求得 O_4,O_1,如图4.17(f)所示。再以上述第3步画出椭圆。

2)应用

【例4.9】 已知带圆角的L形平板的正投影,如图4.18(a)所示,画出其正等测图。

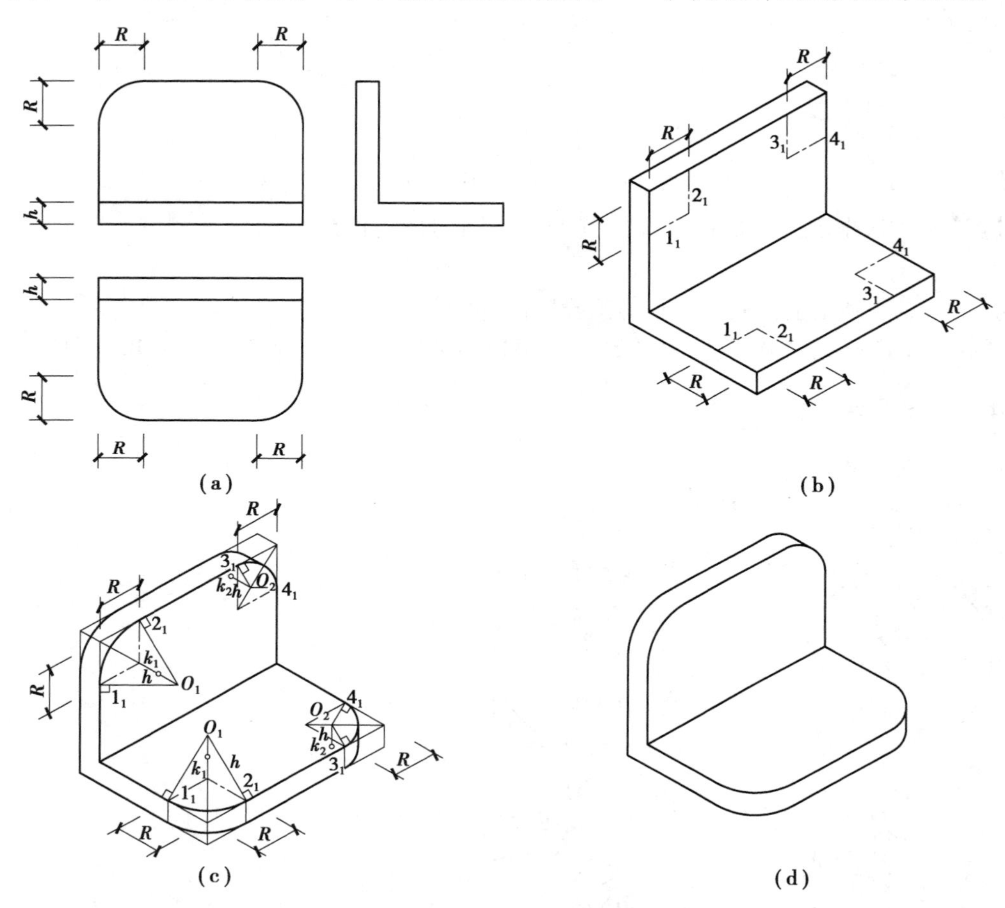

图4.18 组合体的正等测投影

【解】 ①画出L形平板矩形外轮廓的正等测图,由圆弧半径 R 在相应棱线上定出各切点 1_1,2_1,3_1,4_1,如图4.18(b)所示。

②过各切点分别作该棱线的垂线,相邻两垂线的交点 O_1,O_2 即为圆心。以 O_1 为圆心,以 O_11_1 为半径画弧 1_12_1,以 O_2 为圆心,以 O_23_1 为半径画弧 3_14_1。

③用平移法将各点(圆心、切点)向下和向后移 h 厚度,得圆心 k_1,k_2 点和各切点。

④以 k_1,k_2 为圆心,仍以 O_11_1,O_23_1 为半径就可画出下底面和背面圆弧的轴测图(即上底面、前面圆弧的平行线),如图4.18(c)所示。

⑤作右侧前边和上边两小圆弧的公切线,擦去多余图线并加深可见图线就完成全图,如图 4.18(d)所示。

复习思考题

1.什么是轴测投影？如何分类？
2.什么是轴间角和轴向伸缩系数？
3.正等测的轴间角和轴向伸缩系数是多少？
4.斜等测的轴间角和轴向伸缩系数是多少？
5.试述正等测、斜二测的应用和范围。

5

剖面图和断面图

本章导读

根据物体的正投影图,虽能表达清楚物体的外部形状和大小,但物体内部的孔洞以及被外部遮挡的轮廓线则需要用虚线来表示。当物体内部的形状较复杂时,就会在投影中出现很多虚线,且虚线相互重叠或交叉,既不便看图,又不利于标注尺寸,而且难以表达出物体的材料。但是剖面图和断面图可以反映出物体内部的构造,方便标注内部尺寸,且展示出物体的材料组成,正好弥补正投影图的不足。

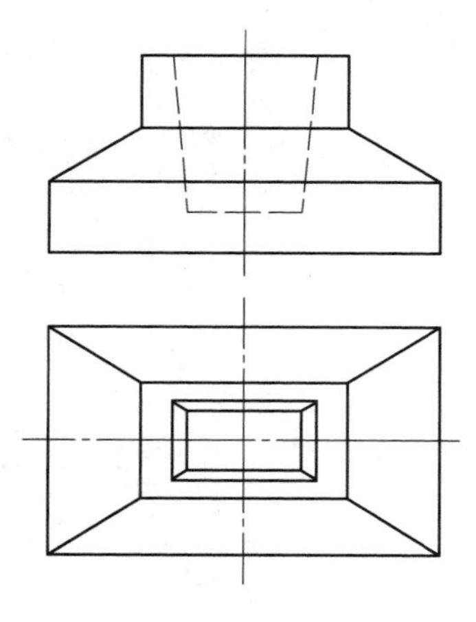

图 5.1　杯形基础的投影图

如图 5.1 所示的钢筋混凝土杯形基础,其 V 面投影中就出现了表达其杯形空洞的虚线。为此,假想用一个剖切平面 P 沿前后对称平面将其剖开,如图 5.2(a)所示,将位于观察者和剖切平面之间的部分移去,而将剩余部分向与 P 所平行的投影面进行投影,所得的图就称为剖面图,如图 5.2(b)所示。

当剖切平面剖开物体后,其剖切平面与物体的截交线所围成的平面图形,就称为断面(或截面)。如果只把这个断面向与 P 所平行的投影面进行投影,所得的图则称为断面图,如图 5.2(c)所示。

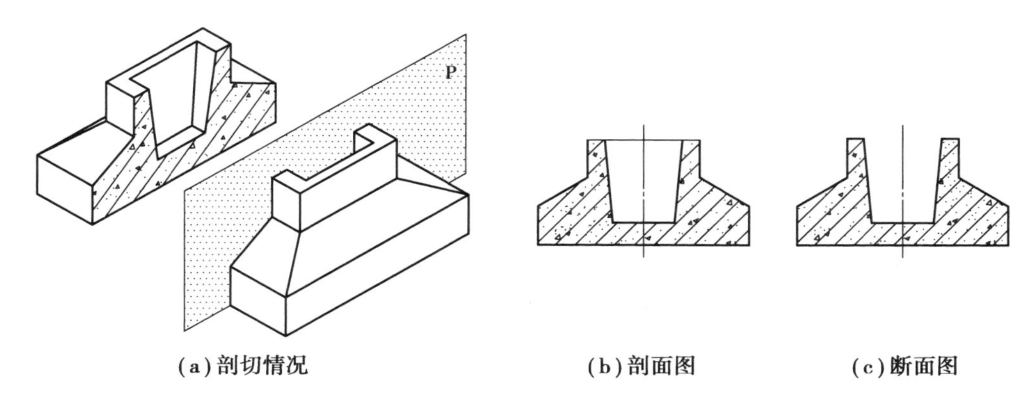

(a)剖切情况　　(b)剖面图　　(c)断面图

图 5.2　杯形基础的剖面图和断面图

5.1　剖面图的画法及分类

►5.1.1　剖面图的画法

1)确定剖切平面的位置

剖切平面应平行于投影面,且尽量通过物体的孔、洞、槽的中心线。如要将 V 面投影画成剖面图,则剖切平面应平行于 V 面;如果要将 H 面投影或 W 面投影画成剖面图时,则剖切平面应分别平行于 H 面或 W 面。

2)剖面图的图线及图例

如图 5.2(b)所示,物体被剖切后所形成的断面轮廓线,用粗实线画出;物体未剖到部分的投影轮廓线用中实线画出;看不见的虚线,一般省略不画。

为使物体被剖到部分与未剖到部分区别开来,使图形清晰可辨,应在断面轮廓范围内画上表示其材料种类的图例。材料的图例应符合《房屋建筑制图统一标准》(GB/T 50001—2010)规定要求,常用的建筑材料图例见表 5.1。

表 5.1　常用建筑材料图例(摘自 GB/T 50001—2010)

序号	名　称	图　例	说　明
1	自然土壤		包括各种自然土壤
2	夯实土壤		—
3	砂、灰土		—
4	砂砾石、碎砖三合土		—

续表

序号	名称	图例	说明
5	天然石材	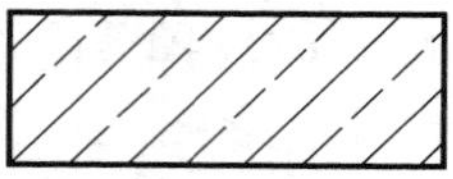	—
6	毛　石	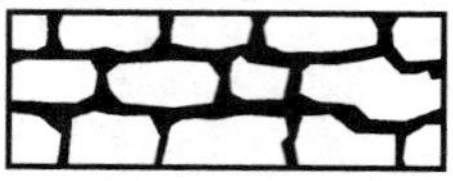	—
7	普通砖	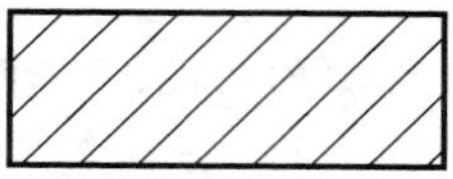	包括空心砖、多孔砖、砌块等砌体。断面较窄而不易画出图例线时，可涂红，并在图纸备注中加注说明，画出该材料图例
8	耐火砖	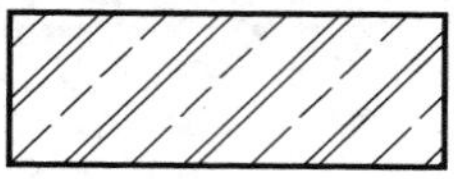	包括耐酸砖等砌体
9	空心砖	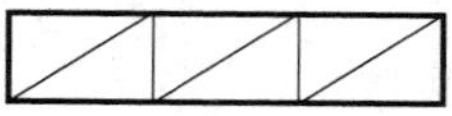	指非承重砖砌体
10	饰面砖	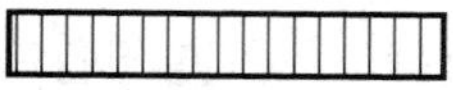	包括铺地砖、马赛克、陶瓷锦砖、人造大理石等
11	混凝土	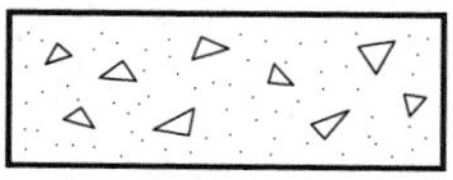	1.本图例仅适用于能承重的混凝土及钢筋混凝土； 2.包括各种强度等级、骨料、添加剂的混凝土； 3.在剖面图上画出钢筋时，不画图例线； 4.断面图形较小，不易画出图例线时，可涂黑
12	钢筋混凝土	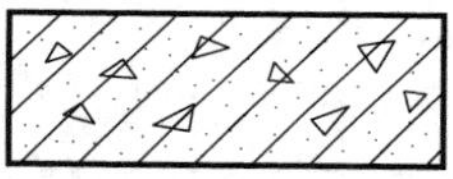	
13	焦渣、矿渣	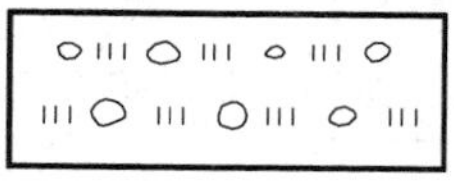	包括与水泥、石灰等混合而成的材料
14	多孔材料	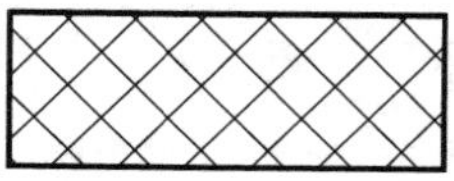	包括水泥珍珠岩、沥青珍珠岩、泡沫混凝土、非承重加气混凝土、泡沫塑料、软木等
15	纤维材料	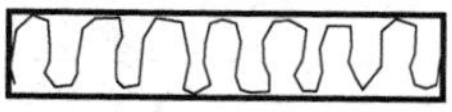	包括矿棉、岩棉、玻璃棉、麻丝、木丝板、纤维板等
16	泡沫塑料材料	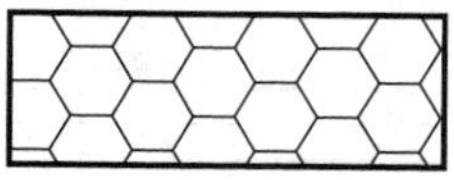	包括聚苯乙烯、聚乙烯、聚氨酯等多孔聚合物材料

续表

序号	名 称	图 例	说 明
17	木 材		1.上图为横断面，左上图为垫木、木砖、木龙骨； 2.下图为纵断面
18	胶合板		应注明×层胶合板
19	石膏板		包括圆孔、方孔石膏板、防水石膏板、硅钙板、防火板等
20	金属		1.包括各种金属； 2.图形小时，可涂黑
21	网状材料		1.包括金属、塑料等网状材料； 2.应注明具体材料名称
22	液 体		注明液体名称
23	玻 璃		包括平板玻璃、磨砂玻璃、夹丝玻璃、钢化玻璃、中空玻璃、夹层玻璃、镀膜玻璃等
24	橡 胶		—
25	塑 料		包括各种软、硬塑料及有机玻璃等
26	防水材料		构造层次多或比例大时，采用上图例
27	粉 刷		本图例采用较稀的点

注意：①图例线应间隔均匀、疏密适度。两条相互平等图例线。其净间隙或线中间隙不宜小于0.2 mm。

②两个相同的图例相接时，图例线宜错开或使倾斜方向相反的图例线，如图5.3(a)、(b)所示。

③不同品种的同类材料使用同一图例时，应在图上附加必要的说明，如图5.3(c)所示。

④当需画出的建筑材料图例过大时，可在断面轮廓线内，沿轮廓线作局部表示，如图5.3(d)所示。

⑤当不必指明材料种类时，应在断面轮廓范围内用细实线画上45°的剖面线，同一物体的剖面线应方向一致，间距相等。

⑥当一张图纸内的图样只用一种图例或图形较小无法画出建筑材料图例时，这两种情况可以不加图例，但要加以文字说明。

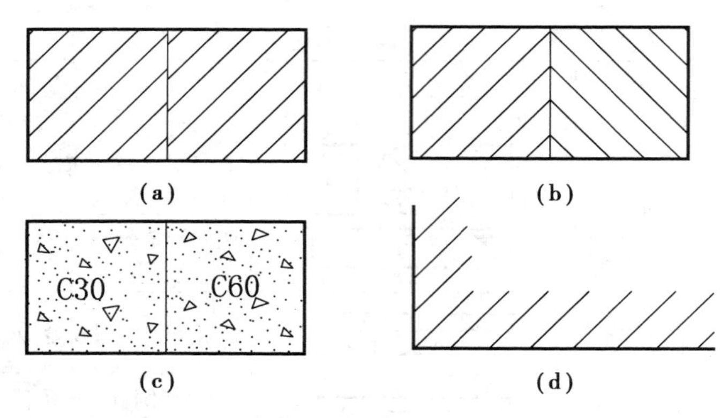

图 5.3　图例的画法

3)剖面图的标注

为了看图时便于了解剖切位置和投影方向,寻找投影的对应关系,还应对剖面图进行以下的剖面标注。

(1)剖切符号

剖面的剖切符号,应由剖切位置线及剖视方向线组成,均应以粗实线绘制。剖切位置线的长度为6~10 mm;剖视方向线应垂直于剖切位置线,长度应短于剖切位置线,宜为 4~6 mm;需要转折的剖切位置线,应在转角的外侧加注与该符号相同的编号,如图 5.4 所示。

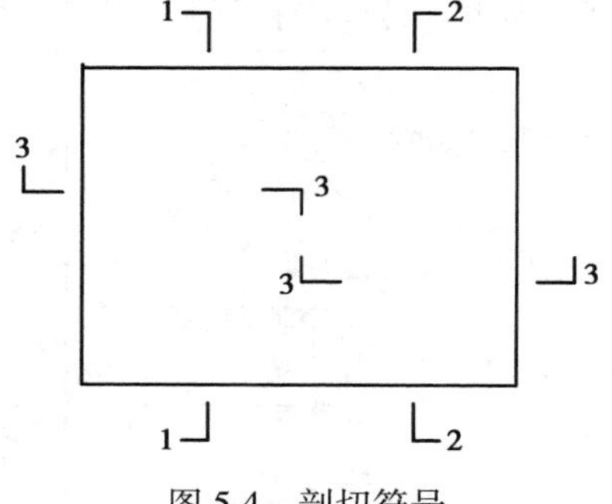

图 5.4　剖切符号

绘图时,剖面剖切符号不应与图面上的图线相接触。

(2)剖面剖切符号的编号

在剖视方向线的端部宜按顺序由左至右、由下至上用阿拉伯数字编排注写剖面编号,并在剖面图的下方正中分别注写 1—1 剖面图、2—2 剖面图、3—3 剖面图……以表示图名。图名下方还应画上粗实线,粗实线的长度与图名字体的长度相等。

必须指出的是:剖切平面是假想的,其目的是为了表达出物体内部形状,故除了剖面图和断面图外,其他各投影图均按原来未剖时画出。一个物体无论被剖切几次,每次剖切均按完整的物体进行。

另外,对通过物体对称平面的剖切位置,或习惯使用的位置,或按基本视图的排列位置,则可不注写图名,也无须进行剖面标注,如图 5.5 所示。

▶5.1.2　剖面图的分类

1)全剖面图

全剖面图是用一个剖切平面将物体全部剖开。如图 5.6 所示为洗涤盆的投影,从图中可知,物体外形比较简单。而内部有圆孔,故剖切平面沿洗涤盆圆孔的前后、左右对称平面而分别平行于 V 面和 W 面将其全部剖开,然后分别向 V 面和 W 面进行投影,即可得到如图 5.6 所示的 1—1,2—2 剖面图。

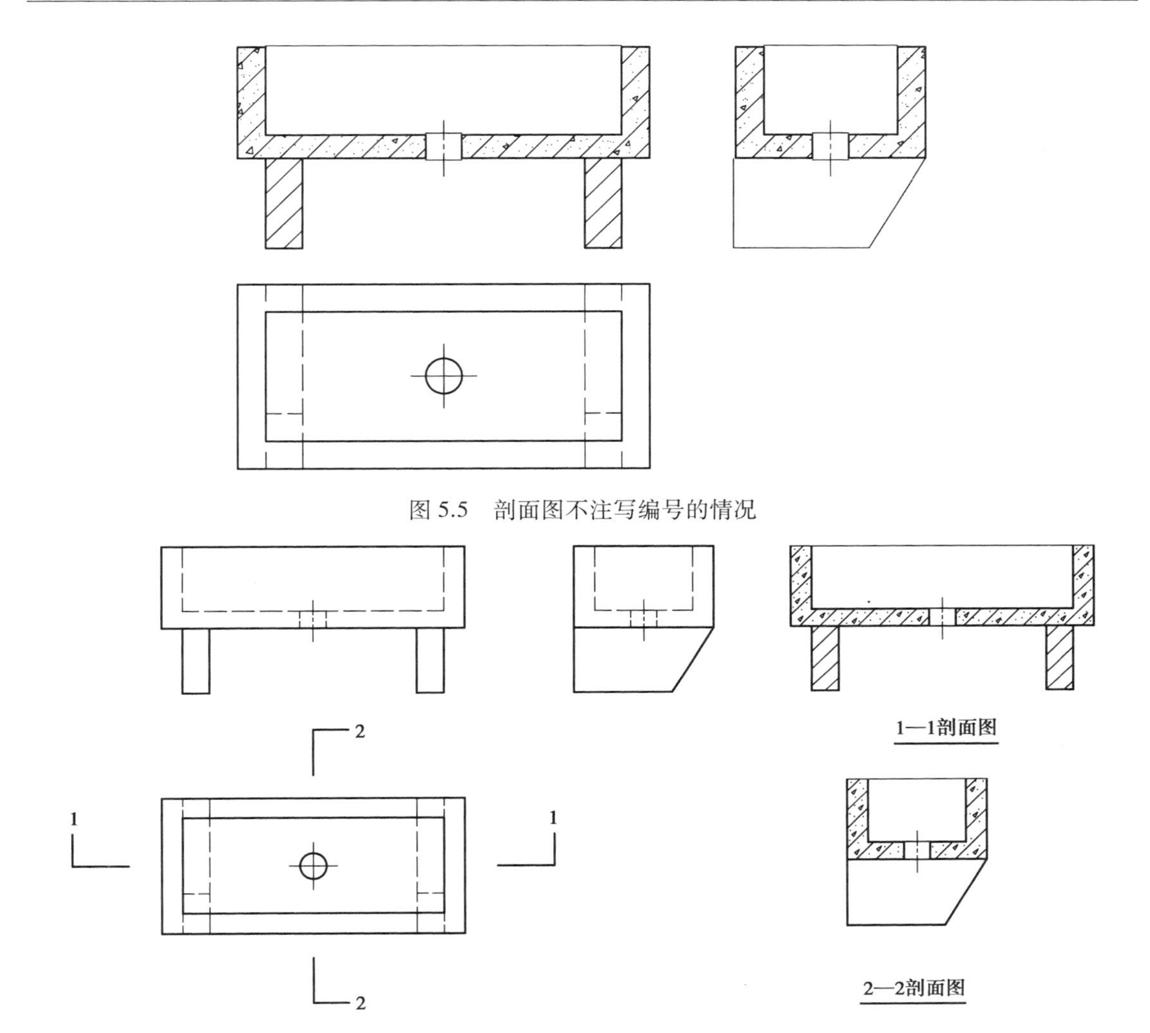

图 5.5　剖面图不注写编号的情况

图 5.6　洗涤盆的投影及剖面图

如图 5.6 所示，将 V 面和 W 面投影取剖面后，用剖面图代替原 V 面投影和 W 面投影，并安放在它们的相应位置，此时不必进行标注。

应当注意的是，图 5.6 中洗涤盆的上部为钢筋混凝土盆，下部为砖墩，剖切后虽属同一剖切平面，但因其材料不同，故在材料图例分界处要用粗实线分开。

2）半剖面图

半剖面图是用两个相互垂直的剖切平面把物体剖开一半（剖至对称面止，拿去物体的 1/4）。当物体的内部和外部均需表达且具有对称平面时，其投影以对称线为界，一半画外形，另一半画成剖面图，这样得到的图称为半剖面图。如图 5.7 所示，由于物体内部的矩形坑的深度难以从投影图中确定，且该物体前后、左右对称，故可采用半剖面图来表示。如图 5.8 所示，画出半个 V 面投影和半个 W 面投影以表示物体的外形，再配上相应的半个剖面，即可知内部矩形坑的深度。

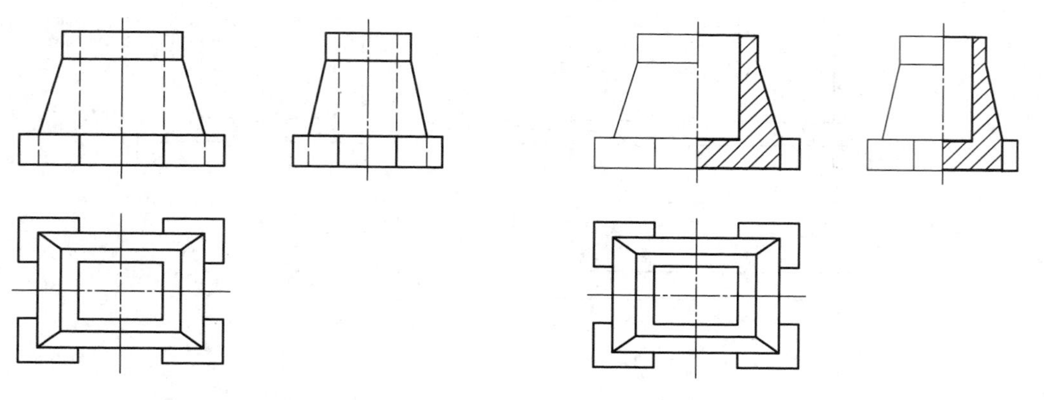

图 5.7　物体的投影图　　　　图 5.8　物体的半剖面图

必须指出的是，在半剖面图中，如果物体的对称线是竖直方向，则剖面部分应画在对称线的右边；如果物体的对称线是水平方向，则剖面部分应画在对称线的下边。另外，在半剖面图中，因内部情况已由剖面图表达清楚，故表示外形的那半边一律不画虚线，只是在某部分形状尚不能确定时，才画出必要的虚线。半剖面图的剖切符号一律不标注。

半剖面图也可理解为假想把物体剖去 1/4 后画出的投影图，但外形与剖面的分界线应用对称线画出，如图 5.9 所示。

3）阶梯剖面图

阶梯剖面图是用两个或两个以上平行的剖切面剖切。当用一个剖切平面不能将物体需要表达的内部都剖到时，可将剖切平面直角转折成相互平行的两个或两个以上平行的剖切平面，由此得到的图就称为阶梯剖面图。

如图 5.10 所示，双面清洗池内部有 3 个圆柱孔，如果用一个与 V 面平行的平面剖切，只能剖到一个孔。故将剖切平面按图 5.10 H 面投影所示直角转折成两个均平行于 V 面的剖切平面，分别通过大小圆柱孔，从而画出剖面图。如图 5.10 所示的 1—1 剖面图就是阶梯剖面图。

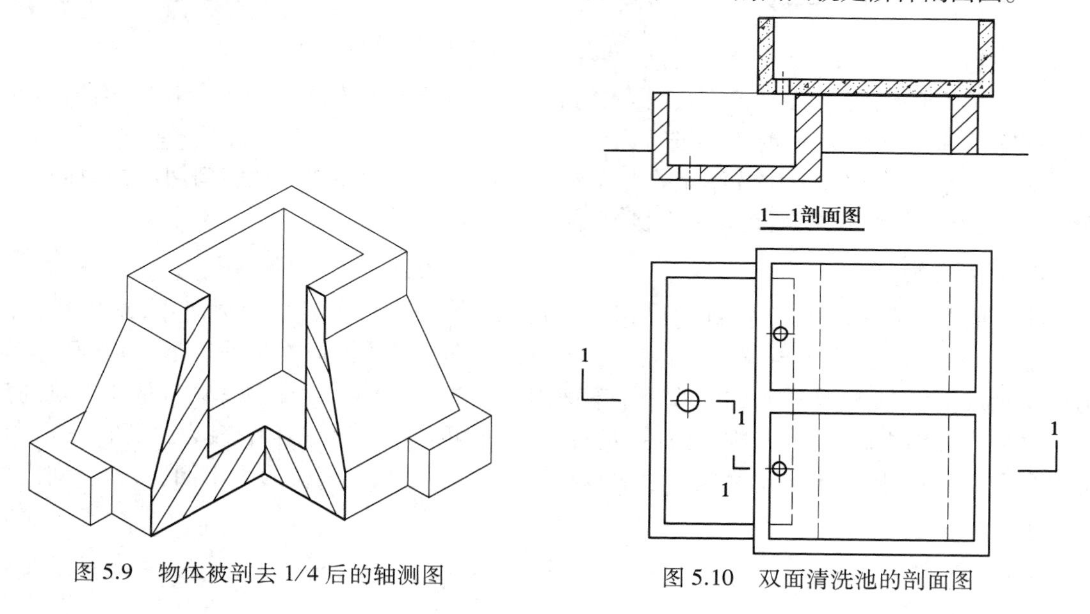

图 5.9　物体被剖去 1/4 后的轴测图　　　　图 5.10　双面清洗池的剖面图

画阶梯剖面图时,在剖切平面的起始及转折处,均要用粗短线表示剖切位置和投影方向,同时注上剖面名称。如不与其他图线混淆时,直角转折处可以不注写编写。另外,由于剖切面是假想的,因此,两个剖切面的转折处不应画分界线。

4)旋转剖面图

旋转剖面图是用两个或两个以上相交的剖切面剖切。用两个或两个以上相交的剖切面(剖切面的交线应垂直于某投影面)剖切物体后,将倾斜于投影面的剖面绕其交线旋转展开到与投影面平行的位置,这样所得的剖面图就称为旋转剖面图(或展开剖面图)。用此法剖切时,应在剖面图的图名后加注"展开"字样。

如图 5.11 所示,其检查井的两圆柱孔的轴线互成 135°,若采用铅垂的两剖切平面并按图中 H 面投影所示的剖切线位置将其剖开,此时左边剖面与 V 面平行,而右边与 V 面倾斜的剖面就绕两剖切平面的交线旋转展开至与 V 面平行的位置,然后向 V 面投影画出的图,就得该检查井的剖面图。

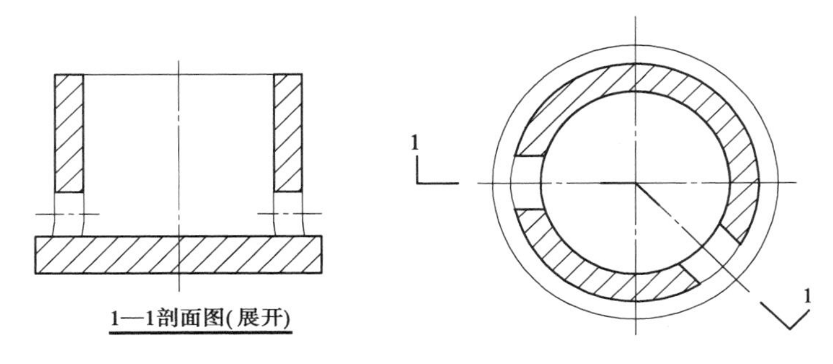

图 5.11　检查井的剖面图

画旋转剖画图时,应在剖切平面的起始及相交处,用粗短线表示剖切位置,用垂直于剖切线的粗短线表示投影方向。

5)分层剖切剖面图

为了表示建筑物局部的构造层次,并保留其部分外形时,可局部分层剖切,由此而得的图称为分层剖切剖面图。如图 5.12 所示,将杯形基础的 H 面投影局部剖开画成剖面图,以显示基础内部的钢筋配置情况。画这种剖面图时,其外形与剖面图之间,应用波浪线分界,剖切范围根据需要而定。

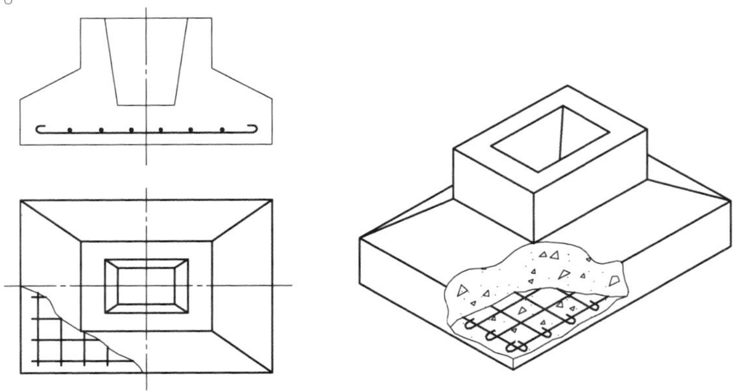

图 5.12　杯形基础的分层剖切剖面图

如图 5.13 所示为在墙体中预埋的管道固定支架,图中只将其固定支架的局部剖开画成剖面图,以表示支架埋入墙体的深度及砂浆的灌注情况。

如图 5.14 所示为板条抹灰隔墙面分层剖切剖面图,以表示各层所用材料及做法。

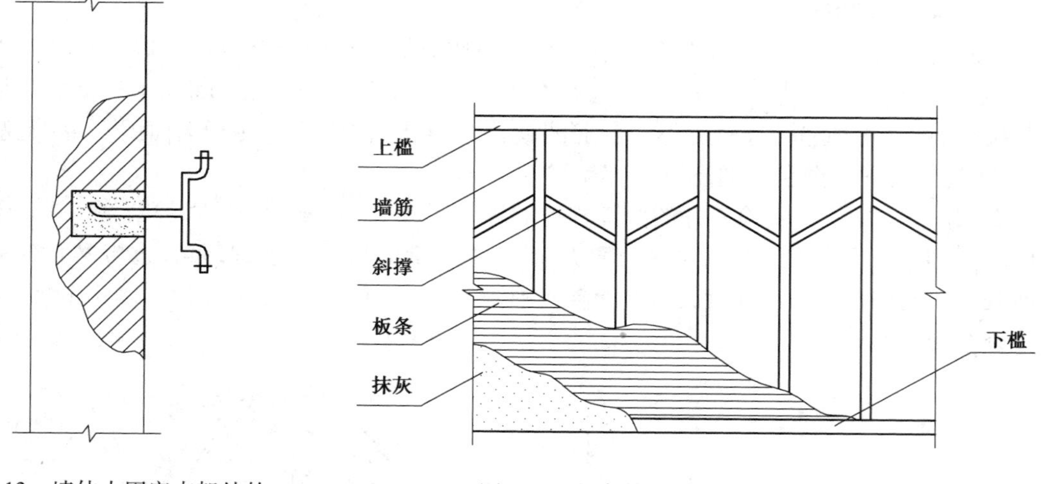

图 5.13　墙体中固定支架处的分层剖切剖面图

图 5.14　板条抹灰隔墙面分层剖切剖面图

5.2　断面图的画法及分类

当剖切平面剖开物体后,其剖切平面与物体的截交线所围成的截断面,就称为断面。如果只画出该断面的实形投影,则称为断面图。

►5.2.1　断面图的画法

①断面的剖切符号,只用剖切位置线表示;并以粗实线绘制,长度为 6~10 mm。

②断面剖切符号的编号,宜采用阿拉伯数字,按顺序连续编排,并注写在剖切位置线的一侧,编号所在的一侧即为该断面的剖视方向。

③断面图的正下方只注写断面编号以表示图名,如 1—1,2—2,…并在编号数字下面画一粗短线,而省去“断面图”3 个字。

④断面图的剖面线及材料图例的画法与剖面图相同。

如图 5.15 所示为钢筋混凝土楼梯的梯板断面图。它与剖面图的区别在于:断面图只需画出物体被剖后的断面图形,至于剖切后沿投影方向能见到的其他部分,则不必画出。显然,剖面图包含了断面图,而断面图则是剖面图的一部分。另外,断面的剖切位置线的外端,不用与剖切位置线垂直的粗短线来表示投影方向,而用断面编号数字的注写位置来表示。如图 5.15 所示,1—1 断面的编号注写在剖切位置线的右侧,则表示剖切后向右方投影。

►5.2.2　断面图的种类

断面图主要用于表达形体或构件的断面形状,根据其安放位置的不同,一般可分为移出

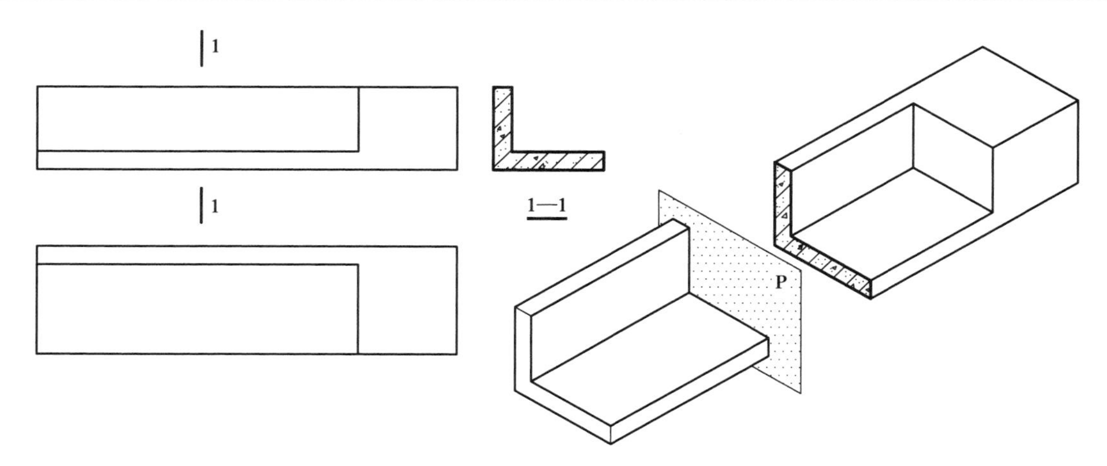

图 5.15 钢筋混凝土楼梯的梯板断面图

断面图、重合断面图和中断断面图 3 种形式。

1)移出断面图

将断面图画在投影图之外的称为移出断面图。当一个物体有多个断面图时,应将各断面图按顺序依次整齐地排列在投影图的附近,如图 5.16 所示为预制钢筋混凝土柱的移出断面图。根据需要,断面图可用较大的比例画出,图 5.16 就是放大一倍画出的。

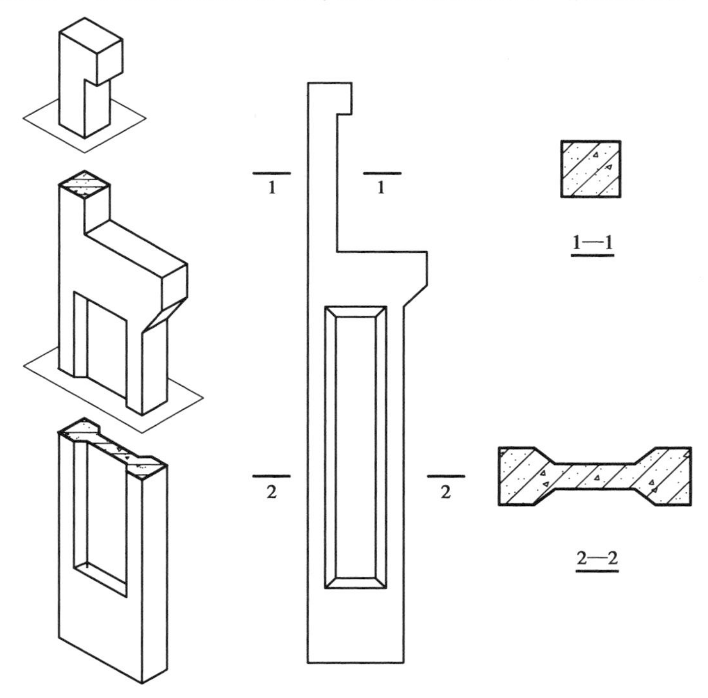

图 5.16 钢筋混凝土柱的移出断面图

2)重合断面图

断面图旋转 90°后重合画在基本投影图上,称为重合断面图。其旋转方向可向上、向下、向左、向右。

图 5.17 为墙面装饰线脚的重合断面图。其中图5.17(a)是将被剖切的断面向下旋转 90°而成;图 5.17(b)是将被剖切的断面向左旋转 90°而成。画重合断面图时,其比例应与基本投影图相同;且可省去剖切位置线和编号。另外,为了使断面轮廓线区别于投影轮廓线,断面轮廓线应以粗实线绘制,而投影轮廓线则以中粗实线绘制。

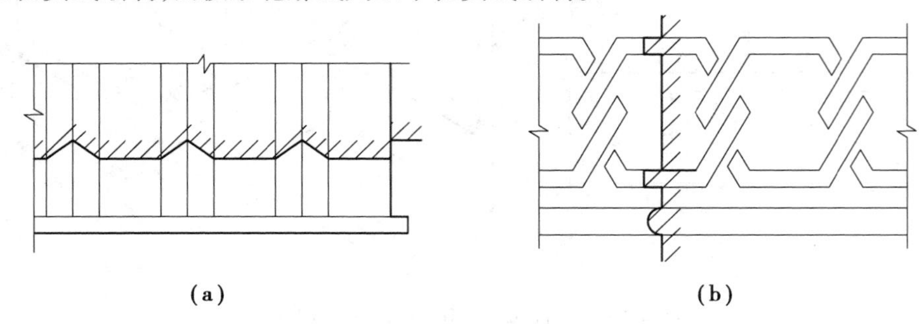

图 5.17 墙面装饰线脚的重合断面图

3)中断断面图

断面图画在构件投影图的中断处,就称为中断断面图。它主要用于一些较长且均匀变化的单一构件。如图 5.18 所示为角钢的中断断面图,其画法是在构件投影图的某一处用折断线断开,然后将断面图画在中间。

画中断断面图时,原投影长度可缩短,但尺寸应完整地标注。画图的比例、线型与重合断面图相同,也无须标注剖切位置线和编号。

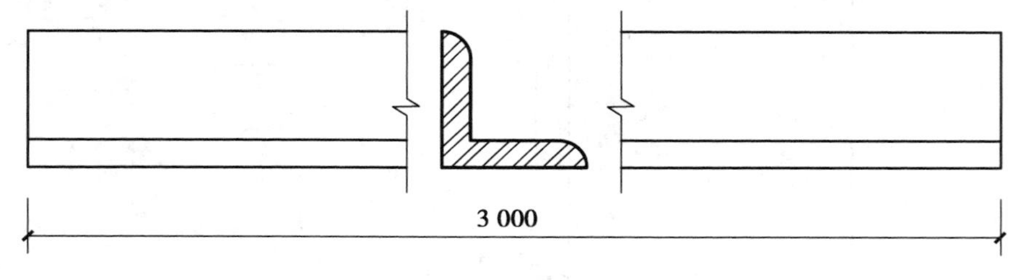

图 5.18 角钢的中断断面图

复习思考题

1.剖面图的剖切符号如何来画?
2.剖面图有哪几类? 分别有何特点?
3.断面图的剖切符号如何画?
4.断面图有哪几类? 分别有何特点?
5.剖面图与断面图的区别有哪些?

6

建筑施工图

本章导读

本章主要熟悉建筑施工图的内容,包括组成建筑施工图的总平面图、各层平面图、立面图、剖面图及详图的形成、用途、比例、线型、图例、尺寸标注等要求和绘图方法。重点应掌握识读和绘制建筑施工图的方法和技巧。

6.1 概　述

▶6.1.1　房屋的组成及房屋施工图的分类

1)房屋的组成

虽然各种房屋的使用要求、空间组合、外形处理、结构形式和规模大小等各有不同,但基本上是由基础、墙、柱、楼面、屋面、门窗、楼梯以及台阶、散水、阳台、走廊、天沟、雨水管、勒脚、踢脚板等组成,如图 6.1 和图 6.2(是一幢三层的小别墅住宅)所示。

基础起着承受和传递荷载的作用;屋顶、外墙、雨篷等起着隔热、保温、避风遮雨的作用;屋面、天沟、雨水管、散水等起着排水的作用;台阶、门、走廊、楼梯起着沟通房屋内外、上下交通联系的作用;窗则主要用于采光和通风;墙群、勒脚、踢脚板等起着保护墙身的作用。

2)房屋施工图的分类

在工程建设中,首先要进行规划、设计,并绘制成图,然后照图施工。

遵照建筑制图标准和建筑专业的习惯画法绘制建筑物的多面正投影图,并注写尺寸和文字说明的图样,称为建筑图。

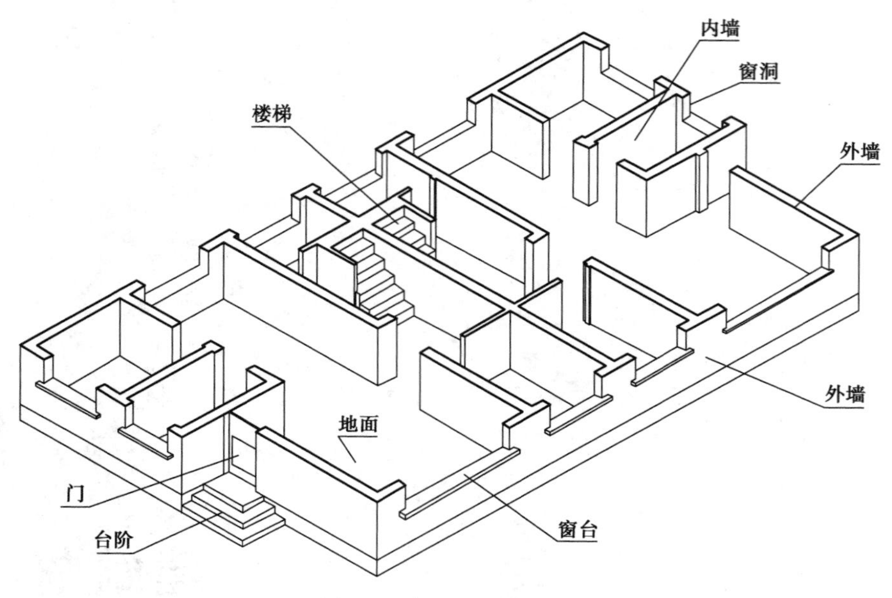

图 6.1　房屋的组成(一)

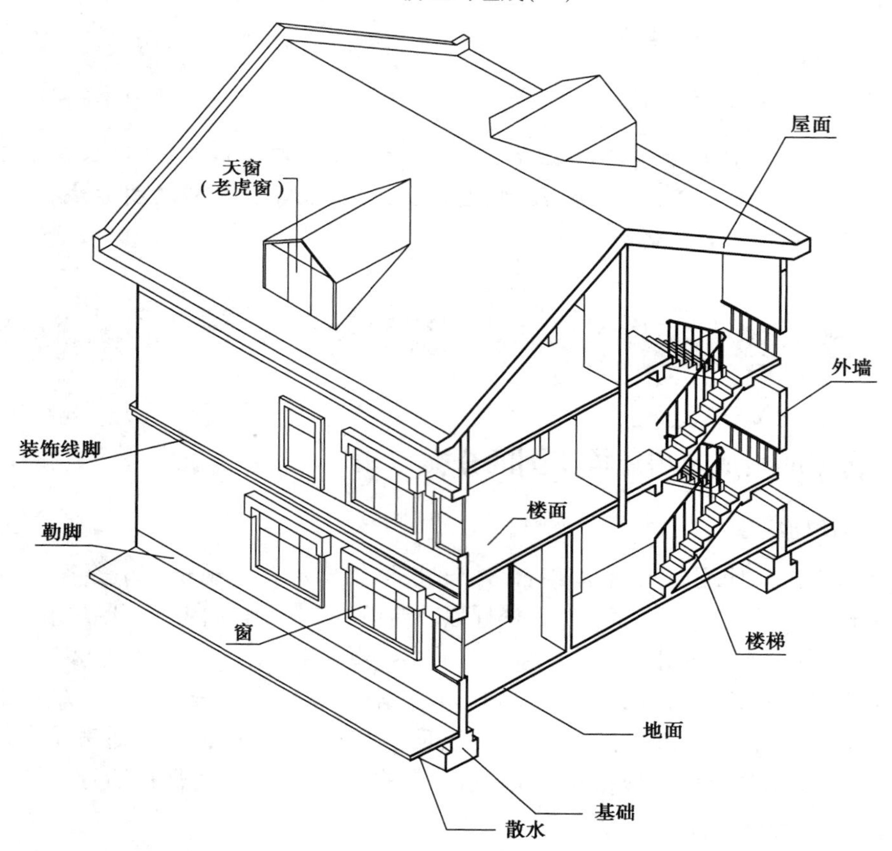

图 6.2　房屋的组成(二)

建筑图包括建筑物的方案图、初步设计图(简称“初设图”)和扩大初步设计图(简称“扩初图”)以及施工图。

施工图根据其内容和各工程不同分为：

①建筑施工图（简称“建施图”）。主要用来表示建筑物的规划位置、外部造型、内部各房间的布置、内外装修、构造及施工要求等。其内容主要包括施工图首页、总平面图、各层平面图、立面图、剖面图及详图。

②结构施工图（简称“结构图”）。主要用来表示建筑物承重结构的结构类型、结构布置、构件种类、数量、大小及做法。其内容包括结构设计说明、结构平面布置图及构件详图。

③设备施工图（简称“设施图”）。主要用来表示建筑物的给水排水、暖气通风、供电照明、燃气等设备的布置和施工要求等。主要包括各种设备的布置图、系统图和详图等内容。

本章主要讲述建筑施工图的相关内容。

▶6.1.2 模数协调

为使建筑物的设计、施工、建材生产以及使用单位和管理机构之间容易协调，用标准化的方法使建筑制品、建筑构配件和组合件实现工厂化规模生产，从而加快设计速度，提高施工质量及效率，改善建筑物的经济效益，进一步提高建筑工业化水平，国家颁布了中华人民共和国国家标准《建筑模数协调标准》（GB/T 50002—2013）。

模数协调使符合模数的构配件、组合件能用于不同地区、不同类型的建筑物中，促使不同材料、形式和不同制造方法的建筑构配件、组合件有较大的通用性和互换性。在建筑设计中能简化设计图的绘制，在施工中能使建筑物及其构配件和组合件的放线、定位和组合等更有规律、更趋统一、协调，从而便利施工。

模数是选定的尺寸单位，作为尺度协调的增值单位。模数协调选用的基本尺寸单位，称为基本模数。基本模数的数值为 100 mm，其符号为 M，即 M = 100 mm，整个建筑物和建筑物的一部分以及建筑组合件的模数化尺寸，应是基本模数的倍数。模数协调标准选定的扩大模数和分模数称为导出模数，导出模数是基本模数的整倍数和分数。

扩大模数应符合基数为 2M，3M，6M，12M 等规定，其相应的尺寸分别为 200，300，600，1 200，…。

分模数应符合基数为 M/10，M/5，M/2 的规定，其相应的尺寸分别为 10，20，50。

建筑物的开间或柱距，进深或跨度，梁、板、隔墙和门窗洞口宽度等部分的截面尺寸宜采用水平基本模数和水平扩大模数数列，且水平扩大模数数列宜采用 $2n$M，$3n$M（n 为自然数）。

建筑物的高度、层高和门窗洞口高度等宜采用竖向基本模数和竖向扩大模数数列，且竖向扩大模数数列宜采用 nM。

构造节点和分部件的接口尺寸等宜采用分模数数列，且分模数数列宜采用 M/10，M/5，M/2。

▶6.1.3 砖墙及砖的规格

目前在我国房屋建筑中的墙身，如为框架结构，墙体多以加气混凝土砌块和水泥空心砖及页岩空心砖砌筑。其墙体厚度一般为 100，150，200，250，300。如为墙体承重结构，墙体多以砖墙为主，另外还有石墙、混凝土墙、砌块墙等。砖墙的尺寸与砖的规格有密切联系。墙体承重结构中墙身采用的砖，不论是黏土砖、页岩砖、灰砂砖，当其尺寸为 240×115×53 时，这种砖称为标准砖。采用标准砖砌筑的墙体厚度的标志尺寸为 120（半砖墙，实际厚度 115）、240（一砖墙，实际厚度 240）、370（一砖半墙，实际厚度 365）、490（二砖墙，实际厚度 490）等。砖的强度等级是根据 10 块砖抗压强度平均值和标准值划分的，共有 6 个级别，即 MU30，MU25，

MU20,MU15,MU10,MU7.5(见图 6.3)。

砌筑砖墙的黏结材料为砂浆,根据砂浆的材料不同有石灰砂浆(石灰、砂)、混合砂浆(石灰、水泥、砂)、水泥砂浆(水泥、砂)。砂浆的抗压强度等级有 M1.0,M2.5,M5.0,M7.5,M10 这 5 个等级。

在混合结构及钢筋混凝土结构的建筑物中,还常涉及混凝土的抗压强度等级,其等级分为 12 级,即 C7.5,C10,C15,C20,C25,C30,C35,C40,C45,C50,C55,C60。

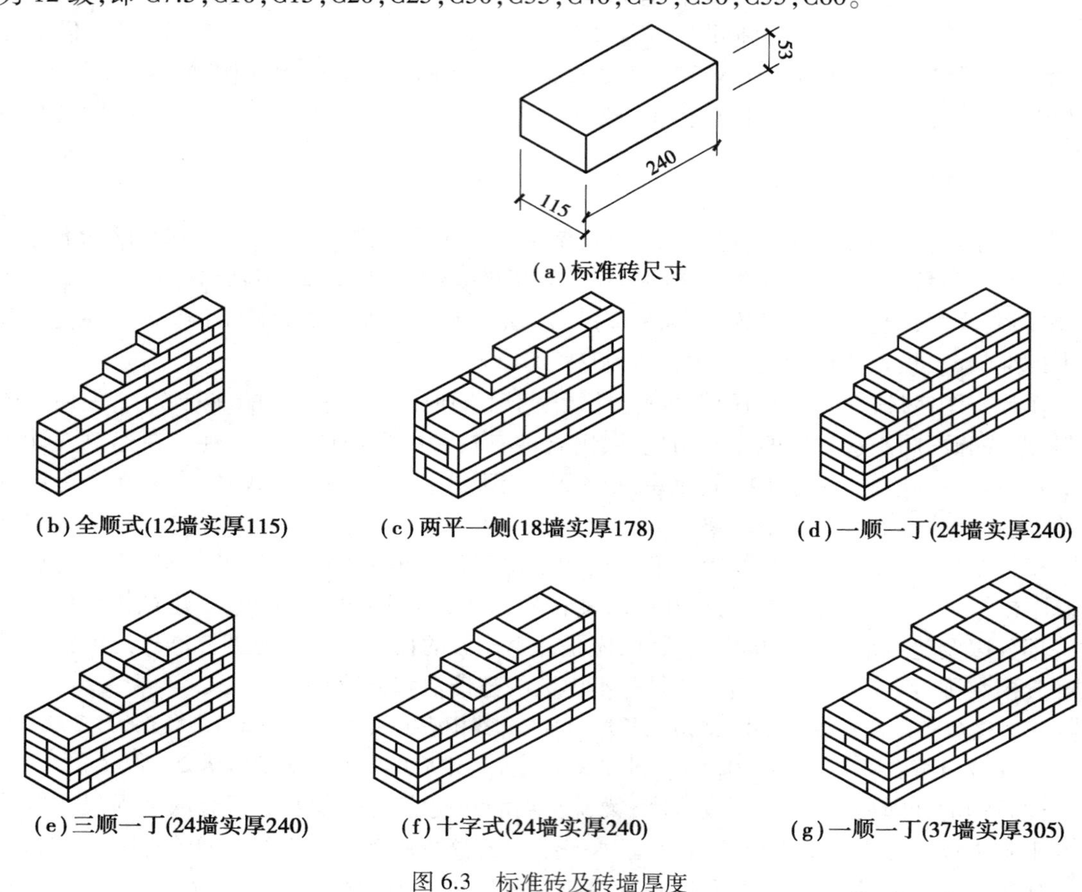

图 6.3　标准砖及砖墙厚度

▶6.1.4　标准图与标准图集

为了加快设计与施工的速度,提高设计与施工的质量,把各种常用的、大量性的房屋建筑及建筑构配件,按"国标"规定的统一模数,根据不同的规格标准,设计编出成套的施工图,以供选用。这种图样称为标准图或通用图。将其装订成册即为标准图集。标准图集的使用范围限制在图集批准单位所在的地区。

标准图有两种:一种是整幢房屋的标准设计(定型设计);另一种是目前大量使用的建筑构配件标准图集。建筑标准图集的代号常用"建"或字母"J"表示,如北京市"实腹钢门窗图集"代号为"京 J891"、西南地区(云、贵、川、渝、藏)"刚性、卷材、涂膜防水及隔热屋面构造图集"代号为"西南 03J201-1"、重庆市"楼地面作法标准图集"代号为"渝建 7503"。结构标准图集的代号常用"结"或字母"G"表示,如四川省"空心板图集"代号为"川 G202"、重庆市"楼梯标准图集”代号为“渝结 7905”等。

6.2　总平面图

▶6.2.1　总平面图的用途

在画有等高线或坐标方格网的地形图上,加画上新设计的乃至将来拟建的房屋、道路、绿化(必要时还可画出各种设备管线布置以及地表水排放情况)并标明建筑基地方位及风向的图样,便是总平面图。如图 6.4 所示。

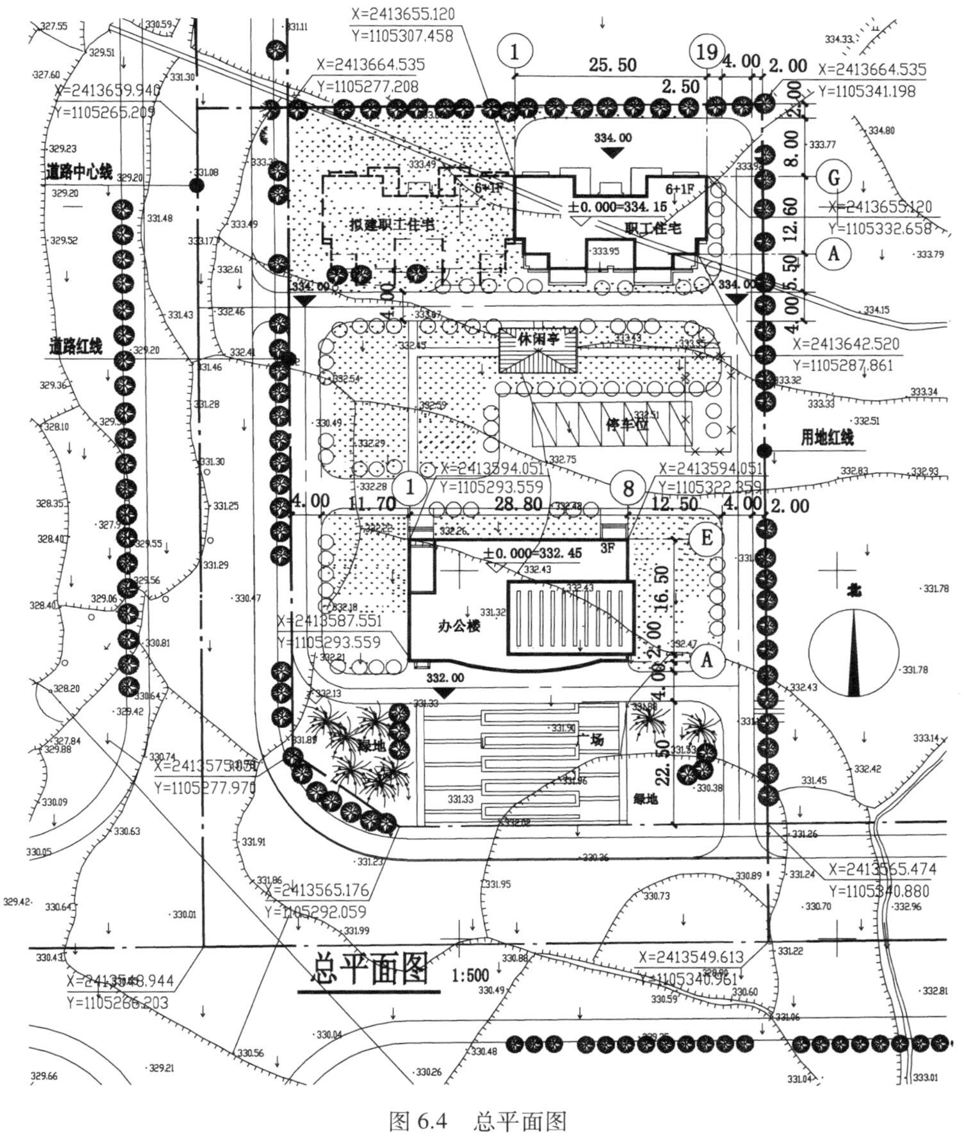

图 6.4　总平面图

总平面图是用来表示整个建筑基地的总体布局,包括新建房屋的位置、朝向以及周围环境(如原有建筑物、交通道路、绿化、地形、风向等)的情况。总平面图是新建房屋定位、放线以及布置施工现场的依据。

▶6.2.2　总平面图的比例

由于总平面图包括地区较大,中华人民共和国国家标准《总图制图标准》(GB/T 50103—2010)规定(以下简称"《总图制图标准》"):总平面图的比例应用 1∶500,1∶1 000,1∶2 000 来绘制。实际工程中,由于国土局以及有关单位提供的地形图常为 1∶500 的比例,故总平面图常用 1∶500 的比例绘制(见图 6.4)。

▶6.2.3　总平面图的图例

由于总平面图的比例较小,故总平面图上的房屋、道路、桥梁、绿化等都用图例表示。表 6.1 列出的为《总图制图标准》规定的总图图例(图例:以图形规定的画法称为图例)。在较复杂的总平面图中,如用了一些《总图制图标准》上没有的图例,应在图纸的适当位置加以说明。总平面图常画在有等高线和坐标网格的地形图上,地形图上的坐标称为测量坐标,是用与地形图相同比例画出的 50×50 m 或 100×100 m 的方格网,此方格网的竖轴用 X 表示、横轴用 Y 表示。一般房屋的定位应注其 3 个角的坐标,如建筑物、构筑物的外墙与坐标轴线平行,可标注其对角坐标。

新建房屋的朝向(对整个房屋而言,主要出入口所在墙面所面对的方向;对一般房间而言,则指主要开窗面所面对的方向称为朝向)与风向,可在图纸的适当位置绘制指北针或风向频率玫瑰图(简称"风玫瑰")来表示,指北针应按中华人民共和国国家标准《房屋建筑制图统一标准》(GB/T 50001—2010)规定绘制,如图 6.5 所示,指针方向为北向,圆用细实线,直径为 24 mm,指针尾部宽度为 3 mm,指针针尖处应注写"北"或"N"字。如需用较大直径绘制指北针时,指针尾部宽度宜为直径的 1/8。

风向频率玫瑰图在 8 个或 16 个方位线上用端点与中心的距离,代表当地这一风向在一年中发生的频率,粗实线表示全年风向,细虚线范围表示夏季风向。风向由各方位吹向中心,风向线最长者为主导风向,如图 6.6 所示。

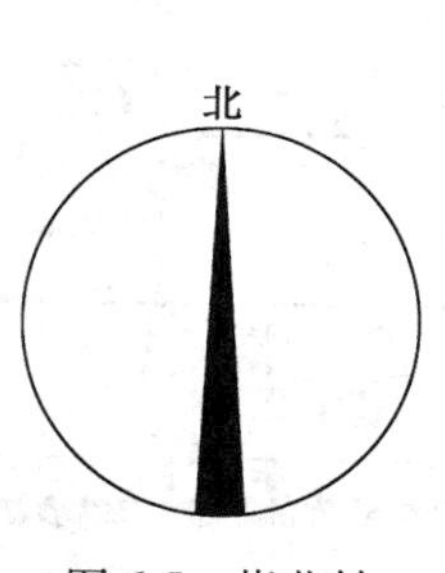

图 6.5　指北针

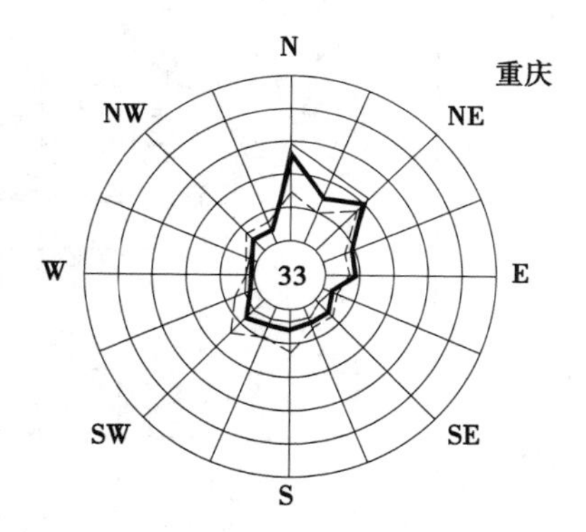

图 6.6　风向频率玫瑰图

表 6.1 **总平面图图例**(摘自 GB/T 50103—2010)

序号	名 称	图 例	说 明
1	新建的建筑物	x= y= ① 12F/2D H=59.00 m	新建建筑物以粗实线表示与室外地坪相接处±0.00 外墙定位轮廓线; 建筑物一般以±0.00 高度处的外墙定位轴线交叉坐标点定位,轴线用细实线表示,并标明轴线编号; 根据不同设计阶段标注建筑编号,地上、地下层数,建筑高度,建筑出入口位置(两种表示方法均可,但同一图纸采用一种表示方法); 地下建筑物以粗虚线表示其轮廓; 建筑上部(±0.00 以上)外挑建筑以细实线表示; 建筑物上部连廊用细虚线表示并标注位置
2	原有的建筑物		用细实线表示
3	计划扩建的预留地或建筑物(拟建的建筑物)		用中粗虚线表示
4	拆除的建筑物		用细实线表示
5	建筑物下面的通道		
6	散状材料露天堆场		需要时可注明材料名称
7	其他材料露天堆场或露天作业场		需要时可注明材料名称
8	铺砌场地		

续表

序号	名　称	图　例	说　明
9	烟囱		实线为烟囱下部直径，虚线为基础，必要时可注写烟囱高度和上、下口直径
10	台阶及无障碍坡道	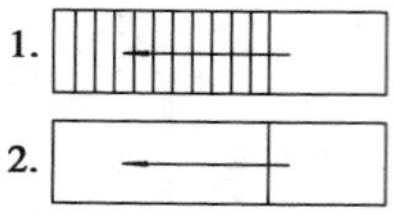 1. 2.	1.表示台阶（级数仅为示意）； 2.表示无障碍坡道
11	围墙及大门	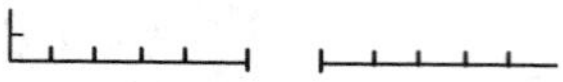	
12	挡土墙	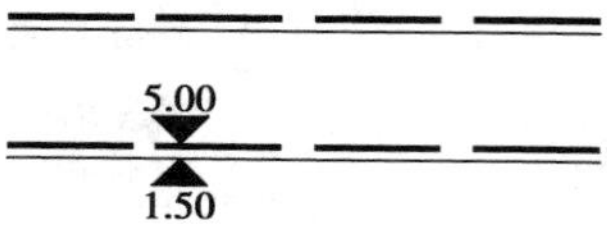 5.00 1.50	挡土墙根据不同设计阶段的需要标注 墙顶标高 墙底标高
13	挡土墙上设围墙		
14	坐标	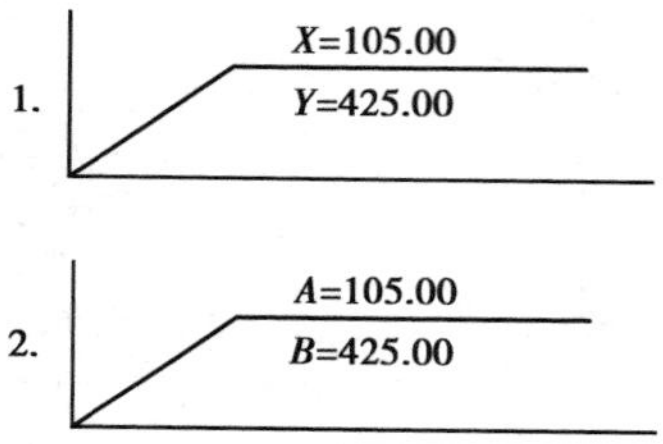 1. X=105.00 Y=425.00 2. A=105.00 B=425.00	1.表示地形测量坐标系； 2.表示自设坐标系； 坐标数字平行于建筑标注
15	填挖边坡	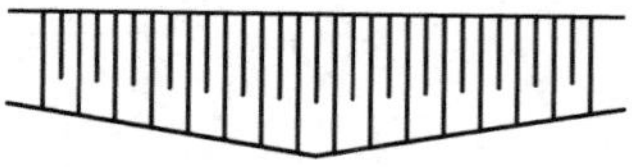	
16	雨水口	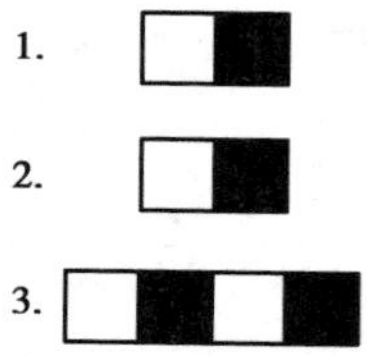 1. 2. 3.	1.雨水口； 2.原有雨水口； 3.双落式雨水口
17	消火栓井		
18	室内标高	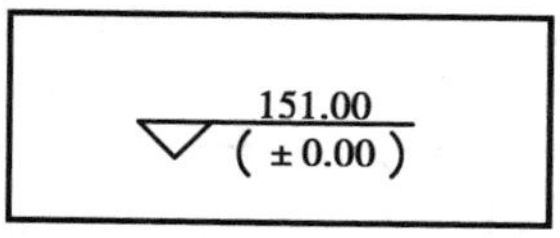 151.00 （±0.00）	数字平行于建筑物书写
19	室外标高	 143.00	室外标高也可采用等高线表示

续表

序号	名 称	图 例	说 明
20	地下车库入口		机动车停车场

▶6.2.4 总平面图的尺寸标注

总平面图上的尺寸应标注新建房屋的总长、总宽以及与周围房屋或道路的间距,尺寸以 m为单位,标注到小数点后两位。新建房屋的层数在房屋图形右上角上用点数或数字表示。一般低层、多层用点数表示层数,高层用数字表示;如果为群体建筑,也可统一用点数或数字表示。

新建房屋的室内地坪标高为绝对标高(以我国青岛市外黄海海平面为±0.000 的标高),这也是相对标高(以某建筑物底层室内地坪为±0.000 的标高)的零点。标高符号的规格及画法如图 1.31 所示。室外整平标高采用全部涂黑的等腰三角形"▼"表示,大小形状同标高符号。总平面图上标高单位为"米",标到小数点后两位。

图 6.4 为某县技术质量监督局办公楼及职工住宅所建地的总平面图。从图中可知,整个基地平面很规则,南边是规划的城市主干道,西边是规划的城市次干道,东边和北边是其他单位建筑用地。新建办公楼位于整个基地的中部,其建筑的定位已用测量坐标标出了 3 个角点的坐标,其朝向可根据指北针判断为坐北朝南,新建办公楼的南边是入口广场,北边是停车场及学员宿舍,东边和西边都布置有较好的绿地,使整个环境开敞、空透,形成较好的绿化景观。用粗实线画出的新建办公楼共 3 层,总长 28.80 m,总宽 16.50 m,距东边环形通道 12.50 m,距南边环形通道 2.00 m。新建办公楼的室内整平标高为 332.45 m,室外整平标高为 332.00 m。从图中还可以看到紧靠新建办公楼的北偏东方向停车场边有一需拆除的建筑。基地北边用粗实线画出的是即将新建的一个单元的职工住宅,该新建的职工住宅共 6+1 层(顶上两层为跃层),总长 25.50 m,总宽 12.60 m,距北边建筑红线 10.00 m, 距东边建筑红线 8.50 m,距南边小区道路 5.50 m。新建的职工住宅的室内整平标高为 335.00 m,室外整平标高为 334.00 m。而在即将新建的两个单元的职工住宅的西边准备再拼建一个单元的职工住宅,故在此用虚线来表示的(拟建建筑)。

在实际施工图上,往往会在图纸的一角用表格的方式来说明整个建筑基地的经济技术指标。主要的经济技术指标如下:

①总用地面积;

②总建筑面积(可分别包含:地上建筑面积、地下建筑面积,或分为:居住建筑面积、公共建筑面积);

③总户数;

④总停车位;

⑤容积率:总建筑面积÷总用地面积;

⑥绿地率:总绿地面积÷总用地面积×100%;

⑦覆盖率(建筑密度):总建筑投影面积÷总用地面积×100%。

▶6.2.5 总平面图的读图要点

①图名、比例;
②新建工程项目名称、位置、层数、指北针、风玫瑰、朝向、建筑室内外绝对标高;
③新建的道路的布置以及宽度和坡度、坡向、坡长,绿化场地、管线的布置;
④新建建筑的总长和总宽;
⑤原有建筑的位置、层数与新建建筑的关系;
⑥周围的地形地貌;
⑦定位放线依据(坐标);
⑧主要的经济技术指标。

6.3 建筑平面图

▶6.3.1 建筑平面图的用途

建筑平面图是用以表达房屋建筑的平面形状、房间布置、内外交通联系,以及墙、柱、门窗等构配件的位置、尺寸、材料和做法等内容的图样。建筑平面图简称“平面图”。

平面图是建筑施工图的主要图样之一。是施工过程中,房屋的定位放线、砌墙、设备安装、装修及编制概预算、备料等的重要依据。

▶6.3.2 平面图的形成

平面图的形成通常是假想用一水平剖切面经过门窗洞口将房屋剖开,移去剖切平面以上的部分,将余下部分用直接正投影法投影到 H 面上而得到的正投影图。即平面图实际上是剖切位置位于门窗洞口处的水平剖面图(见图 6.7、图 6.8)。

▶6.3.3 平面图的比例及图名

1)比例

平面图用 1∶50,1∶100,1∶200 的比例绘制,实际工程中常用 1∶100 的比例绘制。

2)图名

一般情况下,房屋有几层就应画几个平面图,并在图的下方标注相应的图名,如“底层平面图”“二层平面图”等。图名下方应加一条粗实线,图名右方标注比例。当房屋中间若干层的平面布局、构造情况完全一致时,则可用一个平面图来表达这相同布局的若干层,称为标准层平面图。

▶6.3.4 平面图的图示内容

底层平面图应画出房屋本层相应的水平投影,以及与本栋房屋有关的台阶、花池、散水等

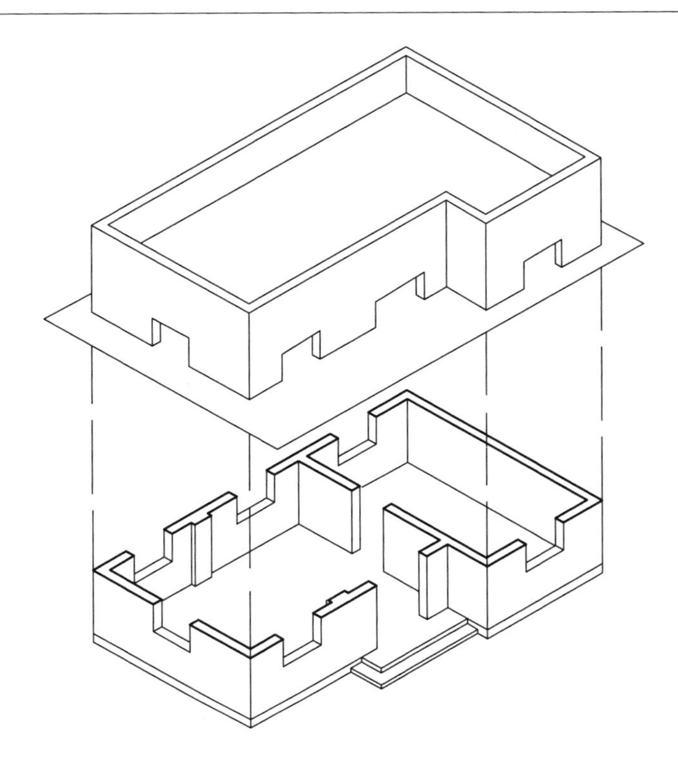

图 6.7 平面图的形成

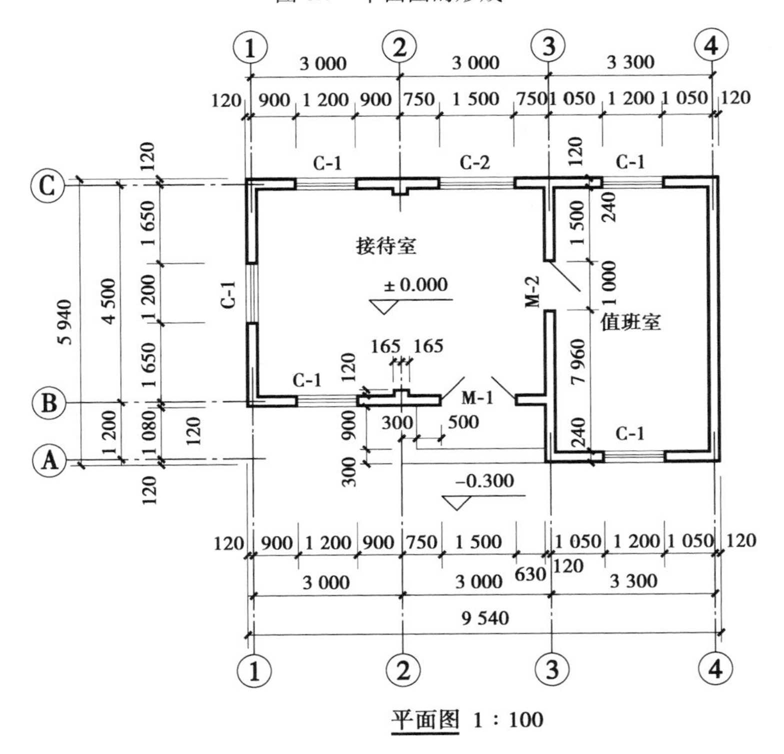

图 6.8 平面图

的投影（见图 6.8）；二层平面图除画出房屋二层范围的投影内容之外，还应画出底层平面图无法表达的雨篷、阳台、窗楣等内容，而对于底层平面图上已表达清楚的台阶、花池、散水等内容就不再画出；三层以上的平面图则只需画出本层的投影内容及下一层的窗眉、雨篷等这些下一层无法表达的内容。

建筑平面图由于比例小，各层平面图中的卫生间、楼梯间、门窗等投影难以详尽表示，便采用中华人民共和国国家标准《建筑制图标准》（GB/T 50104—2010）规定的图例来表达，而相应的详尽情况则另用较大比例的详图来表达。

►6.3.5 平面图的线型

建筑平面图的线型，按"《建筑制图标准》"规定，凡是剖到的墙、柱的断面轮廓线，宜用粗实线，门扇的开启示意线用中粗实线表示，其余可见投影线则用细实线表示（见图 6.8 ）。

►6.3.6 建筑平面图的轴线编号

为了建筑工业化，在建筑平面图中，采用轴线网格划分平面，使房屋的平面布置以及构件和配件趋于统一，这些轴线称为定位轴线，它是确定房屋主要承重构件（墙、柱、梁）位置及标注尺寸的基线。中华人民共和国国家标准《房屋建筑制图统一标准》（GB/T 50001—2010）规定："水平方向的轴线自左至右用阿拉伯数字依次连续编为①，②，③，…；竖直方向自下而上用大写拉丁字母连续编写Ⓐ，Ⓑ，Ⓒ，…，并除去 I，O，Z 这 3 个字母，以免与阿拉伯数字中 1，0，2 这 3 个数字混淆。如建筑平面形状较特殊，也可采用分区编号的形式来编注轴线，其方式为"分区号—该区轴线号"（见图 6.9）。

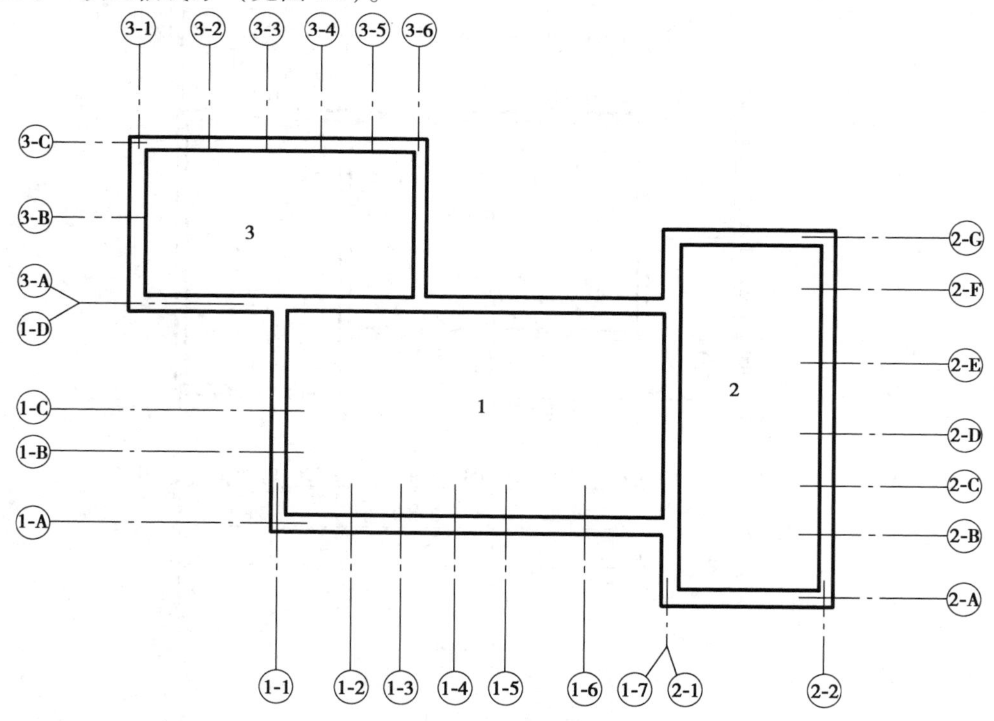

图 6.9 定位轴线分区编号标注方法

如果平面为折线形，定位轴线的编号也可用分区，还可以自左至右依次标注（见图6.10）。

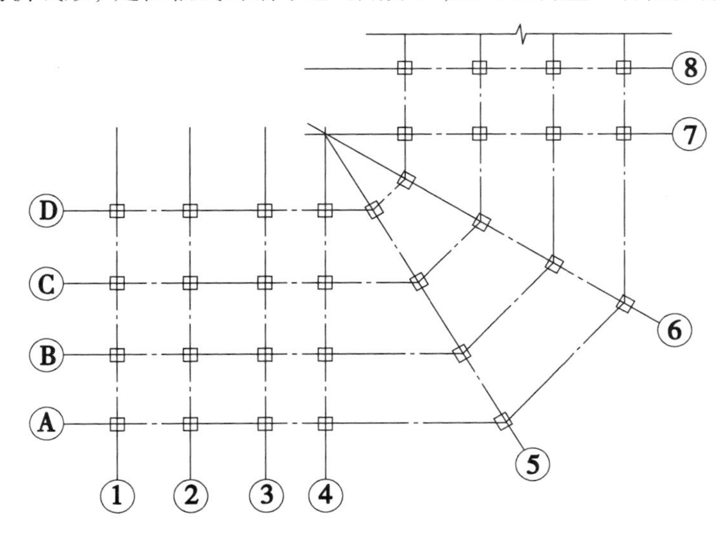

图6.10 折线形平面定位轴线标注方法

表6.2 构造及配件图例（摘自GB/T 50104—2010）

序号	名 称	图 例	说 明
1	墙体		1.上图为外墙，下图为内墙； 2.外墙细线表示有保温层或有幕墙； 3.应加注文字或涂色或图案填充表示材料的墙体； 4.在各层平面图中，防火墙应着重以特殊图案填充表示
2	隔断		1.加注文字或涂色或图案填充表示材料的轻度隔断； 2.适用于到顶与不到顶的隔断
3	玻璃幕墙		幕墙龙骨是否表示由项目设计决定
4	栏杆		
5	楼梯	下 下 上 上	1.上图为顶层楼梯平面，中图为中间层楼梯平面，下图为底层楼梯平面； 2.需设置靠墙扶手或中间扶手时，应在图中表示

续表

序号	名　称	图　例	说　明
6	坡道	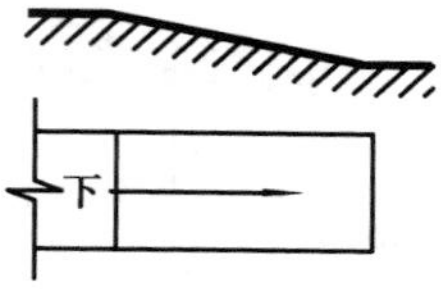 下	长坡道
		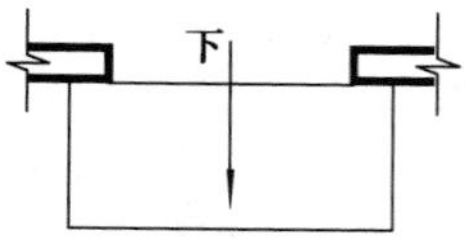 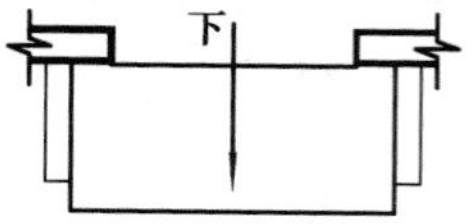 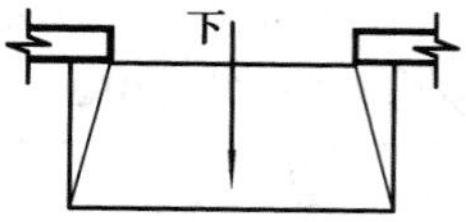 下 下 下	上图为两侧垂直的门口坡道，中图为有挡墙的门口坡道，下图为两侧找坡的门口坡道
7	台阶	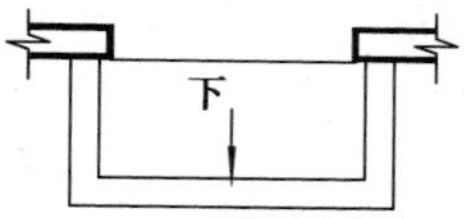 下	
8	平面高差	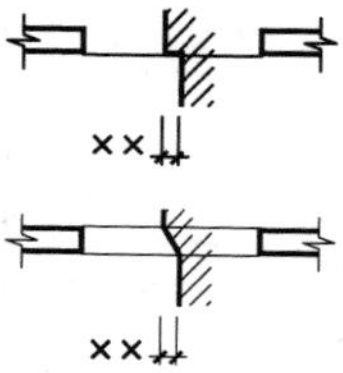 ××↓↓ ××↓↓	用于高差小的地面或楼面交接处，并应于门的开启方向协调
9	检查孔	 	左图为可见检查孔，右图为不可见检查孔
10	孔洞	 	阴影部分也可填充灰度或涂色代替
11	坑槽	 	

续表

序号	名　称	图　例	说　明
12	墙预留洞	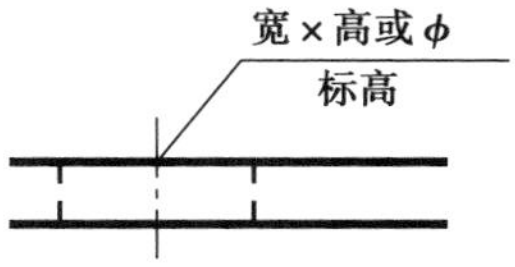 宽×高或ϕ 标高	1.上图为预留洞,下图为预留槽; 2.平面以洞(槽)中心定位; 3.宜以涂色区别墙体和留洞(槽)
13	墙预留槽	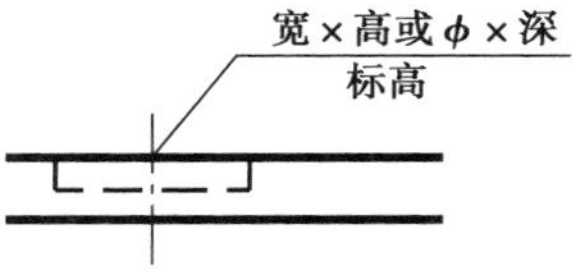 宽×高或ϕ×深 标高	
14	烟道	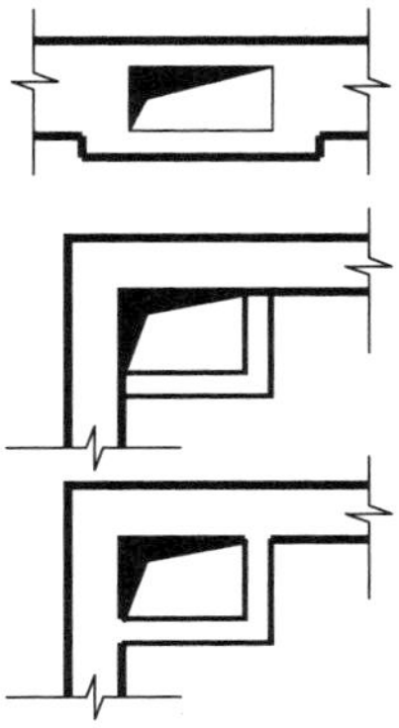	1.阴影部分可以涂色代替; 2.烟道与墙体为同一材料,其相接处墙身线应断开
15	风道	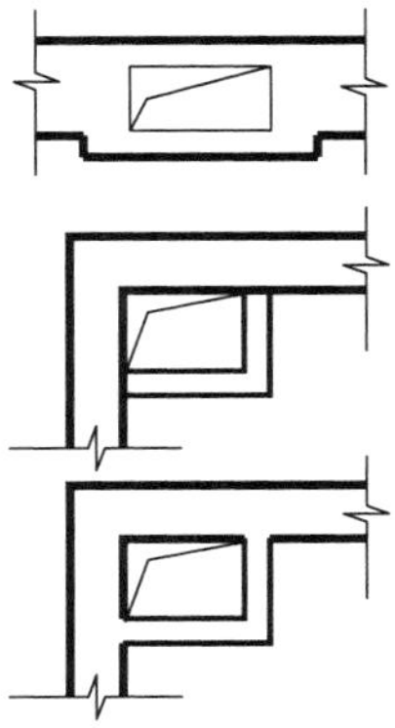	
16	空门洞	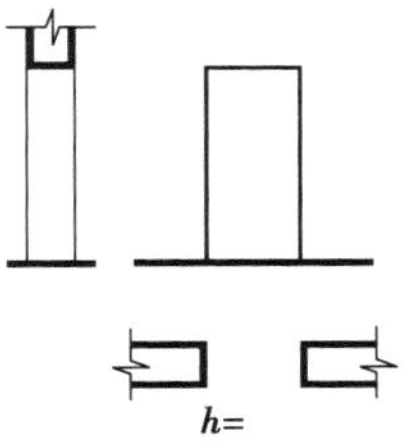 h=	h 为门洞高度

续表

序号	名　称	图　例	说　明
17	单扇开启单扇门（包括平开或单面弹簧）	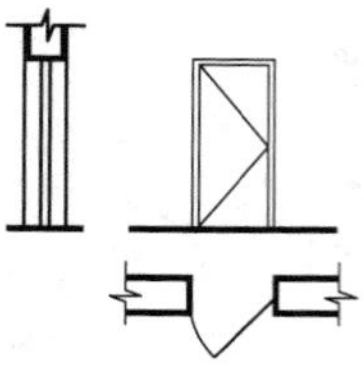	1.门的名称代号用 M 表示； 2.平面图中，下为外、上为内；门开启线为 90°，60° 或 45°，开启弧线宜画出； 3.立面图中，开启线实线为外开，虚线为内开，开启线交角的一侧为安装合页的一侧，开启线在建筑立面图中可以不表示，在立面大样图中可根据需要画出； 4.剖面图中，左为外、右为内； 5.附加纱窗应以文字说明，在平、立、剖面图中均不表示； 6.立面形式应按实际情况绘制
18	双面开启单扇门（包括双面平开或双面弹簧）	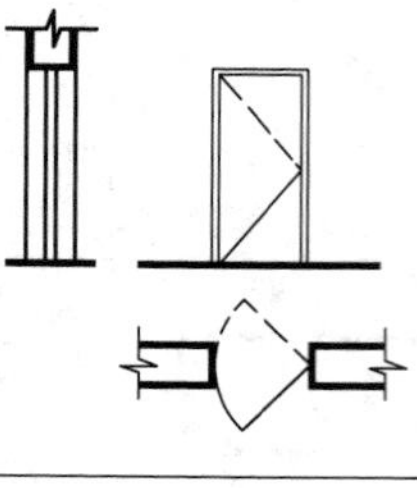	
19	双层单扇平开门	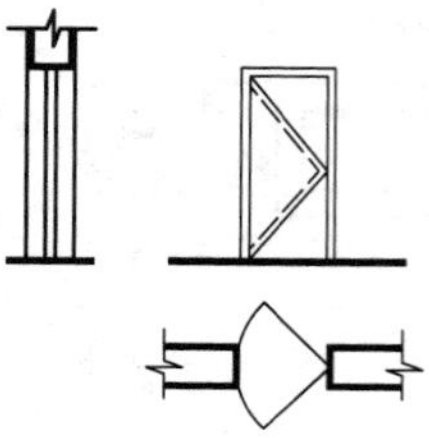	
20	单面开启双扇门（包括平开或单面弹簧）	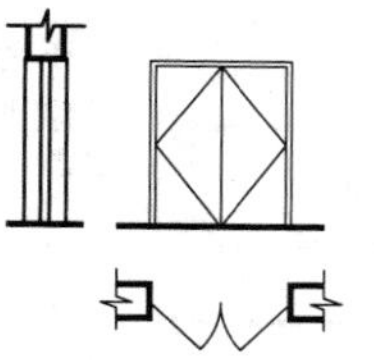	
21	双面开启双扇门（包括双面平开或双面弹簧）	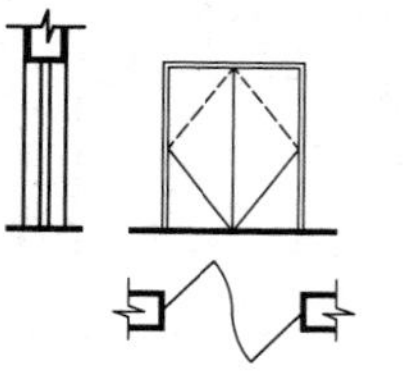	
22	双层双扇平开门	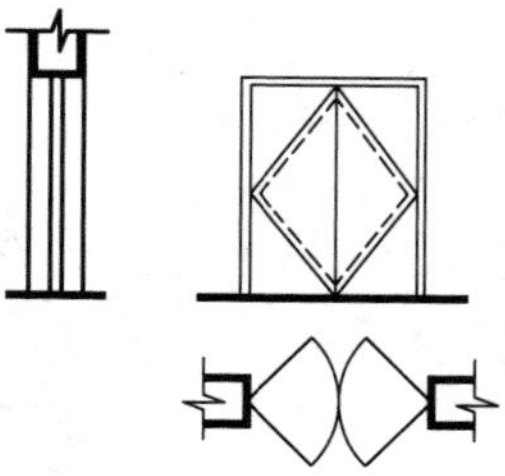	

续表

<table>
<tr><th>序号</th><th>名　称</th><th>图　例</th><th>说　明</th></tr>
<tr><td>23</td><td>折叠门</td><td>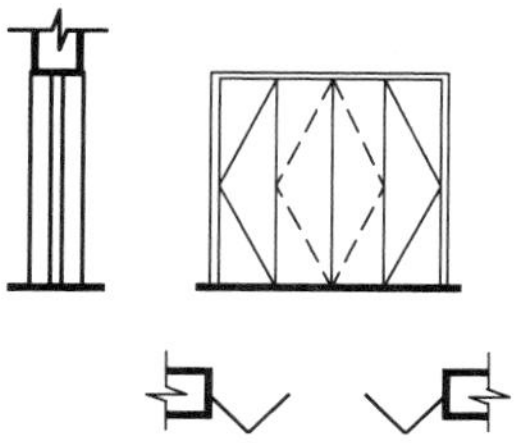</td><td>1.门的名称代号用 M 表示；
2.平面图中，下为外、上为内；
3.立面图中，开启线实线为外开，虚线为内开，开启线交角的一侧为安装合页的一侧；
4.剖面图中，左为外、右为内；
5.立面形式应按实际情况绘制</td></tr>
<tr><td>24</td><td>墙洞外单扇推拉门</td><td>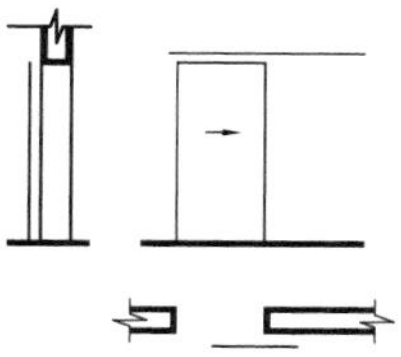</td><td rowspan="2">1.门的名称代号用 M 表示；
2.平面图呈，下为外、上为内；
3.剖面图中，左为外、右为内；
4.立面形式应按实际情况绘制</td></tr>
<tr><td>25</td><td>墙洞外双扇推拉门</td><td>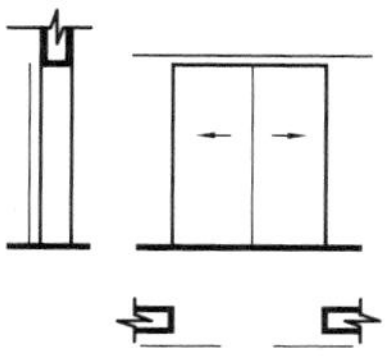</td></tr>
<tr><td>26</td><td>墙中单扇推拉门</td><td>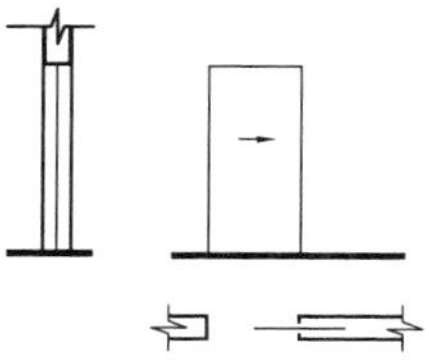</td><td rowspan="2">1.门的名称代号用 M 表示；
2.立面形式应按实际情况绘制</td></tr>
<tr><td>27</td><td>墙中双扇推拉门</td><td>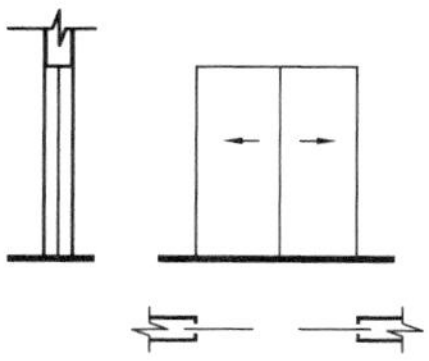</td></tr>
</table>

续表

<table>
<tr><th>序号</th><th>名　称</th><th>图　例</th><th>说　明</th></tr>
<tr><td>28</td><td>推拉门</td><td> 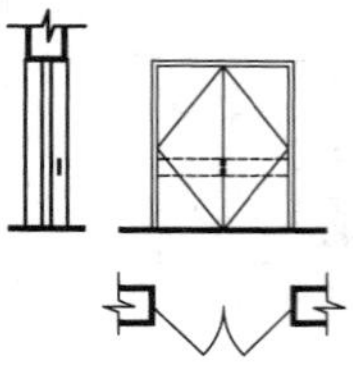</td><td rowspan="2">1.门的名称代号用 M 表示;
2.平面图中,下为外、上为内;门开启线为 90°, 60° 或 45°, 开启弧线宜画出;
3.立面图中,开启线实线为外开,虚线为内开,开启线交角的一侧为安装合页的一侧,开启线在建筑立面图中可以不表示,在立面大样图中可根据需要画出;
4.剖面图中,左为外、右为内;
5.立面形式应按实际情况绘制</td></tr>
<tr><td>29</td><td>门连窗</td><td></td></tr>
<tr><td>30</td><td>旋转门</td><td> 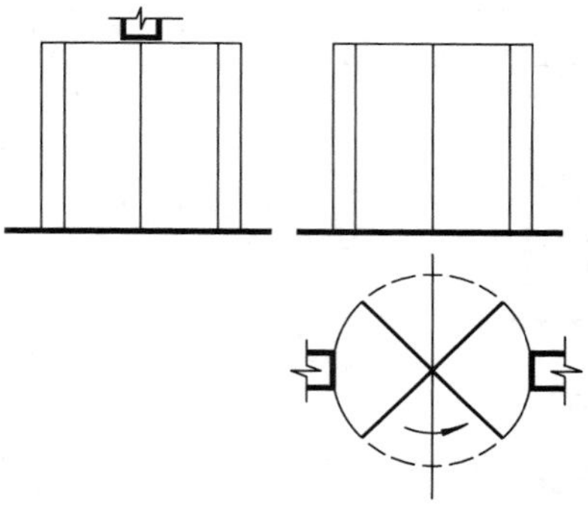</td><td rowspan="3">1.门的名称代号用 M 表示;
2.立面形式应按实际情况绘制</td></tr>
<tr><td>31</td><td>竖向卷帘门</td><td></td></tr>
<tr><td>32</td><td>自动门</td><td></td></tr>
</table>

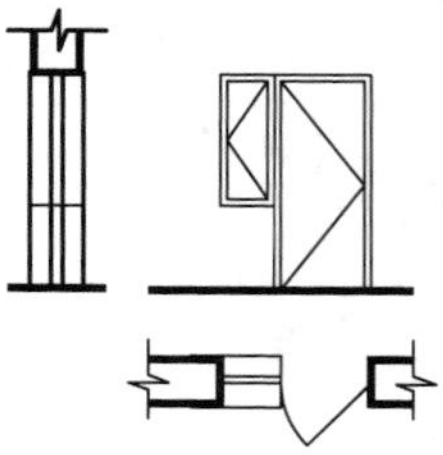

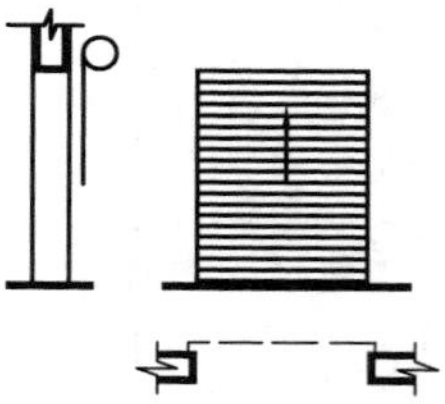

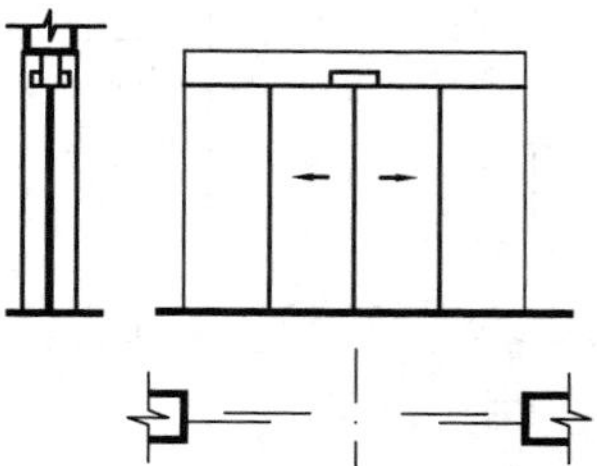

续表

序号	名　称	图　例	说　明
33	固定窗	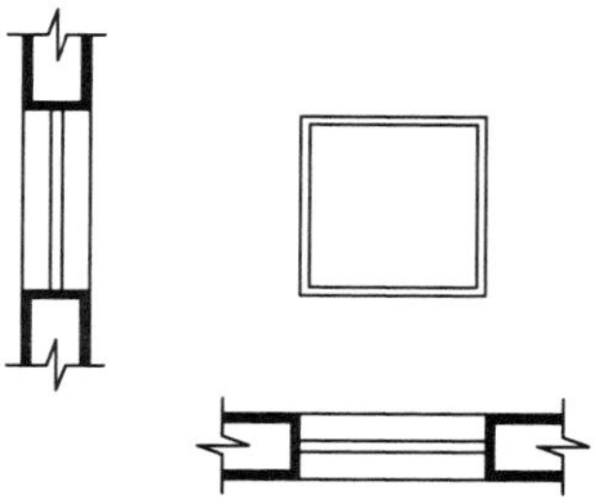	1.窗的名称代号用C表示； 2.平面图中，下为外、上为内； 3.立面图中，开启线实线为外开，虚线为内开，开启线交角的一侧为安装合页的一侧，开启线在建筑立面图中可不表示，在门窗立面大样图中需画出； 4.剖面图中，左为外、右为内，虚线仅表示开启方向，项目设计不表示； 5.附加纱窗应以文字说明，在平、立、剖面图中均不表示； 6.立面形式应按实际情况绘制
34	上悬窗	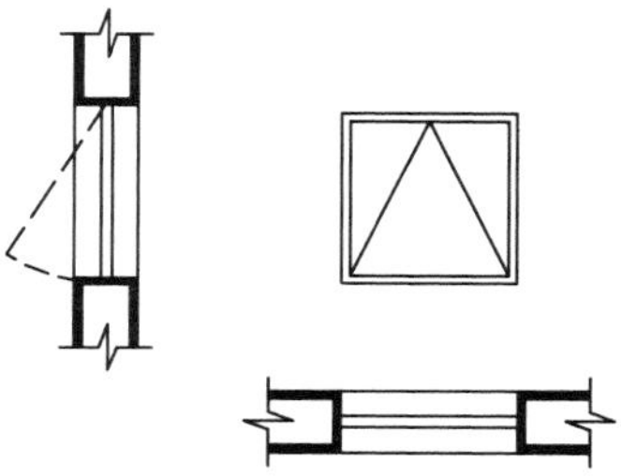	
35	中悬窗	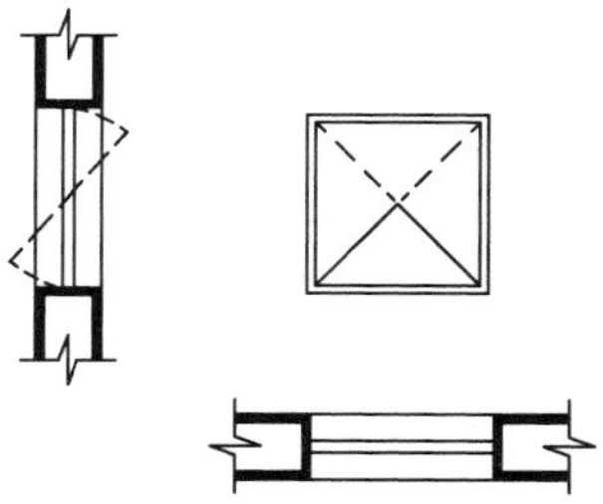	
36	下悬窗	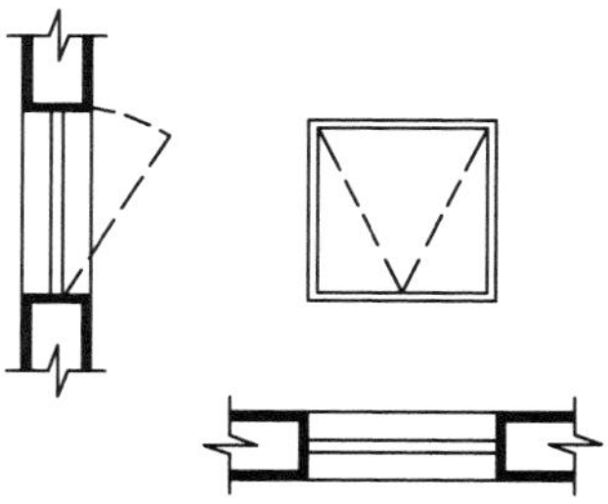	

续表

序号	名　称	图　例	说　明
37	立转窗	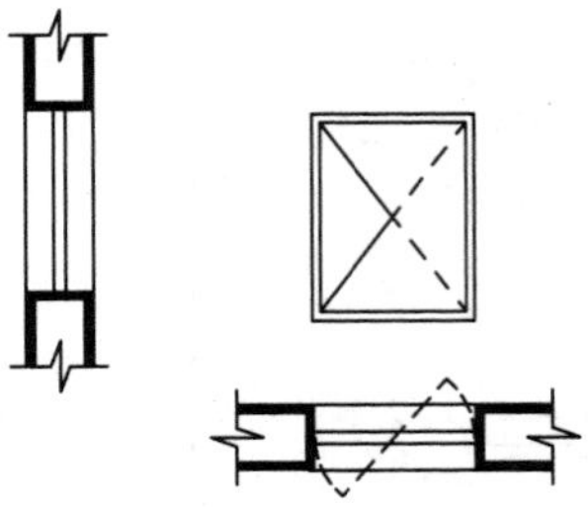	1.窗的名称代号用 C 表示； 2 平面图中，下为外、上为内； 3.立面图中，开启线实线为外开，虚线为内开，开启线交角的一侧为安装合页的一侧，开启线在建筑立面图中可不表示，在门窗立面大样图中需画出； 4.剖面图中，左为外、右为内，虚线仅表示开启方向，项目设计不表示； 5.附加纱窗应以文字说明，在平、立、剖面图中均不表示； 6.立面形式应按实际情况绘制
38	单层外开平开窗		
39	单层内开平开窗		
40	双层内外开平开窗		

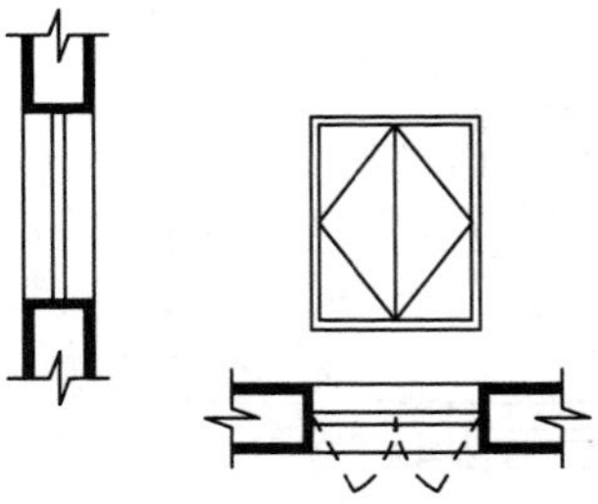

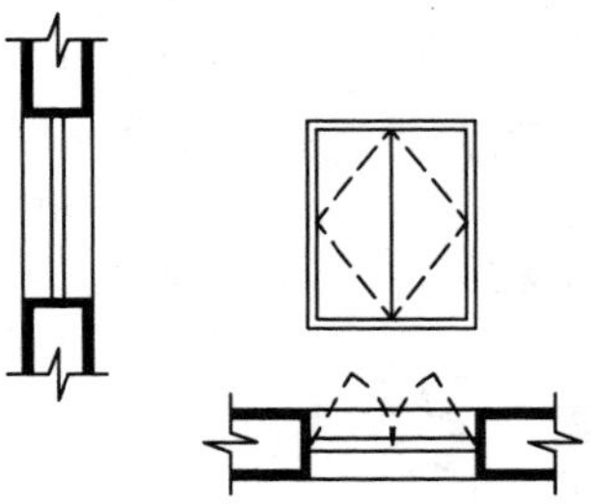

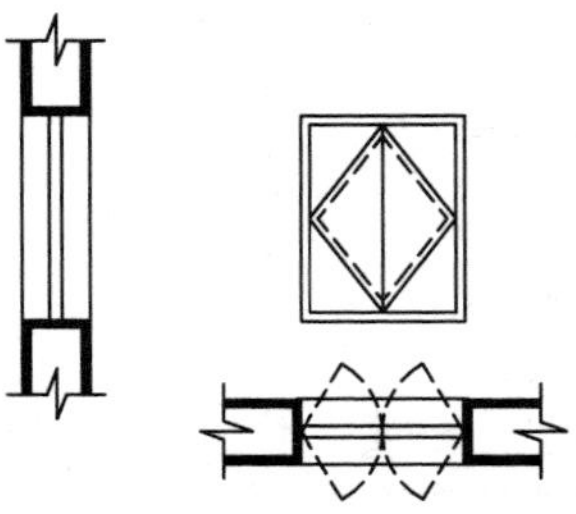

续表

序号	名　称	图　例	说　明
41	单层推拉窗		1.窗的名称代号用 C 表示； 2.立面形式应按实际情况绘制
42	双层推拉窗		
43	百叶窗		
44	高窗	$h=$	1.窗的名称代号用 C 表示； 2.立面图中，开启线实线为外开，虚线为内开，开启线交角的一侧为安装合页的一侧，开启线在建筑立面图中可不表示，在门窗立面大样图中需画出； 3.剖面图中，左为外、右为内； 4.立面形式应按实际情况绘制； 5.h 表示高窗底距本层地面高度； 6.高窗开启方式参考其他窗型

如为圆形平面，定位轴线则应以圆心为准成放射状依次编注，并以距圆心距离决定其另一方向轴线位置及编号(见图 6.11)。

一般承重墙柱及外墙编为主轴线，非承重墙、隔墙等编为附加轴线(又称分轴线)。第一号主轴线①或Ⓐ前的附加轴线编号为(1/01)或(3/0A)。如图 6.12 所示。轴线线圈用细实线画出，直径为 8～10 mm。

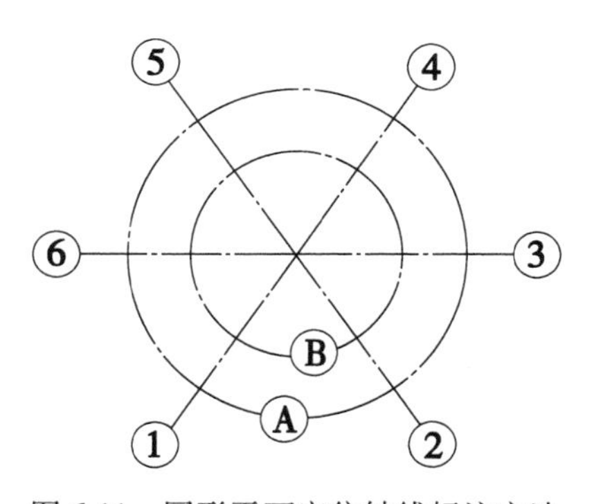

图 6.11　圆形平面定位轴线标注方法

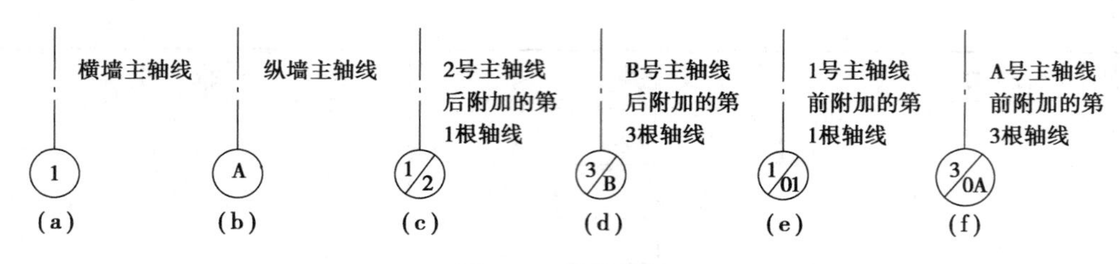

图 6.12　轴线编号

▶6.3.7　建筑平面图的尺寸标注

建筑平面图标注的尺寸有外部尺寸和内部尺寸。

1)外部尺寸

在水平方向和竖直方向各标注3道。最外一道尺寸标注房屋水平方向的总长、总宽。称为总尺寸;中间一道尺寸标注房屋的开间、进深,称为轴线尺寸(注:一般情况下两横墙之间的距离称为“开间”;两纵墙之间的距离称为“进深”)。最里边一道尺寸标注房屋外墙的墙段及门窗洞口尺寸,称为细部尺寸。

如果建筑平面图图形对称,宜在图形的左边、下边标注尺寸,如果图形不对称,则需在图形的各个方向标注尺寸,或在局部不对称的部分标注尺寸。

2)内部尺寸

应标注各房间长、宽方向的净空尺寸,墙厚及轴线的关系、柱子截面、房屋内部门窗洞口、门垛等细部尺寸。

3)标高、门窗编号

平面图中应标注不同楼地面高度房间及室外地坪等标高。为编制概预算的统计及施工备料,平面图上所有的门窗都应进行编号。门常用“M1”“M2”或“M-1”“M-2”等表示,窗常用“C_1”“C_2”或“C-1”“C-2”表示,也可用标准图集上的门窗代号来标注门窗,如“X-0924”“B.1515”或“M1027”“C1518”等。

4)剖切位置及详图索引

为了表示房屋竖向的内部情况,需要绘制建筑剖面图,其剖切位置应在底层平面图中标出,其符号为“^{1}└─　─┘^{1}”,其中表示剖切位置的“剖切位置线”长度为6~10 mm;剖视方向线应垂直于剖切位置线,长度应短于剖切位置线,宜为4~6 mm。如剖面图与被剖切图样不在同一张图纸内,可在剖切位置线的另一侧注明其所在图纸号。如图中某个部位需要画出详图,则在该部位要标出详图索引标志。表示另有详图表示。平面图中各房间的用途,宜用文字标出,如“卧室”“客厅”“厨房”等。

图6.13为某县技术质量监督局职工住宅的一层平面图;图6.14为其标准层(二至五层)平面图;图6.15、图6.16为其六层平面图及六加一层平面图;图6.17为其屋顶平面图。这些图在正式的施工图中都是按国家制图标准用1∶100比例绘制的。

从图6.13中可知该职工住宅平面形状为矩形。该职工住宅总长为25 740,总宽为16 440。住宅单元的出入口设在建筑的北端⑨~⑪轴线间的Ⓒ/1轴线墙上。通过出入口处门斗下的平台进入楼梯间内再由楼梯间上至各层住户。楼梯间内地坪标高为-0.900,室外地坪标高为-1.000,故楼梯间室内外高差为100。一层室内地坪标高设为±0.000,与室外地坪的高差为1 000,是通过楼梯间内6级台阶来消化此高差的。剖面图的剖切位置在⑨~⑪轴线之间的楼梯间位置。楼梯间的开间尺寸为2 700,进深尺寸为5 700。楼梯间门是宽度为1 500,高度为2 100,编号为M1521。由于该单元是一梯两户的平面布置,两户的户型完全一致。因此,只要看懂了一户的平面布置即可。下面以左边一户为例读图。该户型是从⑨轴线墙上,Ⓑ到1/B轴线间的编号为M1021的门进入户内的玄关,该层的平面布置有客厅、餐厅、厨房、餐厅、一间带有卫生间和衣帽间的主卧室、一间次卧室及一间书房。客厅的开间尺寸为4 800,进深尺寸为6 300;在客厅的Ⓐ轴线墙上开有一个通向阳台的宽3 600、高2 400的推拉门。从客厅与餐厅连接处上三级台阶上到居住区,这里有卧室和书房。主卧室是通过1/B轴线上的编号为M0921的门进入到衣帽间,然后再进入主卧室。主卧室的面积也较大,其开间尺寸为3 900,进深尺寸为5 100;卧室的窗是编号为"TC2119"的阳光窗;窗的旁边是室外空调机的安放位置;主卧室带的卫生间称为主卫,该主卫的开间、进深尺寸为2 100×2 700,并开有一个编号为C0915的窗;主卧室衣帽间的开间、进深尺寸为1 800×3 600。次卧室的门开在Ⓑ轴线墙上,编号为M0921,其开间尺寸为3 300,进深尺寸为4200,其窗的编号为"TC1519"的阳光窗,窗的旁边也有室外空调机的安放位置。还有一个次卧室紧挨着入口,平面布置与另一次卧室对称。进入餐厅和厨房的门都是推拉门,从餐厅到生活阳台的门编号为M0924(门窗编号中的数字,一般表示门窗洞口的宽度和高度,如"TM1821"表示进入餐厅的门洞口的宽度为1 800、高度为2 100。后面将不作解释。);餐厅的开间尺寸为3 200,进深尺寸为3 600;厨房的开间、进深尺寸为2 400×3 600(尺寸可从右边户型中读到)。在餐厅外面的服务阳台连着公共卫生间,其开间、进深尺寸为1 800×2 700,公卫的门和窗是连在一起的,称为带窗门,门洞口的尺寸为1 300×2 400。从图6.13一层平面图中还可以看出沿该建筑的外墙都设有宽度为1 000的散水。

在图6.14标准层(二至五层)平面图中,我们看到的内容除标高及楼梯间表现形式与一层平面图不同外,其余平面布置完全一致,不再赘述,但在楼梯间外由于只有二层有雨篷,故在此部位有一引出线说明:"仅二层有",以区别除此部位外的其他部位在三至五层都相同。由于该图是同时表示二至五层的平面布置,故在右边户型的客厅、主卧室中由下向上分别标注了二至五层该处的标高,同时在楼梯间的中间平台处也由下向上分别标注了二至五层楼梯间的中间平台处的标高。

图6.15、图6.16是六层平面图及六加一层平面图,即该户型为跃层式户型。从图6.16中可以看到六层该跃层式户型的下层平面图。是将原一至五层的平面图中的靠主卧室的次卧室一分为二,前半部分做楼梯间,后半部分做室外屋顶花园。而靠入口的次卧室却全改为了室外屋顶花园。图6.17是该跃层式户型的上层平面图。从图中可知,从该跃层式户型的下层楼梯间上到本层后,右边保留了书房,后边保留了主卧室。原餐厅位置改为休闲厅,原客厅位置和服务阳台以及公卫位置都改为了室外屋顶花园。另外,原公共楼梯间位置及靠入口的次卧室位置就架空了。

图6.17为该住宅的屋顶平面图。屋顶平面图是屋顶的H面投影,除少数伸出屋面较高的楼梯间、水箱、电梯机房被剖到的墙体轮廓用粗实线表示外,其余可见轮廓线的投影均为细实线表示。

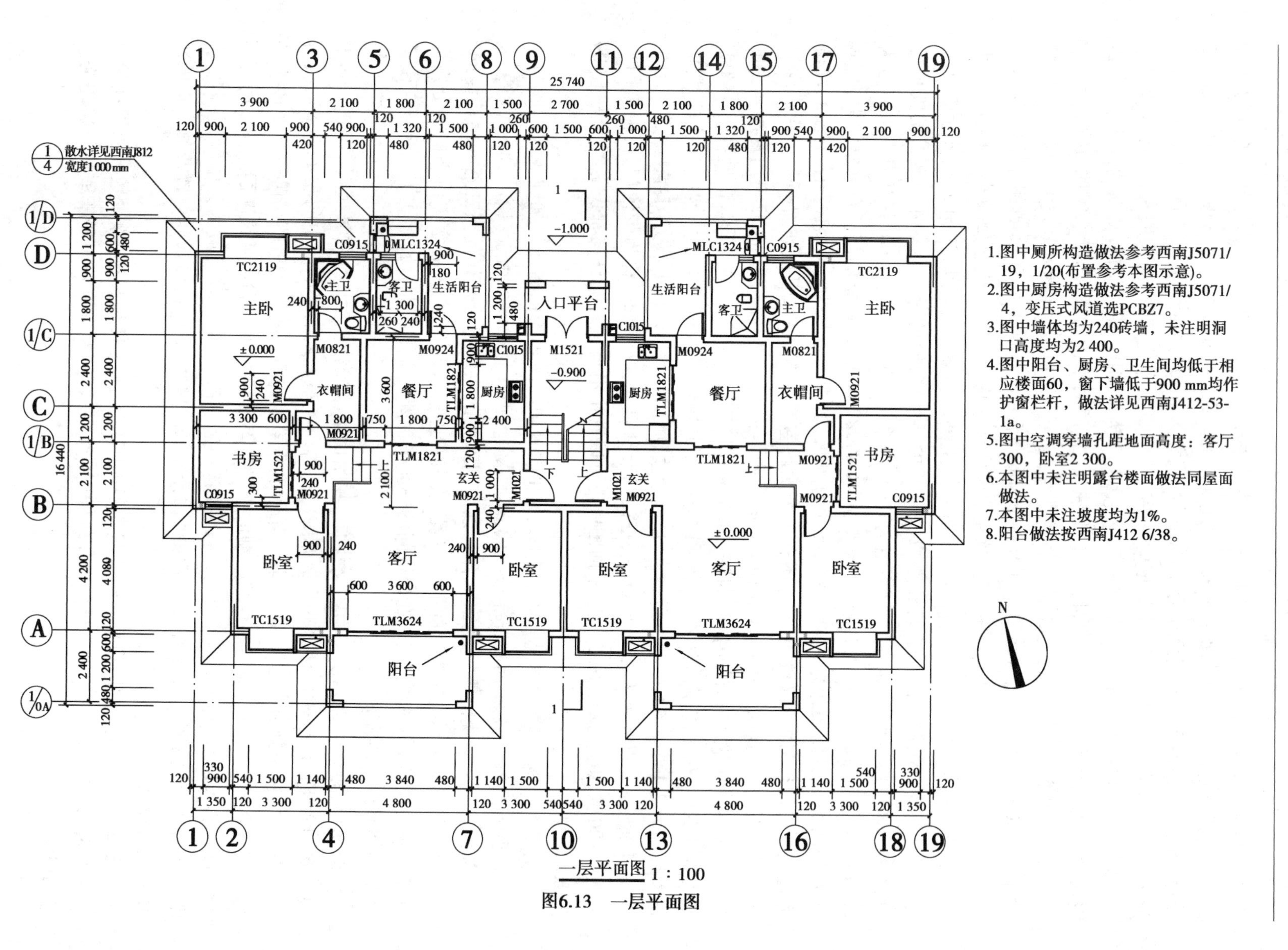

1.图中厕所构造做法参考西南J5071/19，1/20(布置参考本图示意)。
2.图中厨房构造做法参考西南J5071/4，变压式风道选PCBZ7。
3.图中墙体均为240砖墙，未注明洞口高度均为2 400。
4.图中阳台、厨房、卫生间均低于相应楼面60，窗下墙低于900 mm均作护窗栏杆，做法详见西南J412-53-1a。
5.图中空调穿墙孔距地面高度：客厅300，卧室2 300。
6.本图中未注明露台楼面做法同屋面做法。
7.本图中未注坡度均为1%。
8.阳台做法按西南J412 6/38。

一层平面图 1∶100

图6.13 一层平面图

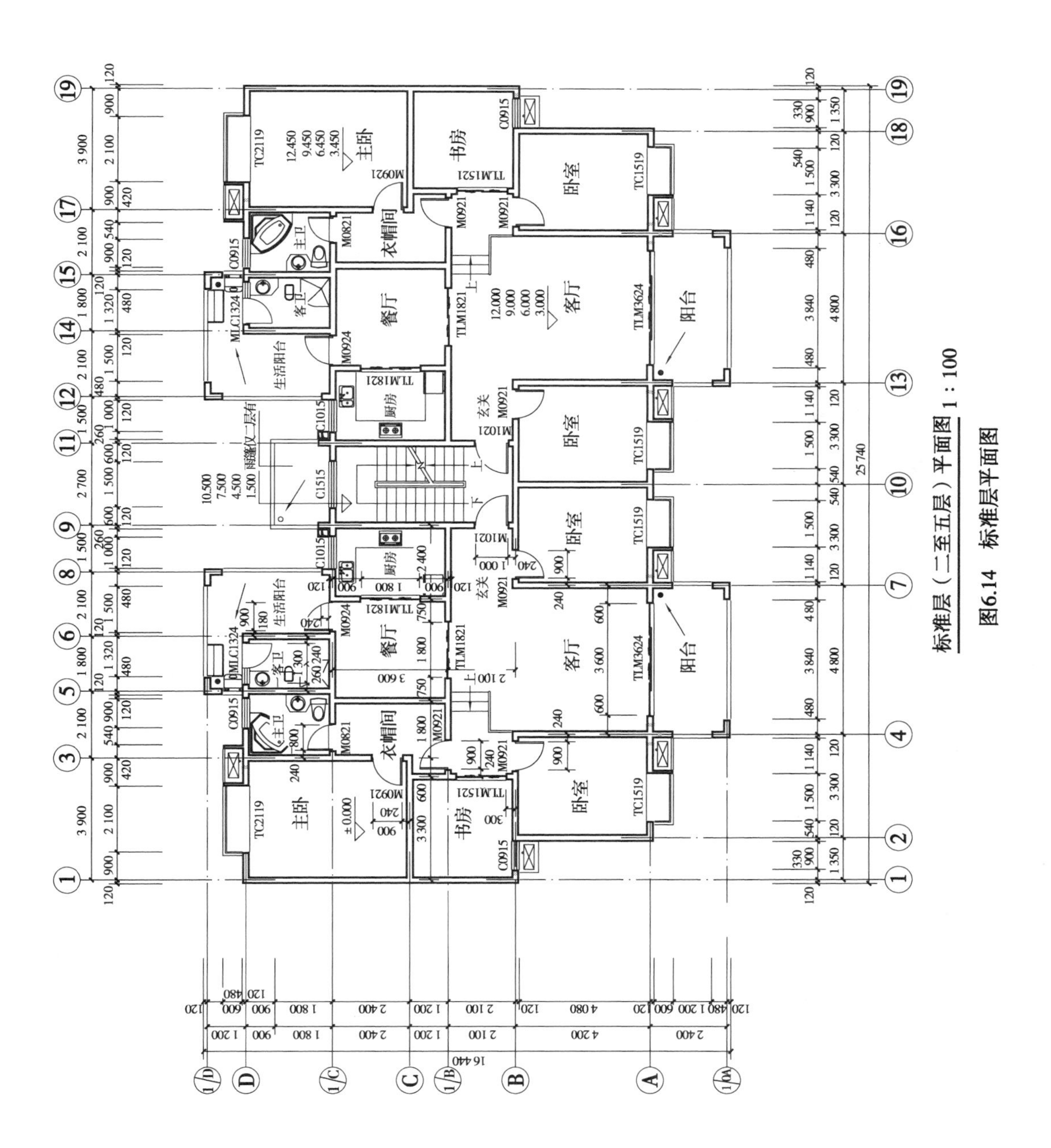

标准层（二至五层）平面图 1∶100

图6.14 标准层平面图

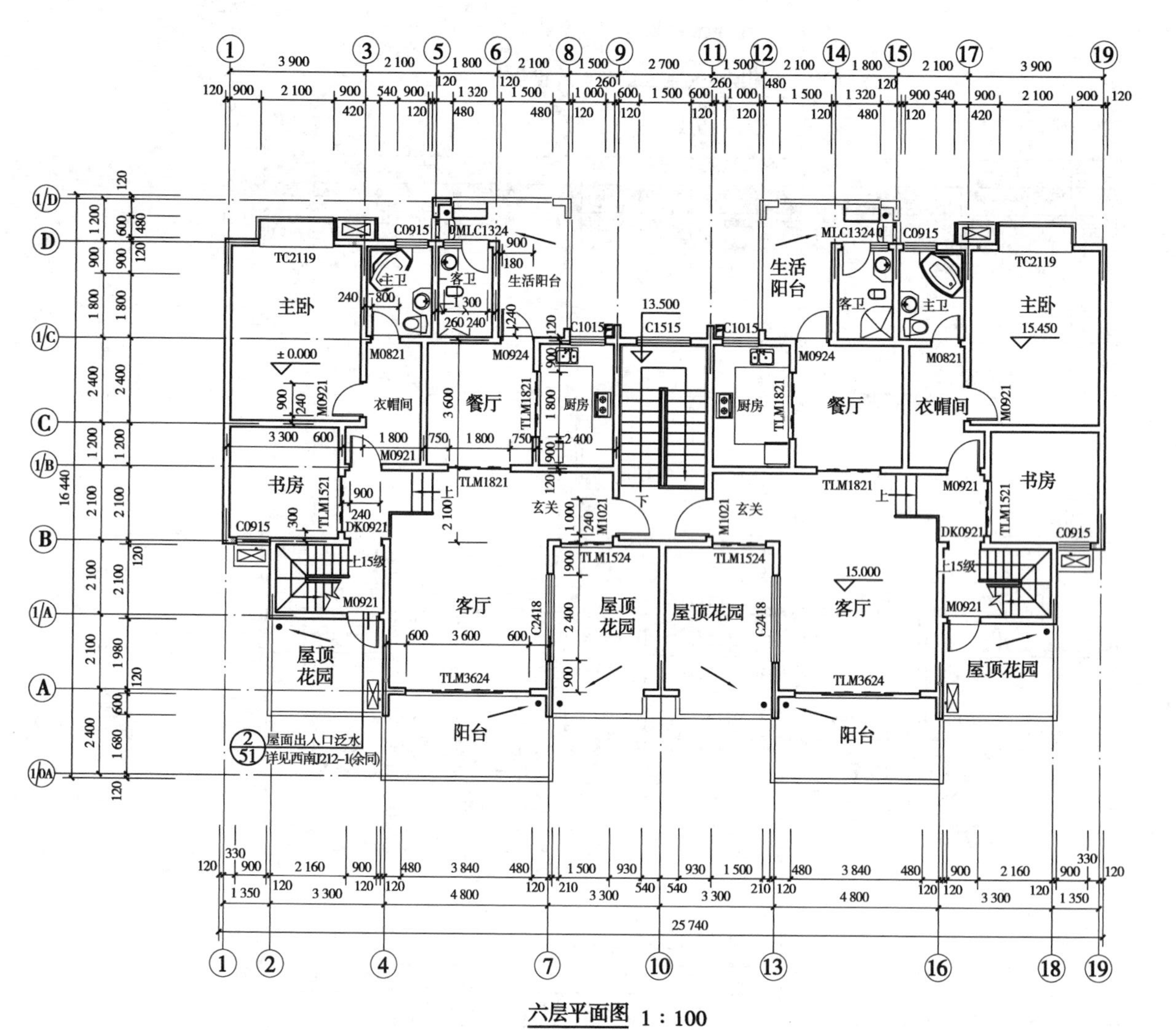

六层平面图 1 : 100

图6.15 六层平面图

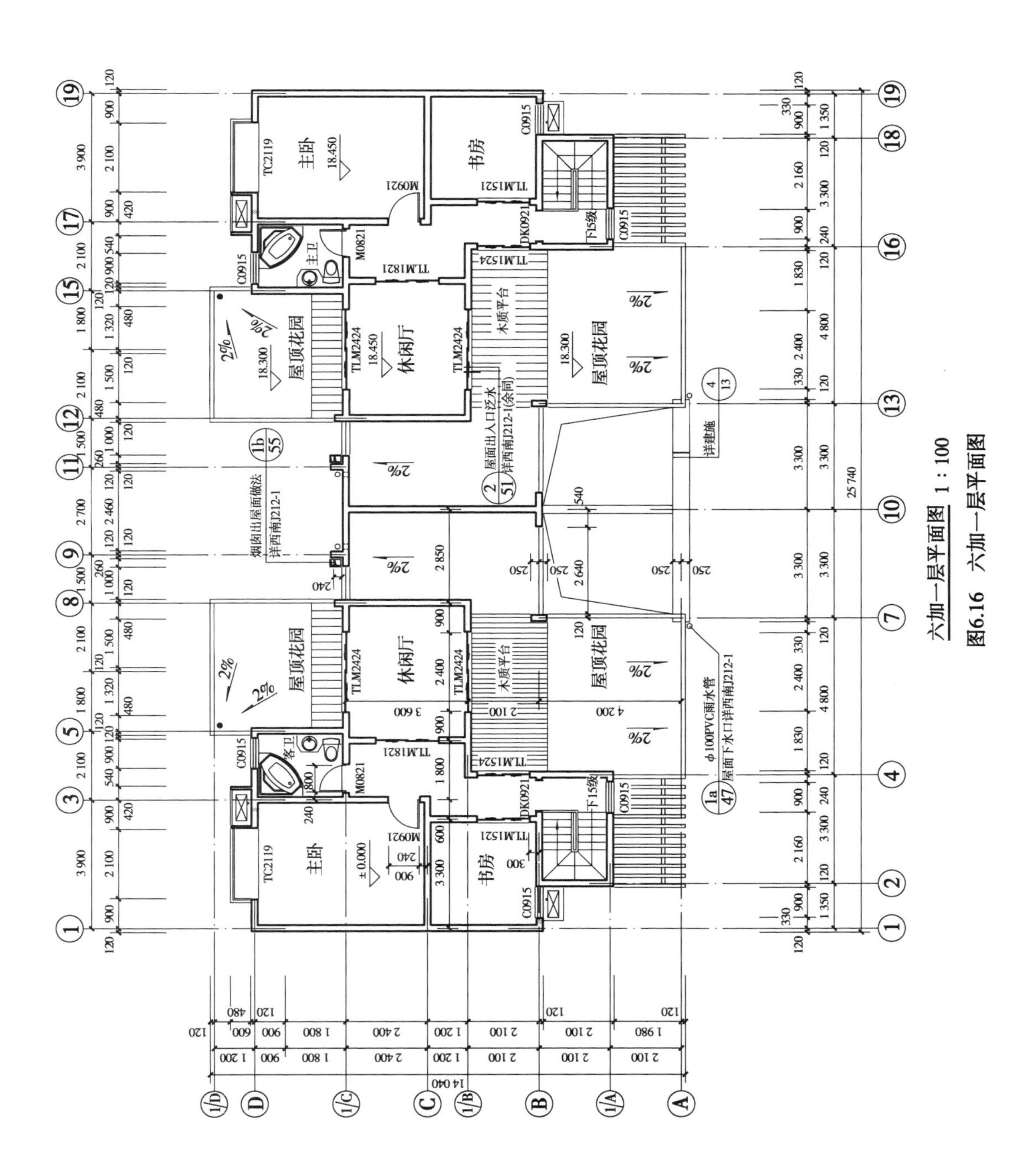

图6.16　六加一层平面图

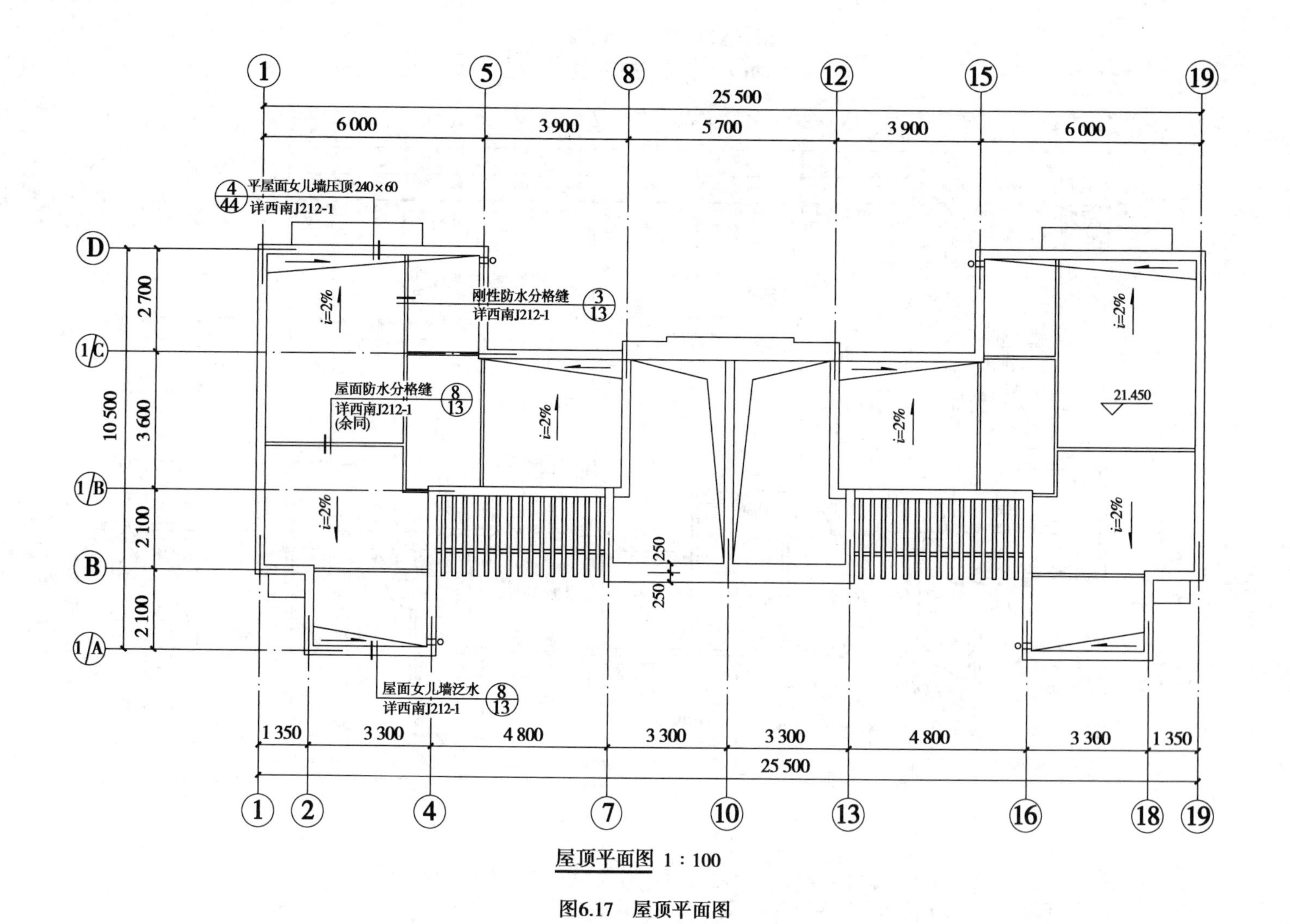

屋顶平面图 1∶100

图6.17 屋顶平面图

屋顶平面图是用来表达房屋屋顶的形状、女儿墙位置、屋面排水方式、坡度、落水管位置等的图形。

屋顶平面图的比例常用 1 ∶ 100,也可用 1 ∶ 200 的比例绘制。平面尺寸可只标轴线尺寸。从图 6.17 该住宅的屋顶平面图可以看出,该屋顶为平屋面,雨水顺着屋面从中间分别向前后的Ⓓ,(1/C)轴线方向墙外排,经④,⑤,⑮,⑯轴线墙外的雨水口排入落水管后排出室外。从以上的各图中还可以看出,一层、中间层、顶层平面图中的楼梯表达方式是不同的,要注意区分。

▶6.3.8 平面图的画图步骤

房屋建筑图是施工的依据,图上一条线、一个字的错误,都会影响基本建设的速度,甚至给国家带来极大的损失。我们应该采取认真的态度和极其负责的精神来绘制好房屋建筑图,使图纸清晰、正确,尺寸齐全,阅读方便,便于施工等。

修建一幢房屋需要很多图纸,其中平、立、剖面图是房屋的基本图样。规模较大,层次较多的房屋,常常需要若干平、立、剖面图和构造详图才能表达清楚。对于规模较小、结构简单的房屋,图样的数量自然少些;在画图之前,首先考虑画哪些图。在决定画哪些图样时,要尽可能以较少量的图样将房屋表达清楚。其次要考虑选择适当的比例,决定图幅的大小。有了图样的数量和大小,最后考虑图样的布置,在一张图纸上,图样布局要匀称合理,布置图样时,应考虑注尺寸的位置。上述 3 个步骤完成以后便可开始绘图。

①画墙柱的定位轴线,如图 6.18(a)所示;

②画墙厚、柱子截面,定门窗位置,如图 6.18(b)所示;

③画台阶、窗台、楼梯(本图无楼梯)等细部位置,如图 6.18(c)所示;

④画尺寸线、标高符号,如图 6.18(d)所示;

⑤检查无误后,按要求加深各种曲线并标注尺寸数字、书写文字说明,如图 6.18(d)所示。

▶6.3.9 平面图的读图要点

①图名、比例。

②总长、总宽、纵横各几道轴线。

③房间布置情况、使用功能及交通组织,包括水平和垂直交通。楼梯间处于哪个位置。出入口的位置。

④主要房间开间、进深尺寸,面积大小。

⑤门窗情况:门窗位置、种类、编号、数量、尺寸和开启形式。

⑥各房间地面标高情况。

⑦墙体厚度及柱子大小尺寸和定位。

⑧若是底层平面图,室外散水宽度和范围、室外台阶位置和步数。若是屋顶平面图应有屋面排水坡度和坡向。屋面挑檐宽度和位置。

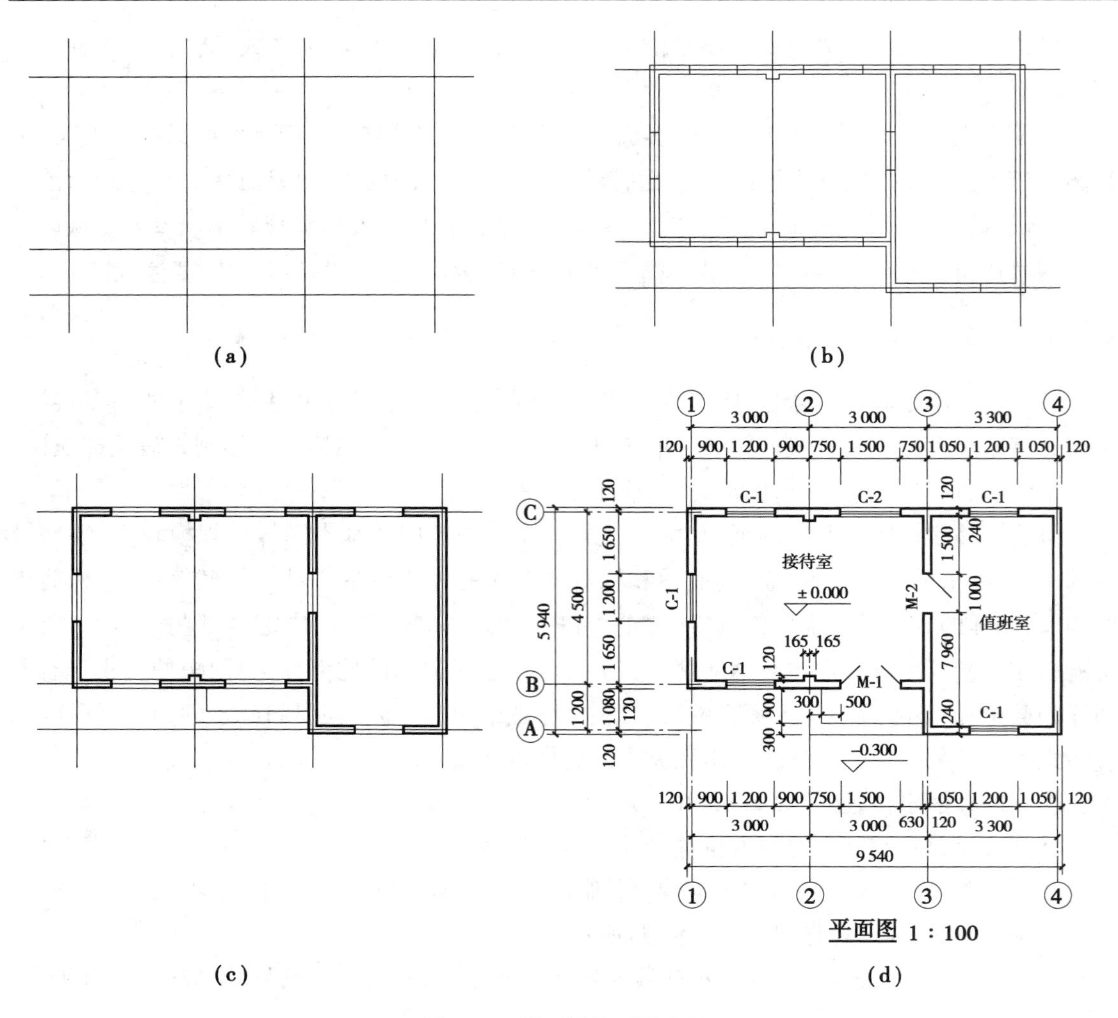

图 6.18　平面图的画图步骤

6.4　建筑立面图

►6.4.1　建筑立面图的用途

建筑立面图主要用来表达房屋的外部造型、门窗位置及形式，墙面装修、阳台、雨篷等部分的材料和做法，如图 6.19 所示。

►6.4.2　建筑立面图的形成

立面图是用直接正投影法将建筑各个墙面进行投影所得到的正投影图，如图 6.19 所示。某些平面形状曲折的建筑物，可绘制展开立面图，圆形或多边形平面的建筑物，可分段展开绘制立面图。但均应在图名后加注“展开”二字。

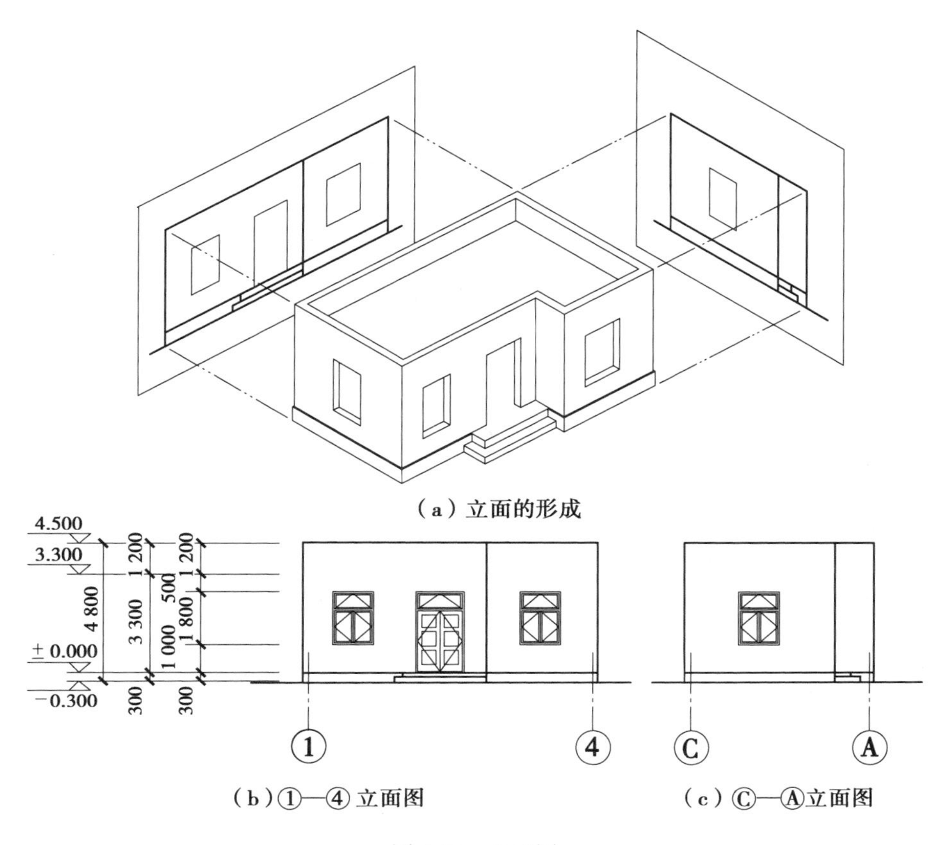

（a）立面的形成

（b）①—④ 立面图　　（c）Ⓒ—Ⓐ立面图

图 6.19　立面图

►6.4.3　建筑立面图的比例及图名

建筑立面图的比例与平面图一致，常按照 1∶50，1∶100，1∶200 的比例绘制。

建筑立面图的图名，常用以下 3 种方式命名：

①以建筑墙面的特征命名，常把建筑主要出人口所在墙面的立面图称为正立面图，其余几个立面相应的称为背立面图、侧立面图。

②以建筑各墙面的朝向来命名，如东立面图、西立面图、南立面图、北立面图。

③以建筑两端定位轴线编号命名，如①～⑲立面图，Ⓓ～Ⓐ立面图等。“国标”规定：有定位轴线的建筑物，宜根据两端轴线号编注立面图的名称，如图 6.20、图 6.21 所示。

►6.4.4　建筑立面图的图示内容

立面图应根据正投影原理绘出建筑物外墙面上所有门窗、雨篷、檐口、壁柱、窗台、窗楣及底层入口处的台阶，花池等的投影。由于比例较小，立面图上的门、窗等构件也用图例表示（见表 6.2）。相同的门窗、阳台、外檐装修、构造做法等可在局部重点表示，绘出其完整图形，其余部分可只画轮廓线。如立面图中不能表达清楚，则可另用详图表达，如图 6.20 所示。

浅黄色乳胶漆
白色乳胶漆
褐色防腐木贴面
深灰色乳胶漆
浅黄色乳胶漆
褐色防腐木贴面
白色乳胶漆
褐色防腐木贴面
22.250
21.450
6+1 F
18.450
6 F
15.450
5 F
12.450
4 F
9.450
3 F
6.450
2 F
3.450
1 F
0.450
±0.050
-1.000
23 250
暖灰色石材
白色乳胶漆
咖啡色乳胶漆
深灰色百叶
①
⑲
①~⑲立面图 1:100

图6.20 ①~⑲立面图

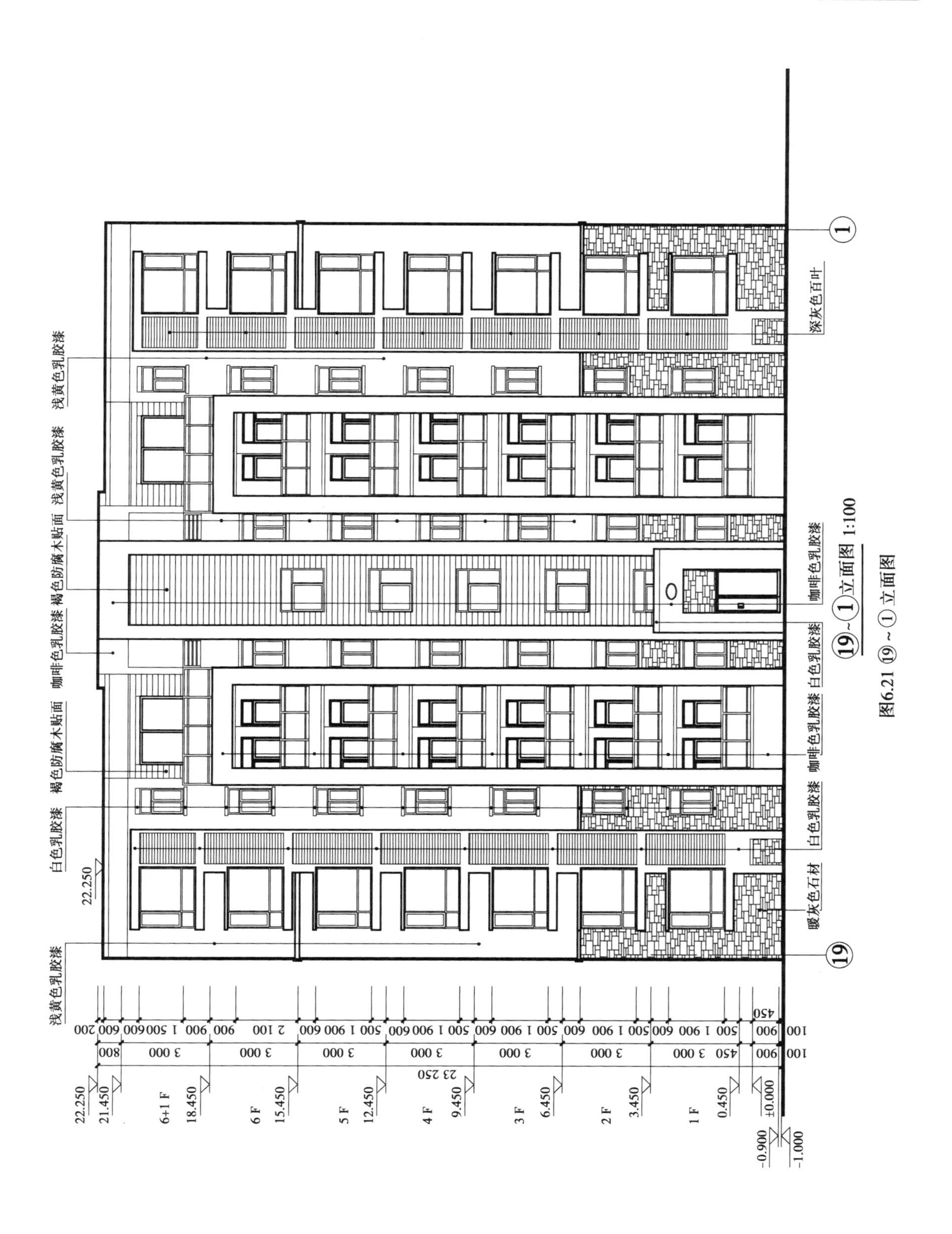
浅黄色乳胶漆
白色乳胶漆
褐色防腐木贴面
咖啡色乳胶漆
褐色防腐木贴面
浅黄色乳胶漆
浅黄色乳胶漆
暖灰色石材
白色乳胶漆
咖啡色乳胶漆
白色乳胶漆
咖啡色乳胶漆
深灰色百叶
⑲~① 立面图 1:100
22.250
21.450
18.450
15.450
12.450
9.450
6.450
3.450
0.450
±0.000
-0.900
-1.000
6+1 F
6 F
5 F
4 F
3 F
2 F
1 F
23 250

图6.21 ⑲~① 立面图

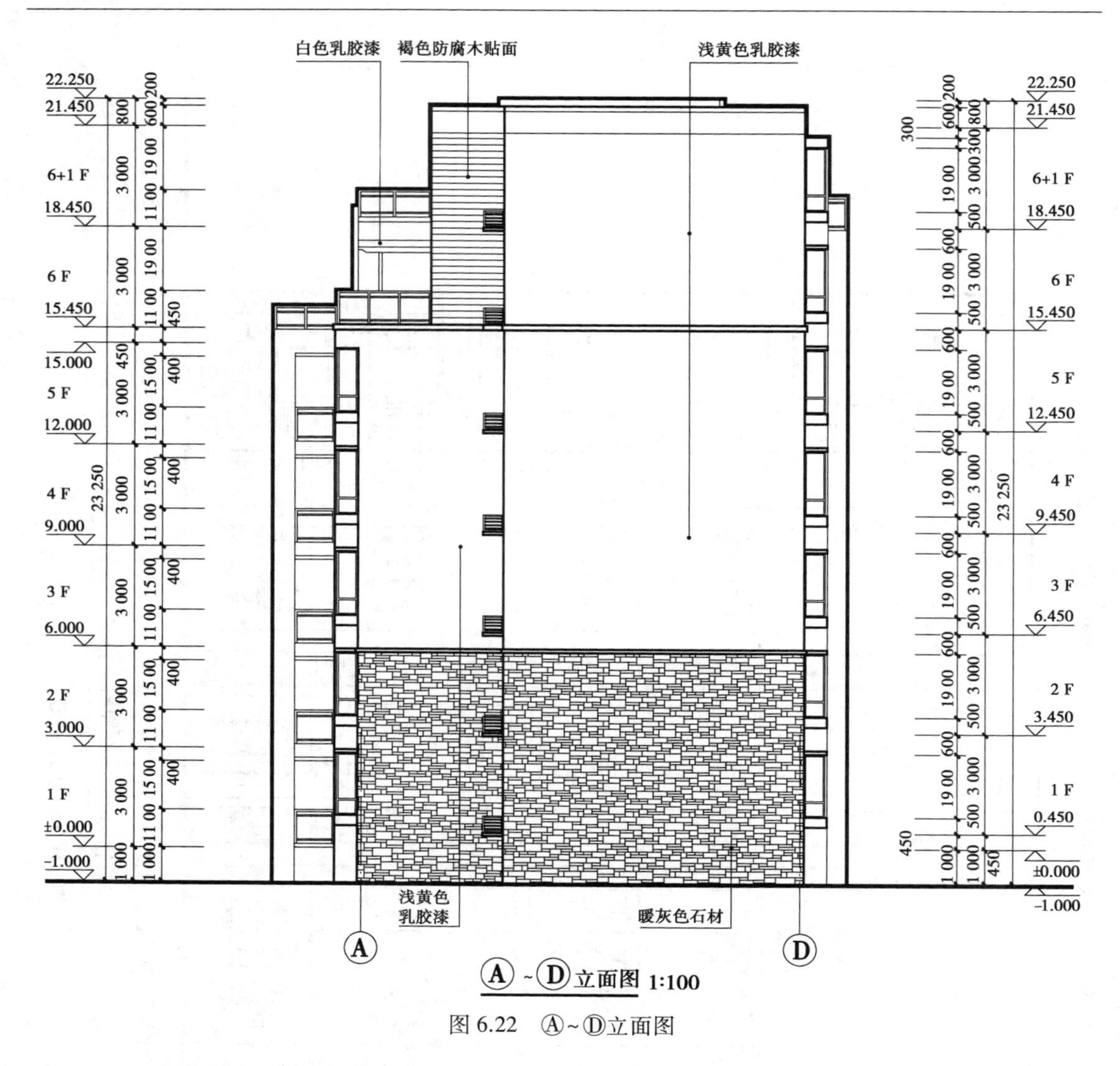

图 6.22 Ⓐ~Ⓓ立面图

▶6.4.5 建筑立面图的线型

为使立面图外形更清晰,通常用粗实线表示立面图的最外轮廓线,而凸出墙面的雨篷、阳台、柱子、窗台、窗楣、台阶、花池等投影线用中粗线画出,地坪线用加粗线(粗于标准粗度的1.5~2倍)画出,其余如门、窗及墙面分格线、落水管以及材料符号引出线、说明引出线等用细实线画出,如图 6.20 所示。

▶6.4.6 建筑立面图的尺寸标注

1)竖直方向

应标注建筑物的室内外地坪、门窗洞口上下口、台阶顶面、雨篷、房檐下口,屋面、墙顶等处的标高,并应在竖直方向标注 3 道尺寸。里边一道尺寸标注房屋的室内外高差、门窗洞口高度、垂直方向窗间墙、窗下墙高、檐口高度尺寸;中间一道尺寸标注层高尺寸;外边一道尺寸为总高尺寸。

2)水平方向

立面图水平方向一般不注尺寸,但需标出立面图最外两端墙的轴线及编号,并在图的下方注写图名、比例。

3)其他标注

立面图上可在适当位置用文字标出其装修,也可不注写在立面图中,以保证立面图的完整美观,而在建筑设计总说明中列出外墙面的装修。

图6.20至图6.22为某县技术质量监督局职工住宅的立面图。从图6.20①~⑲立面图中可以看出,该建筑为纯住宅,共7层,总高23 250。其中一到四层立面造型及装修材料都一致;五层造型与一到四层一致,但装修材料及色彩不同于一到二层;六到七层(六加一层)为跃层式住宅,即每户都拥有两层空间。该住宅各层层高均为3 000。整个立面明快、大方。排列整齐的窗户反映了住宅建筑的主题;上下贯通的百叶装饰,既是各户室外空调机的统一位置,又与明快的突出墙面的阳光窗使整个建筑立面充满现代建筑的气息;立面装修中,下面两层主要墙体用暖灰色石材贴面,配上三到顶层的其他颜色外墙乳胶漆的网格线条及防腐木处理形成对比,使整个建筑色彩协调、明快、更加生动。

从图6.21⑲~①立面图中可以看出,住宅入口处楼梯间的门斗,以及与各层错开的窗洞高度,反映了楼梯间中间平台的高度位置和特征。从该图左边的尺寸标注中可以看出,楼梯间入口处的室内外高差为100,左边细部尺寸在1楼地坪标高±0.000以上的450,在立面上反映了楼梯间左右的房间与两端部房间的地面标高不同,即我们常说的错层式平面布置。

从图6.22Ⓐ~Ⓓ立面图中还可以看出:六到七层(六加一层)跃层式住宅退台的屋顶花园位置。

▶6.4.7 立面图的画图步骤

①画室外地平线、门窗洞口、檐口、屋脊等高度线,并由平面图定出门窗洞口的位置,画墙(柱)身的轮廓线,如图6.23(a)所示。

②画勒脚线、台阶、窗台、屋面等各细部,如图6.23(b)所示。

③画门窗分隔、材料符号,并标注尺寸和轴线编号,如图6.23(c)所示。

④加深图线,并标注尺寸数字、书写文字说明,如图6.23(c)所示。

注:侧立面图的画图步骤同正立面图,画图时可同时进行,本图的侧立面图只画了第一步。

▶6.4.8 立面图的读图要点

①图名、比例。

②立面形式和外貌风格,外墙装修色彩分隔和材料。

③建筑物的高度尺寸,建筑的总层数。底层室内外地面的高差、各层的层高。

④室外台阶、勒脚、窗台、雨篷等的位置、材料、尺寸等。

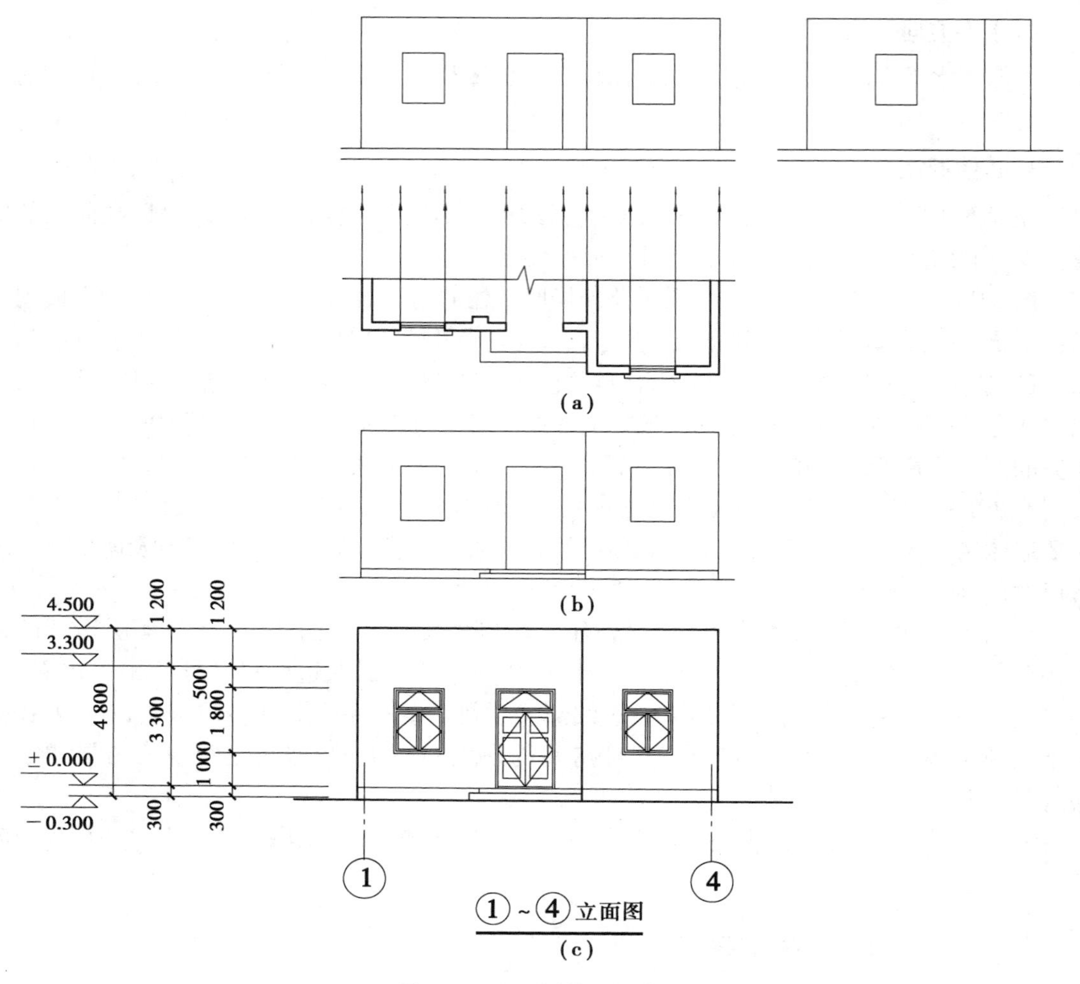

图 6.23　立面图的画图步骤

6.5　建筑剖面图

►6.5.1　建筑剖面图的用途

建筑剖面图主要用来表达房屋内部垂直方向的结构形式,沿高度方向分层情况、各层构造做法、门窗洞口高、层高及建筑总高等,如图 6.24 所示。

►6.5.2　建筑剖面图的形成

建筑剖面图(后简称"剖面图")是一假想剖切平面,平行于房屋的某一墙面,将整个房屋从屋顶到基础全部剖切开,把剖切面和剖切面与观察人之间的部分移开,将剩下部分按垂直于剖切平面的方向投影而画成的图样,如图 6.25 所示。建筑剖面图就是一个垂直的剖视图。

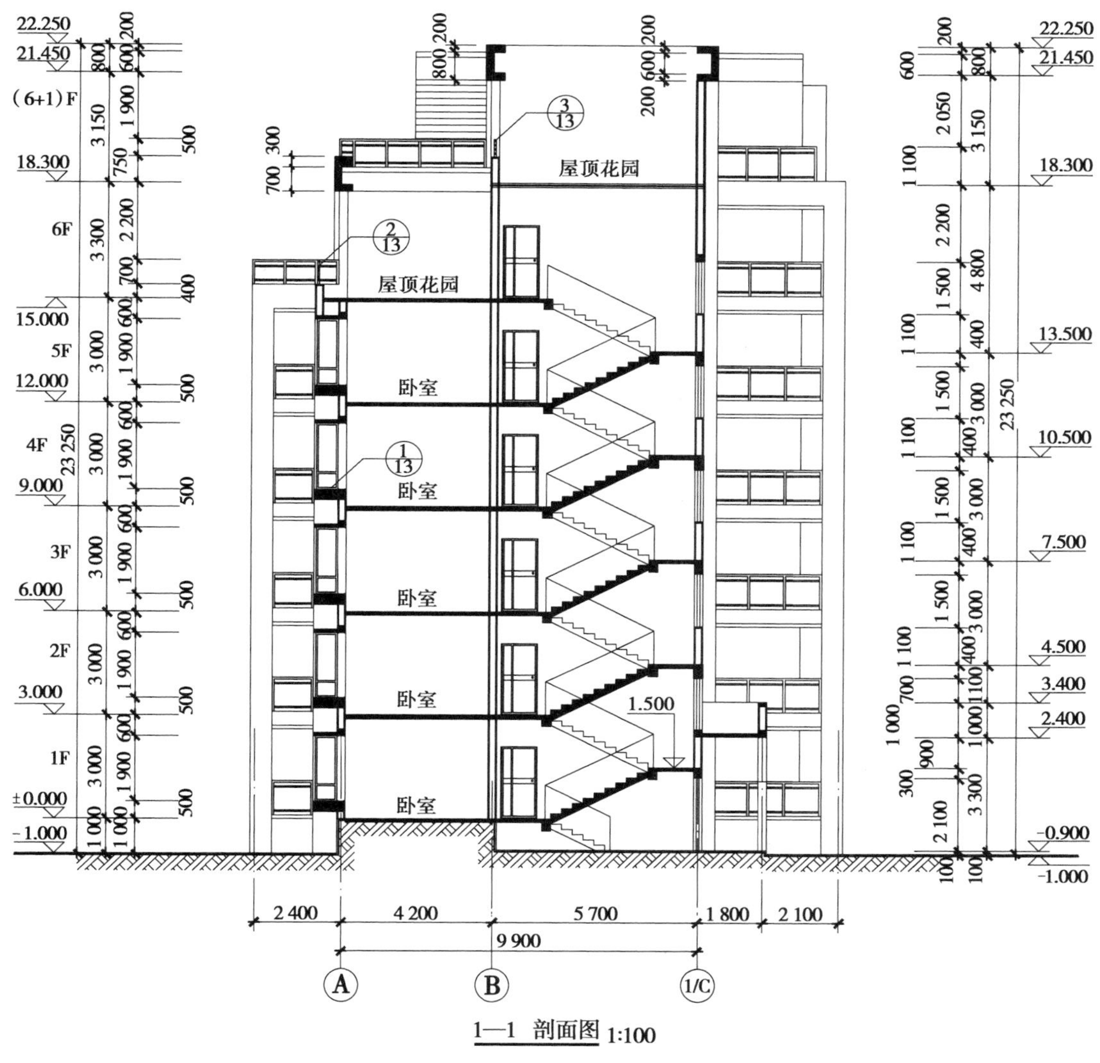

图 6.24 1—1 剖面图

►6.5.3 建筑剖面图的剖切位置及剖视方向

1)剖切位置

剖面图的剖切位置是标注在同一建筑物的底层平面图上。剖面图的剖切位置应根据图纸的用途或设计深度,在平面图上选择能反映建筑物全貌、构造特征,以及有代表性的部位剖切,实际工程中剖切位置常选择在楼梯间并通过需要剖切的门、窗洞口位置,如图 6.13 所示。

2)剖面图的剖视方向

平面图上剖切符号的剖视方向宜向后、向右(与我们习惯的 V,W 投影方向一致),看剖面图应与平面图相结合并对照立面图-起看。

►6.5.4 建筑剖面图的比例

剖面图的比例与同一建筑物的平面图、立面图的比例一致,即采用 1 : 50,1 : 100 和

1：200绘制(见图 6.25)，由于比例较小，剖面图中的门窗等构件也是采用中华人民共和国国家标准《建筑制图标准》(GB/T 50104—2010)规定的图例来表示，见表 6.2。

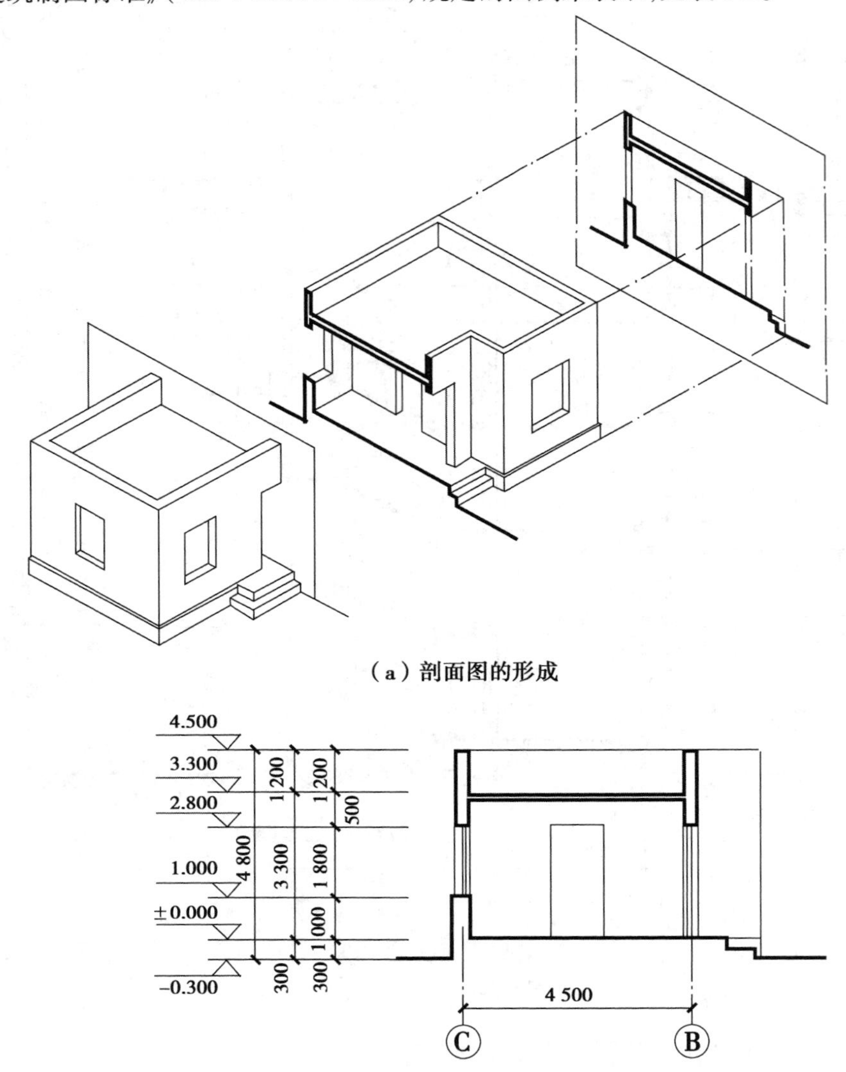

图 6.25　建筑剖面图的形成

为了清楚地表达建筑各部分的材料及构造层次，当剖面图比例大于 1：50 时，应在剖到的构件断面画出其材料图例(材料图例见表 5.1)。当剖面图比例小于 1：50 时，则不画具体材料图例，而用简化的材料图例表示其构件断面的材料，如钢筋混凝土构件可在断面涂黑以区别砖墙和其他材料。

►6.5.5　建筑剖面图的线型

剖面图的线型按中华人民共和国国家标准《房屋建筑制图统一标准》(GB/T 50001—2010)规定，凡是剖到的墙、板、梁等构件的剖切线用粗实线表示；而没剖到的其他构件的投影，则常用细实线表示，如图 6.25 所示。

▶6.5.6　建筑剖面图的尺寸标注

1)剖面图的尺寸标注

在竖直方向上图形外部标注3道尺寸及建筑物的室内外地坪、各层楼面、门窗洞口的上下口及墙顶等部位的标高。图形内部的梁等构件的下口标高,也应标注,且楼地面的标高应尽量标注在图形内。外部的3道尺寸,最外一道为总高尺寸,从室外地平面起标到墙顶止,标注建筑物的总高度;中间一道尺寸为层高尺寸,标注各层层高(两层之间楼地面的垂直距离称为层高);最里边一道尺寸称为细部尺寸,标注墙段及洞口尺寸。

2)水平方向

常标注两道尺寸。里边一道标注剖到的墙、柱及剖面图两端的轴线编号及轴线间距;外边一道标注剖面图两端剖到的墙、柱轴线总尺寸,并在图的下方注写图名和比例。

3)其他标注

由于剖面图比例较小,某些部位如墙脚、窗台、过梁、墙顶等节点,不能详细表达,可在剖面图上的该部位处,画上详图索引标志,另用详图来表示其细部构造尺寸。此外楼地面及墙体的内外装修,可用文字分层标注。

图6.24为某县技术质量监督局职工住宅的剖面图。从图中可以看出,此建筑物共7层,室内外高差为1 000;各层层高均为3 000;该建筑总高23 250。从图6.24中右边竖直方向的外部尺寸还可以看出,楼梯间入口处室内外高差为100,从室外通过标高为-0.900的门斗平台再进入楼梯间室内,然后上6级台阶上到一层地坪。楼梯间各层中间平台(楼梯间中标高位于楼层之间的平台称为中间平台,又称休息平台)处外墙窗台距中间平台面的高度均为1 100,窗洞口高均为1 500。从图6.24中楼梯间Ⓑ轴线墙右边还可以看到出,各层楼层平台(楼梯间中标高与楼层一致的平台称为楼层平台)处是住户的入户门。Ⓐ轴线墙上的窗为各层平面图上入户后次卧室中对应的Ⓐ轴线墙上的阳光窗,窗台距楼面的高度为500,窗洞口高为1 900。图6.24中还表达了楼梯间六层Ⓑ轴线墙外为六层住户的屋顶花园露台;楼梯间屋顶也为七层(六加一层)住户的屋顶花园露台。另外,凸窗、阳台栏板、女儿墙的详细做法,另有①,②,③号详图详细表达。由于本剖面图比例为1∶100,故构件断面除钢筋混凝土梁、板涂黑表示外,墙及其他构件不再加画材料图例。

以上讲述了建筑的总平面图及平面图、立面图和剖面图,这些都是建筑物全局性的图样。在这些图中,首先,图示的准确性是很重要的,应力求贯彻国家制图标准,严格按制图标准规定绘制图样;其次,尺寸标注也是非常重要的,力求准确、完整、清楚,并弄清各种尺寸的含义。

建筑平面图中总长、总宽尺寸,立面图和剖面图中的总高尺寸为建筑的总尺寸。

建筑平面图中的轴线尺寸,立面图、剖面图及下节要介绍的建筑详图中的细部尺寸为建筑的定量尺寸,也称定形尺寸,某些细部尺寸同时也是定位尺寸。

另外根据中华人民共和国国家标准《建筑模数协调标准》(GB/T 50002—2013)规定,每一种建筑构配件,都有3种尺寸,即标志尺寸、制作尺寸和实际尺寸。

标志尺寸符合模数数列的规定,用以标注建筑物定位线或基准面之间的垂直距离以及建筑部件、建筑分部件,以及有关设备安装基准面之间的尺寸。

制作尺寸是制作部件或分部件所依据的设计尺寸。由于建筑构配件表面较粗糙,考虑施工时各个构件之间的安装搭接方便,构件在制作时要考虑两构件搭接时的施工缝隙,故制作尺寸=标志尺寸-缝宽。

实际尺寸是部件、分部件等生产制作后实际测得的尺寸。

由于制作时的误差,故实际尺寸=构造尺寸±允许误差。

▶6.5.7 剖面图的画图步骤

图 6.26 剖面图的画图步骤如下:

①画室内外地平线、最外墙(柱)身的轴线和各部高度,如图 6.26(a)所示。

②画墙厚、门窗洞口及可见的主要轮廓线,如图 6.26(b)所示。

③画屋面及踢脚板等细部号,如图 6.26(c)所示。

④加深图线,并标注尺寸数字、书写文字说明,如图 6.26(c)所示。

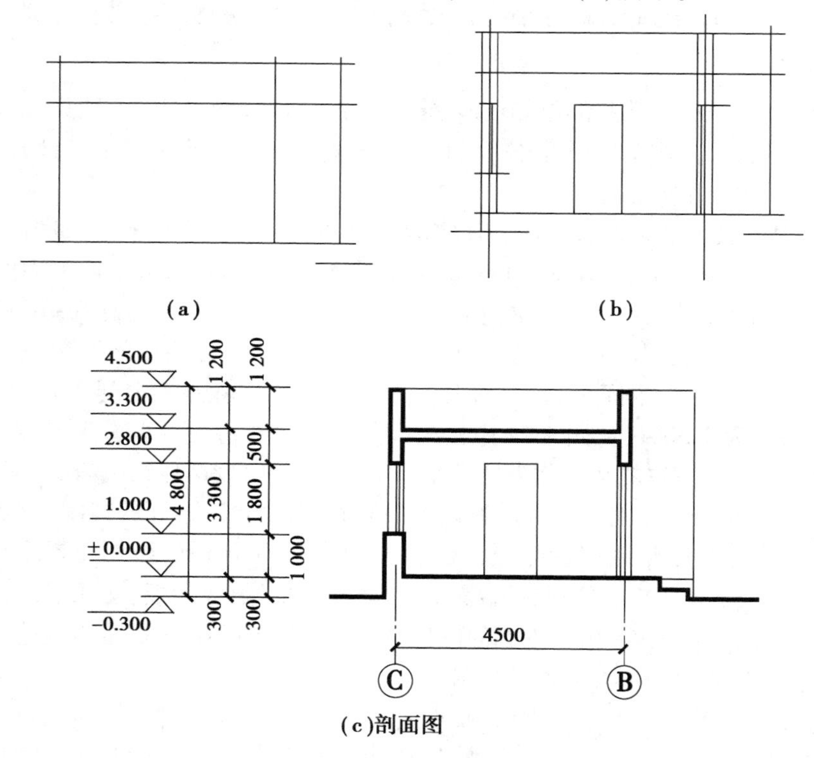

(c)剖面图

图 6.26 剖面图的画图步骤

▶6.5.8 剖面图的读图要点

①图名、比例。

②剖面图的剖切位置。

③建筑物的总高度尺寸,建筑的总层数。底层室内外地面的高差、各层的层高。

④楼梯形式、各构件之间的关系。

6.6 建筑详图

▶6.6.1 建筑详图的用途

房屋建筑平、立、剖面图都是用较小的比例绘制的,主要表达建筑全局性的内容,但对于房屋细部或构、配件的形状、构造关系等无法表达清楚,因此,在实际工作中,为详细表达建筑节点及建筑构、配件的形状、材料、尺寸及做法,而用较大的比例画出的图形,称为建筑详图或大样图。

▶6.6.2 建筑详图的比例

中华人民共和国国家标准《建筑制图标准》(GB/T 50104—2010)规定:"详图的比例宜用1∶1,1∶2,1∶5,1∶10,1∶15,1∶20,1∶25,1∶30,1∶50绘制。"

▶6.6.3 建筑详图标志及详图索引标志

为了便于看图,常采用详图标志和详图索引标志。详图标志(又称详图符号)画在详图的下方,相当于详图的图名;详图索引标志(又称索引符号)则表示建筑平、立、剖面图中某个部位需另画详图表示,故详图索引标志是标注在需要画出详图的位置附近,并用引出线引出。

图6.27为详图索引标志,其水平直径线及符号圆圈均以细实线绘制,圆的直径为8~10 mm,水平直径线将圆分为上下两半,如图6.27(a)所示,上方注写详图编号,下方注写详图所在图纸编号,如图6.27(c)所示,如详图绘在本张图纸上,则仅用细实线在索引标志的下半圆内画一段水平细实线即可如图6.27(b)所示,如索引的详图是采用标准图,应在索引标志的水平直径的延长线上加注标准图集的编号,如图6.27(d)所示。索引标志的引出线宜采用水平方向的直线或与水平方向成30°,45°,60°,90°的直线,以及经上述角度再折为水平方向的折线。文字说明宜注写在引出线横线的上方,引出线应对准索引符号的圆心。

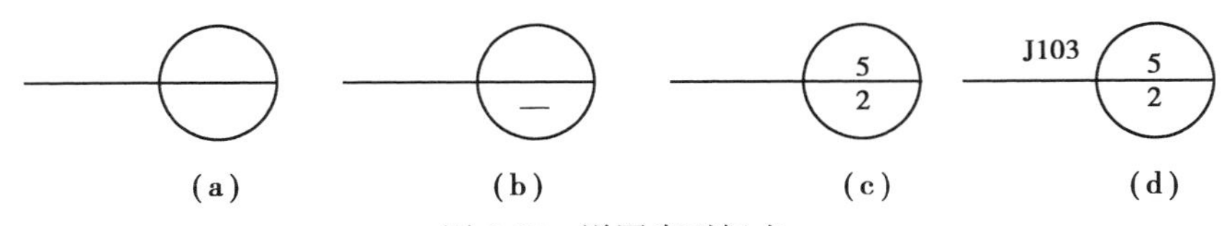

图6.27 详图索引标志

图6.28为用于索引剖面详图的索引标志。应在被剖切的部位绘制剖切位置线,并以引出线引出索引标志,引出线所在的一侧应视为剖视方向。如图6.28(a)、(b)、(c)、(d)所示。图中的粗实线为剖切位置线,表示该图为剖面图。

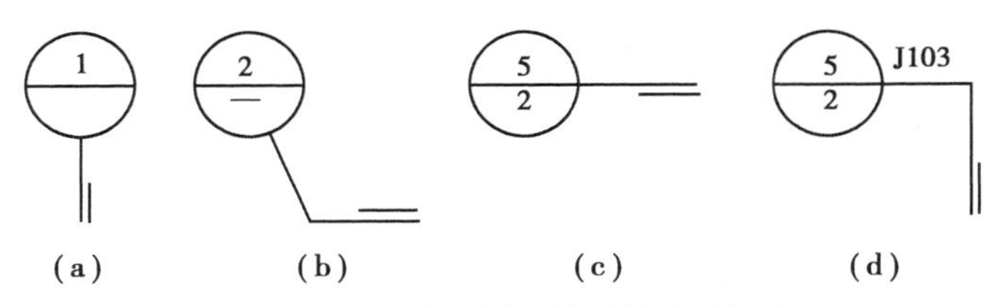

图6.28 用于索引剖面详图的索引标志

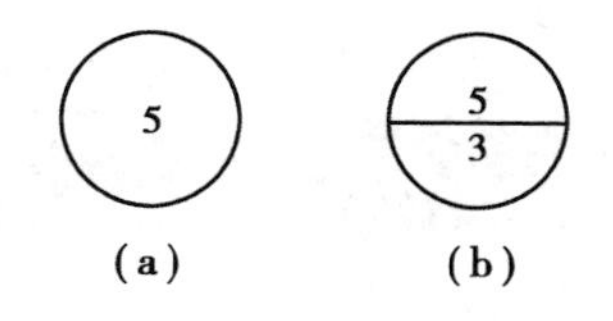

图 6.29　详图标志

详图的位置和编号,应以详图符号(详图标志)表示。详图标志应以粗实线绘制,直径为 14 mm。详图与被索引的图样,同在一张图纸内时,应在详图标志内用阿拉伯数字注明详图的编号,如图 6.29(a)所示。如不在同一张图纸内时,也可用细实线在详图标志内画一水平直径,上半圆中注明详图编号,下半圆内注明被索引图纸的图纸编号,如图 6.29 (b)所示。

屋面、楼面、地面为多层次构造。多层次构造用分层说明的方法标注其构造做法。多层次构造的引出线,应通过图中被引出的各个构造层次。文字说明宜用 5 号或 7 号字注写在横线的上方或横线的端部,说明顺序由上至下,并应与被说明的层次相互一致。如层次为横向排例,则由上至下的说明顺序应由左至右的层次相互一致,如图 6.30 所示。

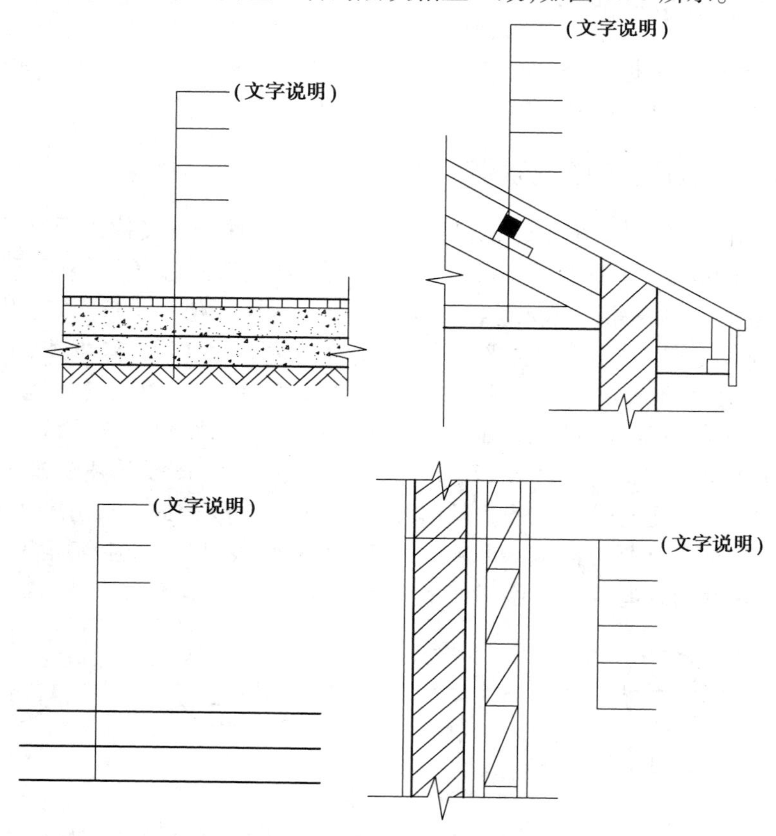

图 6.30　多层次构造的引出线

一套施工图中,建筑详图的数量视建筑工程的体量大小及难易程度来决定,常用的详图有:外墙身详图,楼梯间详图,卫生间,厨房详图,门窗详图,阳台,雨篷详图等。由于各地区都编有标准图集,故在实际工程中,有的详图可直接查阅标准图集。

►6.6.4　楼梯详图

楼梯是楼层建筑垂直交通的必要设施。

楼梯由梯段、平台和栏杆(或栏板)扶手组成,如图 6.31 所示。

常见的楼梯平面形式有:单跑楼梯(上下两层之间只有一个梯段)、双跑楼梯(上下两层之间有两个梯段、一个中间平台)、三跑楼梯(上下两层之间有3个梯段、两个中间平台)等,如图6.32所示。

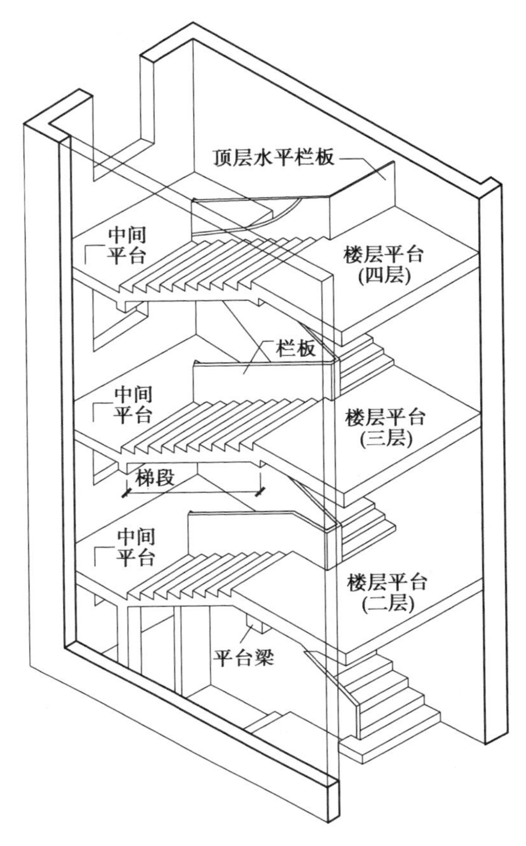

图6.31 楼梯的组成

楼梯间详图包括楼梯间平面图、剖面图、踏步栏杆等,主要表示楼梯的类型、结构形式、构造和装修等。楼梯间详图应尽量安排在同一张图纸上,便于阅读。

1)楼梯平面图

楼梯平面图常用1∶50的比例画出。

楼梯平面图的水平剖切位置,除顶层在安全栏板(或栏杆)之上外,其余各层均在上行第一跑中间(见图6.33)。各层被剖切到的上行第一跑梯段,都在楼梯平面图中画一条与踢面线成30°的折断线(构成梯段的踏步中与楼地面平行的面称为踏面,与楼地面垂直的面称为踢面)。各层下行梯段不予剖切。而楼梯间平面图则为房屋各层水平剖切后的直接正投影,如同建筑平面图,如中间几层构造一致,也可只画一个标准层平面图。故楼梯平面详图常常只画出底层、中间层和顶层3个平面图。

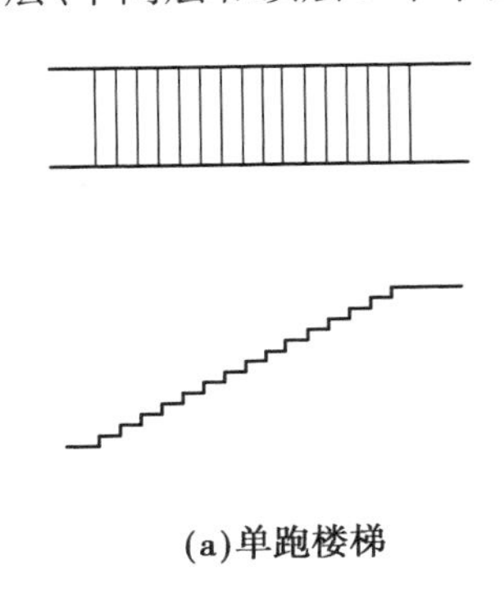

(a)单跑楼梯

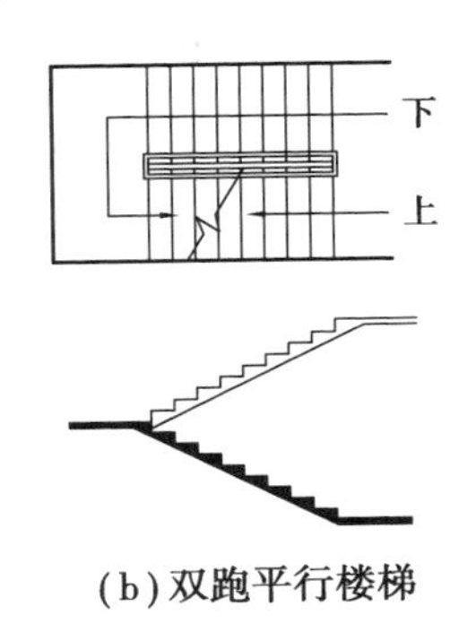

(b)双跑平行楼梯

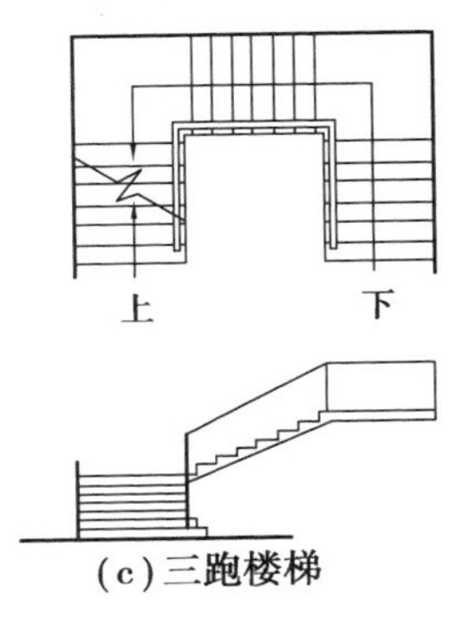

(c)三跑楼梯

图6.32 楼梯平面图的形成

各层楼梯平面图宜上下对齐(或左右对齐),这样既便于阅读又便于尺寸标注和省略重复尺寸。平面图上应标注该楼梯间的轴线编号、开间和进深尺寸,楼地面和中间平台的标高,以及梯段长、平台宽等细部尺寸。梯段长度尺寸标为:踏面数×踏面宽=梯段长。

图6.34为某县技术质量监督局职工住宅的楼梯平面图。底层平面图中只有一个被剖到的梯段。从⑨、⑪轴线墙上的入户门出到标高为±0.000一层楼层平台,再通过6级台阶下到

楼梯间入口及门斗的标高为-0.900的平台上，从连接室内外的门斗平台处下到室外。

标准层平面图中的上下两个梯段都是画成完整的；上行梯段的中间画有一与踢面线成30°的折断线。折断线两侧的上下指引线箭头是相对的，在箭尾处分别写有“上20级”和“下20级”，是指从二层上到二层以上的各层及下到一层的踏步级数均为20级；说明各层的层高是一致的。由于只有二层平面图上才能看到一层门斗上方的雨篷的投影，故此处用“仅二层有”加以说明。

六层(顶层)平面图的踏面是完整的，只有下行，故梯段上没有折断线。楼面临空的一侧装有水平栏杆。

2)楼梯剖面图

楼梯剖面图常用1∶50的比例画出。其剖切位置应选择在通过第一跑梯段及门窗洞口，并向未剖切到的第二跑梯段方向投影(如图6.34中的剖切位置)。图6.35为按图6.34剖切位置绘制的剖面图。

剖到梯段的步级数可直接看到，未剖到梯段的步级数因栏板遮挡或因梯段为暗步梁板式等原因而不可见时，可用虚线表示，也可直接从其高度尺寸上看出该梯段的步级数。

多层或高层建筑的楼梯间剖面图，如中间若干层构造一样，可用一层表示这相同的若干层剖面，此层的楼面和平台面的标高可看出所代表的若干层情况，也可全部画完整。楼梯间的顶层楼梯栏杆以上部分，由于与楼梯无关，故可用折断线折断不画，如图6.35所示的顶部。

楼梯间剖面图的标注如下：

①水平方向应标注被剖切墙的轴线编号、轴线尺寸及中间平台宽、梯段长等细部尺寸。

②竖直方向应标注剖到墙的墙段、门窗洞口尺寸及梯段高度、层高尺寸。梯段高度应标成：步级数×踢面高=梯段高。

③标高及详图索引：楼梯间剖面图上应标出各层楼面、地面、平台面及平台梁下口的标高。如需画出踢步、扶手等详图，则应标出其详图索引符号和其他尺寸，如栏杆(或栏板)高度。

从图6.35中可知，从图的右方标高为-1.000的室外地坪上到标高为-0.900的连接室内外的门斗内，再进入楼梯间，通过室内5级台阶上到标高为±0.000一层楼层平台。每层都有两个梯段，且每个梯段的级数都是10级。楼梯间的顶层楼梯栏杆以上部分以及竖直方向Ⓓ轴线以左客厅部分，由于与楼梯无关，故都用折断线折断不画。

▶6.6.5 门窗详图

门在建筑中的主要功能是交通、分隔、防盗，兼作通风、采光。

窗的主要作用是通风、采光。

1)木门、窗详图

木门、窗是由门(窗)框、门(窗)扇及五金件等组成，如图6.36、图6.37所示。

门、窗洞口的基本尺寸，1 000 mm以下时，按100 mm为增值单位增加尺寸；1 000 mm以上时，按300 mm为增值单位增加尺寸。

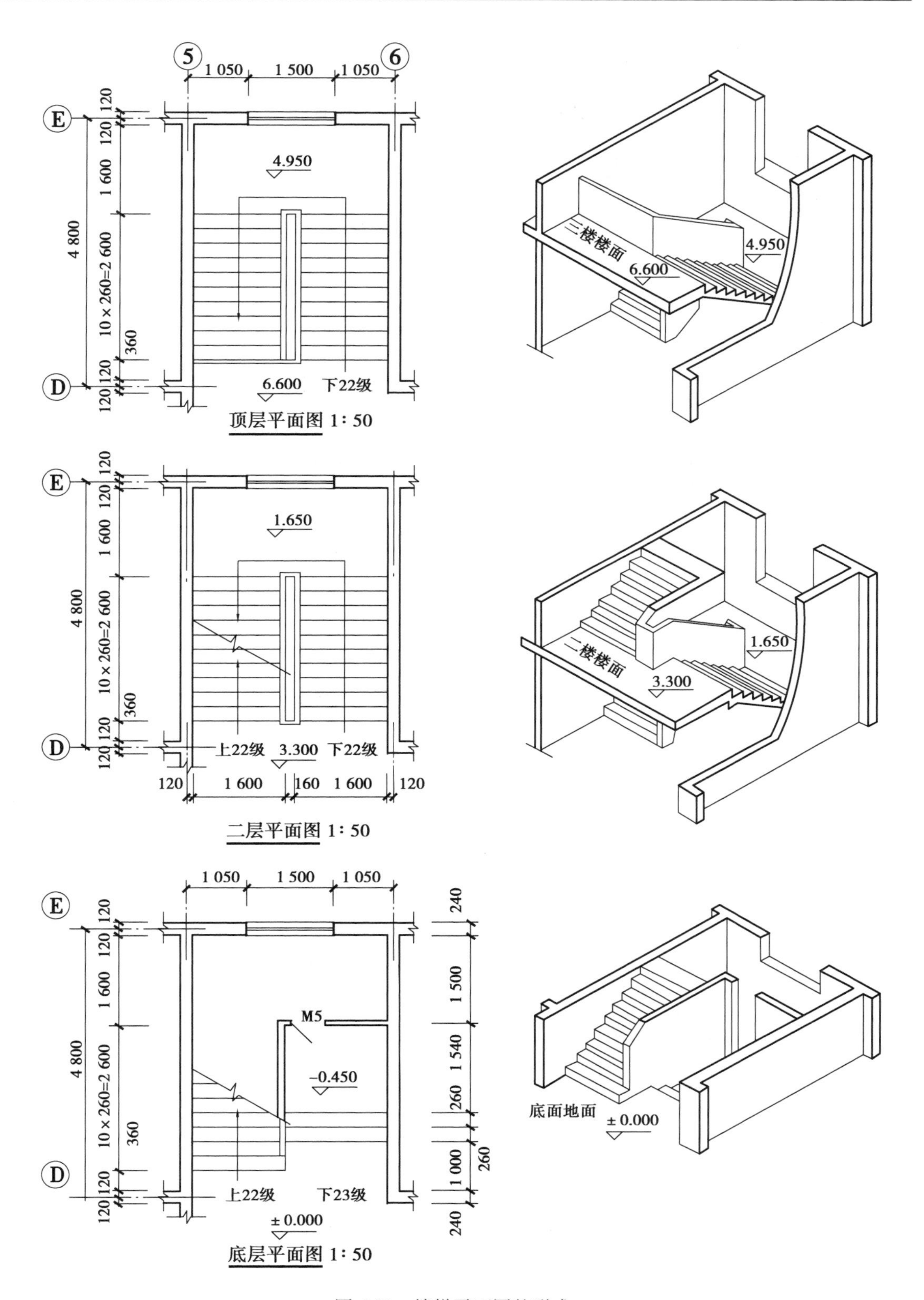

图 6.33　楼梯平面图的形成

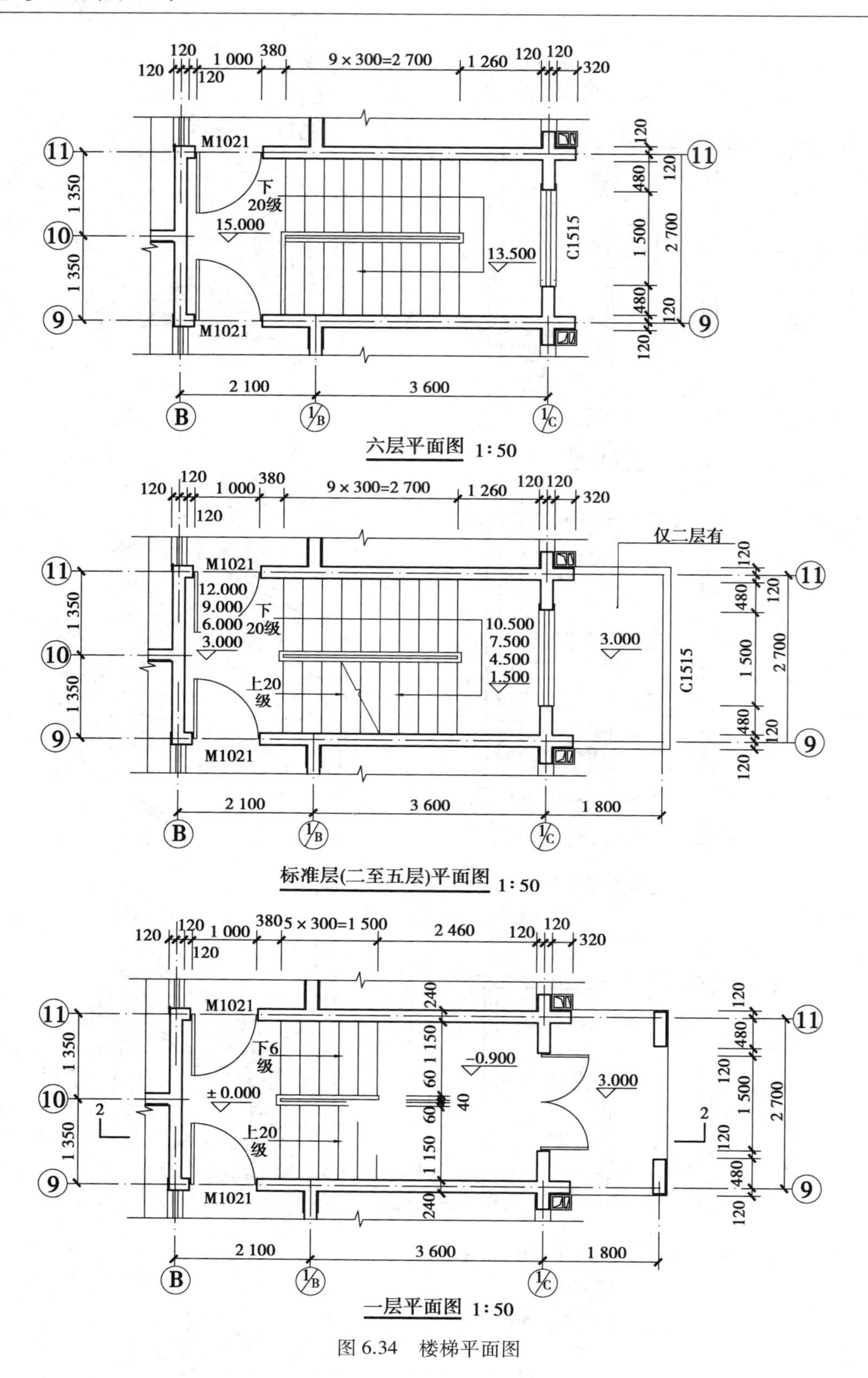
六层平面图 1∶50
标准层(二至五层)平面图 1∶50
一层平面图 1∶50
M1021
下 20级
上20级
15.000
13.500
12.000
9.000
6.000
3.000
10.500
7.500
4.500
1.500
仅二层有
C1515
下6级
±0.000
-0.900

图 6.34 楼梯平面图

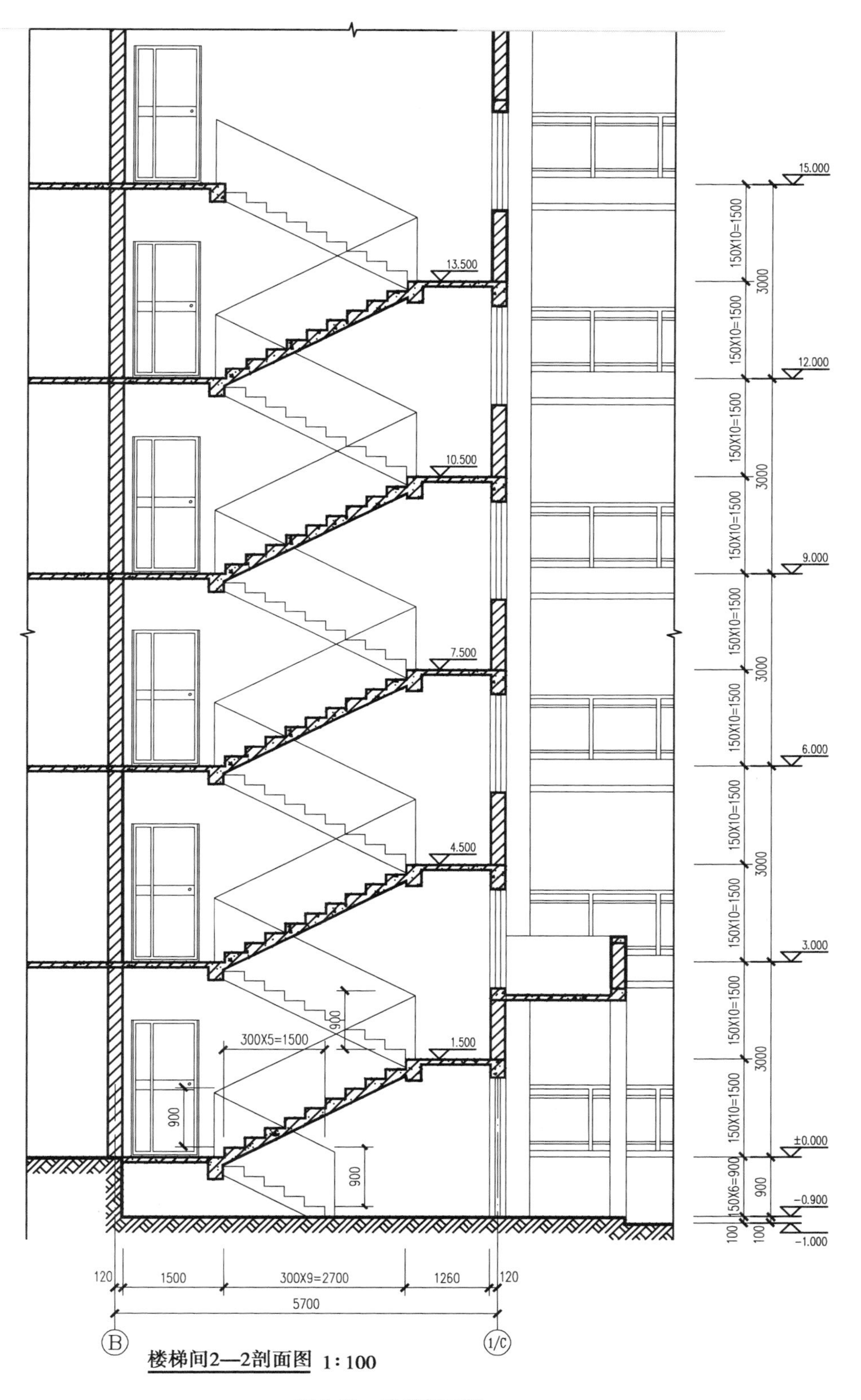
15.000
13.500
12.000
10.500
9.000
7.500
6.000
4.500
3.000
1.500
±0.000
-0.900
-1.000
150X10=1500
3000
150X6=900
900
100
300X5=1500
900
120
1500
300X9=2700
1260
5700
B
1/C
楼梯间2—2剖面图 1:100

图 6.35　楼梯剖面图

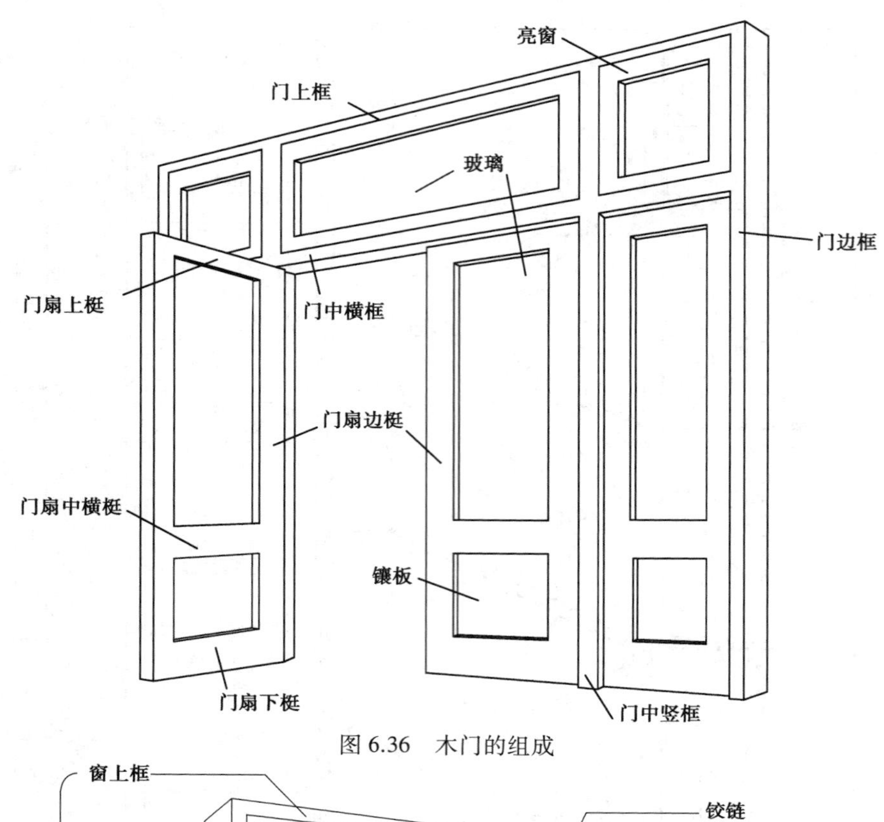

图 6.36　木门的组成

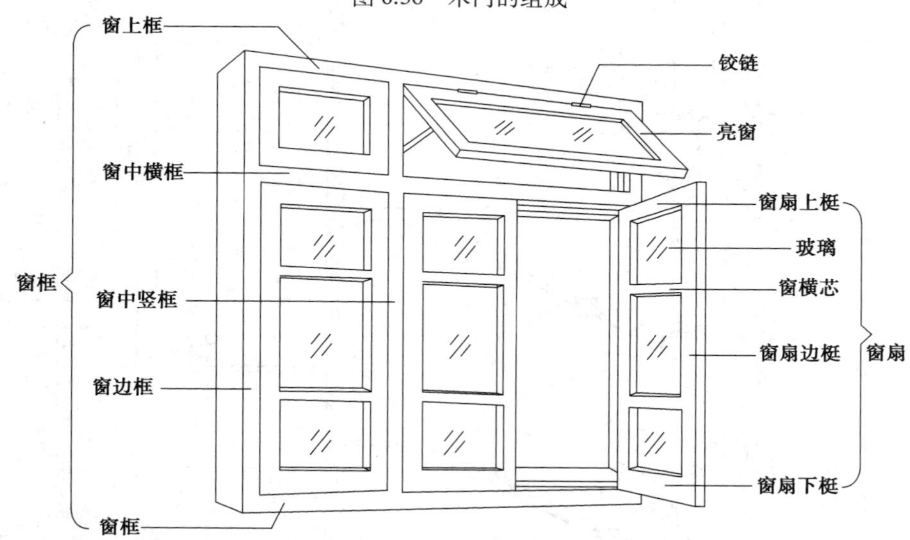

图 6.37　木窗的组成

门、窗详图，一般都分别由各地区建筑主管部门批准发行的各种不同规格的标准图供设计者选用。若采用标准图集上的标准详图，则在施工图中只需说明该详图所在标准图集中的编号即可。如果未采用标准图集时，则必须画出门、窗详图。

门、窗详图由立面图、节点图、断面图和门窗扇立面图等组成。

(1)门、窗立面图

门、窗立面图常用 1 ∶ 20 的比例绘制，主要表达门、窗的外形、开启方式和分扇情况，同时，还标出门窗的尺寸及需要画出节点图的详图索引符号，如图 6.38 所示。

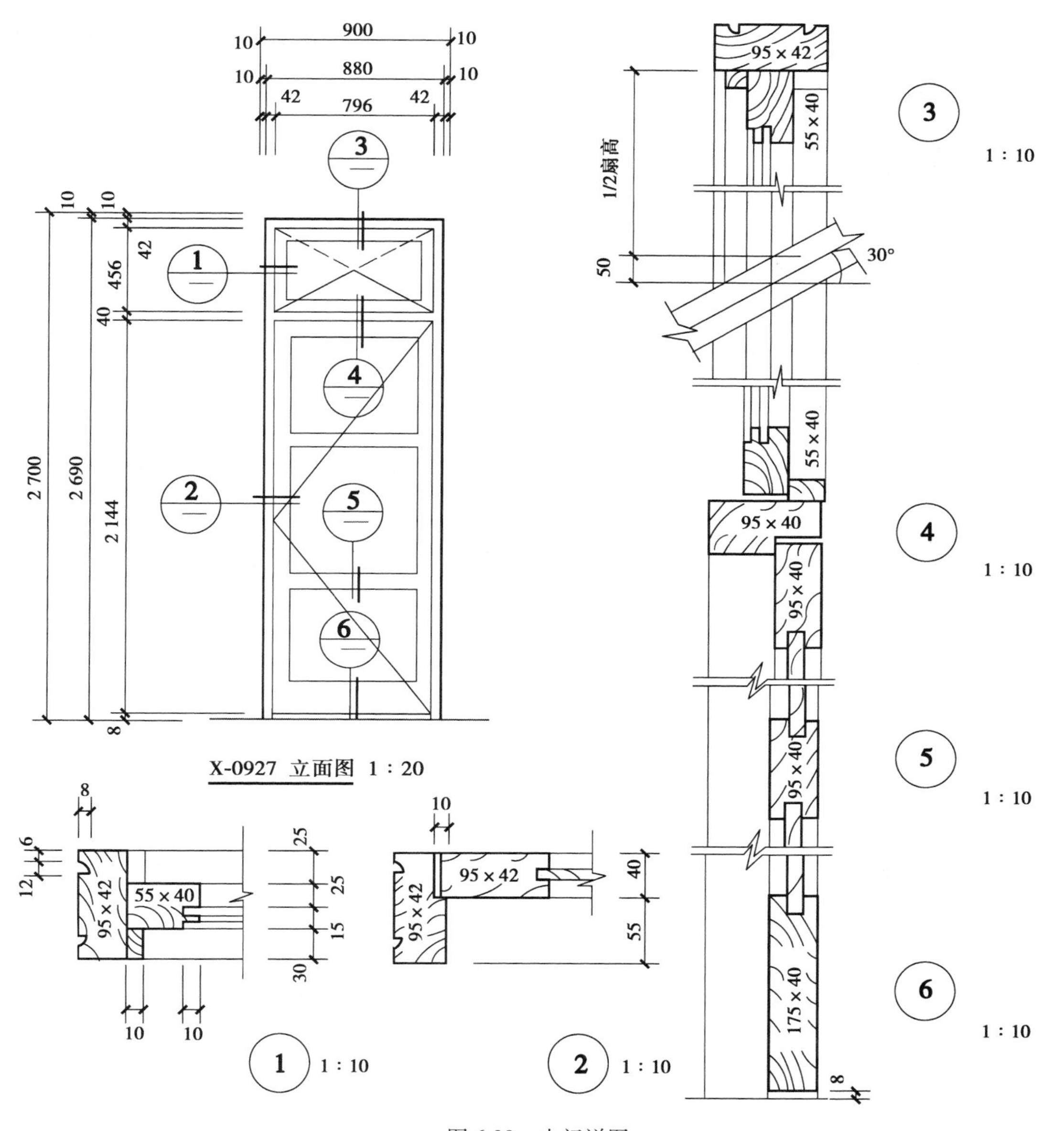

图 6.38　木门详图

一般以门、窗向着室外的面作为正立面。门、窗扇向室外开者称外开,反之为内开。《建筑制图标准》规定:“门、窗立面图上开启方向外开用两条细斜实线表示,如用细斜虚线表示,则为内开。斜线开口端为门、窗扇开启端,斜线相交端为安装铰链端。”如图 6.39 所示中的门、扇为外开平开门,铰链装在左端,门上亮窗为中悬窗,窗的上半部分转向室内,下半部分转向室外。

门、窗立面图的尺寸一般在竖直和水平方向各标注 3 道:最外一道为洞口尺寸,中间一道为门窗框外包尺寸,里边一道为门窗扇尺寸。

(2)节点详图

节点详图常用 1∶10 的比例绘制。节点详图主要表达各门窗框、门窗扇的断面形状、构

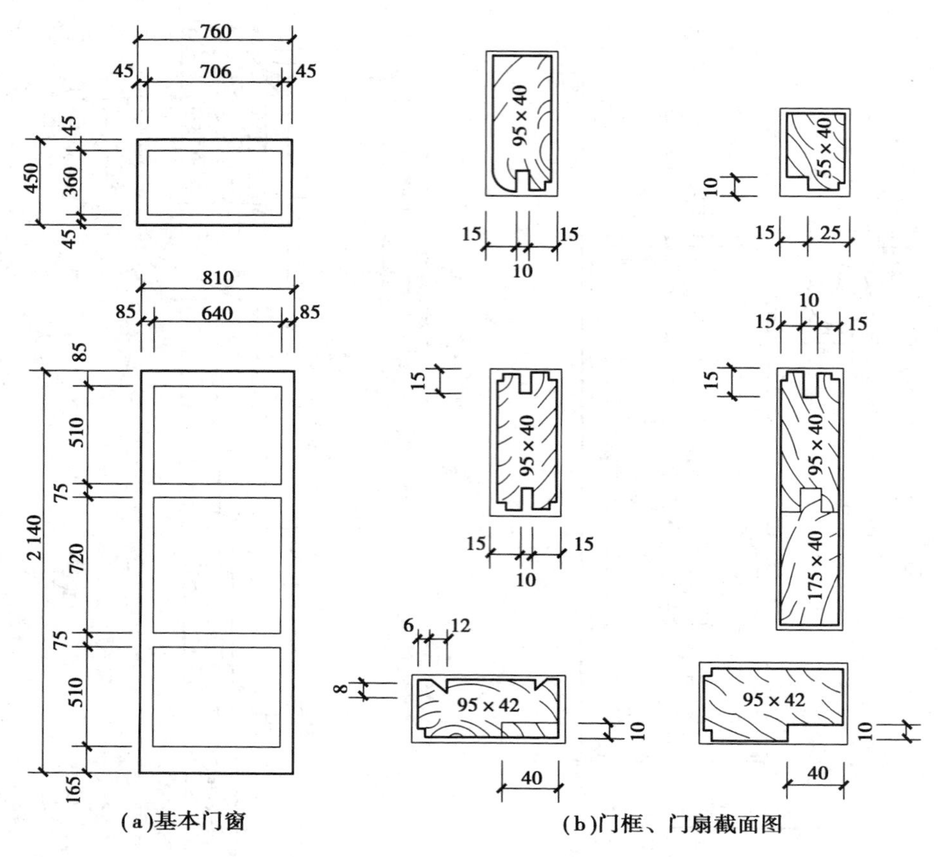

图 6.39　木门门扇详图

造关系以及门、窗扇与门窗框的连接关系等内容。

习惯上将水平(或竖直)方向上的门、窗节点详图依次排列在一起,分别注明详图编号,并相应地布置在门、窗立面图的附近,如图 6.38 所示。

门、窗节点详图的尺寸主要为门、窗料断面的总长、总宽尺寸。如 95×42,55×40,95×40 等为"X-0927"代号门的门框、亮窗的上下梃、门扇上梃、中横梃、下梃及边梃的断面尺寸。除此之外,还应标出门、窗扇在门、窗框内的位置尺寸。如图 6.38 所示的②号节点图中,门扇进门框 10 mm。

(3)窗料断面图

窗料断面图常用 1 : 5 的比例绘制,主要用以详细说明各种不同门、窗料的断面形状和尺寸。断面内所注尺寸为净料的总长、总宽尺寸(通常每边要留 2.5 mm 厚的加工裕量),断面图四周的虚线即为毛料的轮廓线,断面外标注的尺寸为决定其断面形状的细部尺寸,如图 6.39 所示。

(4)门、窗扇立面图

门、窗扇立面图常用 1 : 20 比例绘制,主要表达门、窗扇形状及上梃、中横梃、下梃及边梃、镶板或玻璃的位置关系,如图 6.39 所示。

门、窗扇立面图在水平和竖直方向各标注两道尺寸:外边一道为门、窗扇的外包尺寸;里边一道为扣除裁口的边梃或各冒头的尺寸,以及芯板、纱芯或玻璃的尺寸(也是边梃或冒头的定位尺寸)。

2)铝合金门、窗及塑钢门、窗详图

铝合金门窗及塑钢门、窗和木制门、窗相比,在坚固、耐久、耐火和密闭等性能上都较优越，而且节约木材，透光面积较大，各种开启方式如平开、翻转、立转、推拉等都可适应，因此，已大量用于各种建筑上。铝合金门、窗及塑钢门、窗的立面图表达方式及尺寸标注与木门、窗的立面图表达方式及尺寸标注一致，其门、窗料断面形状与木门、窗料断面形状不同。但图示方法及尺寸标注要求与木门、窗相同。各地区及国家已有相应的标准图集。如"图家建筑标准设计"图集有：

92SJ605 平开铝合金门　　92SJ606 推拉铝合金门　　92SJ607 铝合金地弹簧门

92SJ712 平开铝合金窗　　92SJ713 推拉铝合金窗

铝合金门、窗的代号与木制门、窗代号稍有不同，如"HPLC"为"滑轴平开铝合金窗"；"TLC"为"推拉铝合金窗"；"PLM"为"平开铝合金门"；"TLM"为"推拉铝合金门"等。

塑钢门、窗的代号与木制门、窗代号也有所不同，如"SGC.0915"为"塑钢单框双玻中空窗"；"SGTM.1521"为"塑钢单框双玻中空推拉门"；"SGMC.1224"为"塑钢单框双玻中空带窗门"等。

▶6.6.6 卫生间、厨房详图

卫生间、厨房详图主要表达卫生间和厨房内各种设备的位置、形状及安装做法等。

卫生间、厨房详图有平面详图、全剖面详图、局部剖面详图、设备详图、断面图详图等。其中，平面详图是必要的，其他详图根据具体情况选取采用，只要能将所有情况表达清楚即可。

卫生间、厨房平面详图是将建筑平面图中的卫生间、厨房用较大比例，如 1：50，1：40，1：30等，把卫生设备及厨房的必要设备一并详细地画出的平面图。它表达出各种卫生设备及厨房的设备在卫生间及厨房内的布置、形状和大小。图 6.40 为某县技术质量监督局职工住宅的卫生间平面详图，图 6.41 为某县技术质量监督局职工住宅的厨房平面详图。

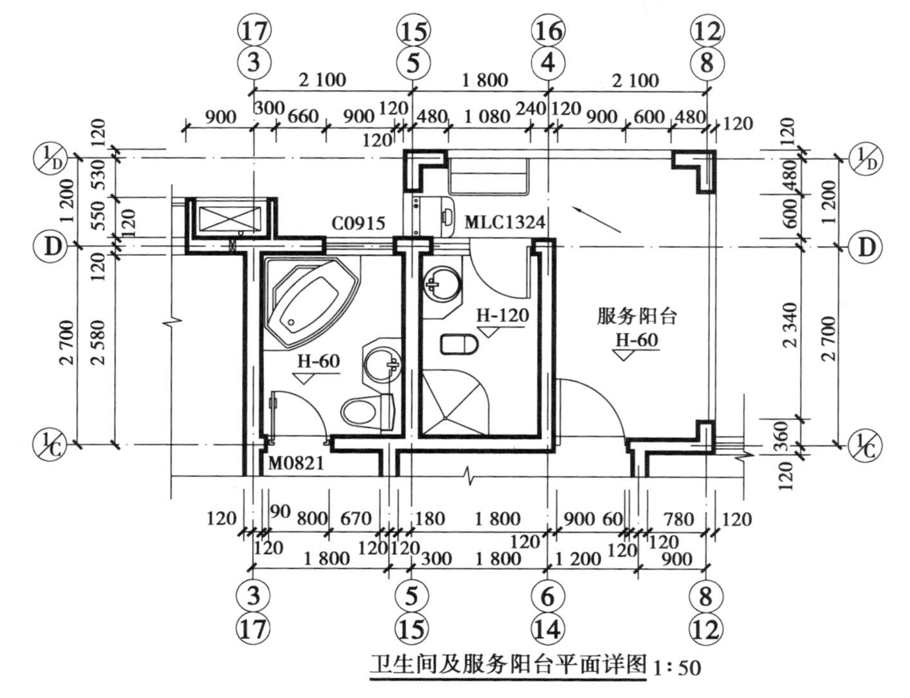

图 6.40　卫生间平面详图

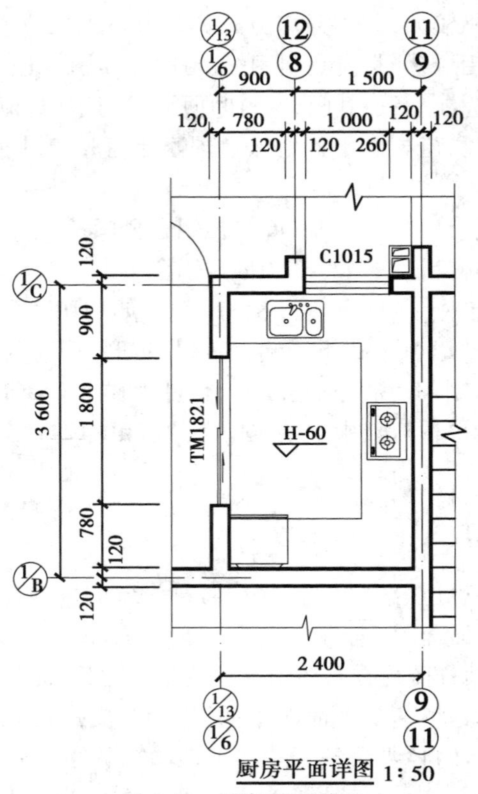

图 6.41　厨房平面详图

卫生间、厨房平面详图的线型与建筑平面图相同,各种设备可见的投影线用细实线表示,必要的不可见线用细虚线表示。当比例≤1∶50 时,其设备按图例表示。当比例>1∶50 时,其设备应按实际情况绘制。如各层的卫生间、厨房布置完全相同,则只画其中一层的卫生间、厨房即可。

平面详图除标注墙身轴线编号、轴线间距和卫生间、厨房的开间、进深尺寸外,还要标注出各卫生设备及厨房的必要设备的定量、定位尺寸和其他必要的尺寸,以及各地面的标高等,平面图上还应标注剖切线位置、投影方向及各设备详图的详图索引标志等。

▶6.6.7　其他详图

根据工程不同需要,还可加画其他(如墙体、凸窗、阳台、阳台栏板、线脚、女儿墙、卫及雨篷等)详图,以表达这些部分的材料、位置、形状及安装做法等,如图 6.42 所示为某县技术质量监督局职工住宅的凸窗、阳台栏板及女儿墙栏板的剖面详图,具体表达了凸窗、阳台栏板及女儿墙栏板各部分构造的剖面尺寸及材料和做法。其他详图的表达方式、尺寸标注等,都与前面所述详图大致相同,故不再重复。

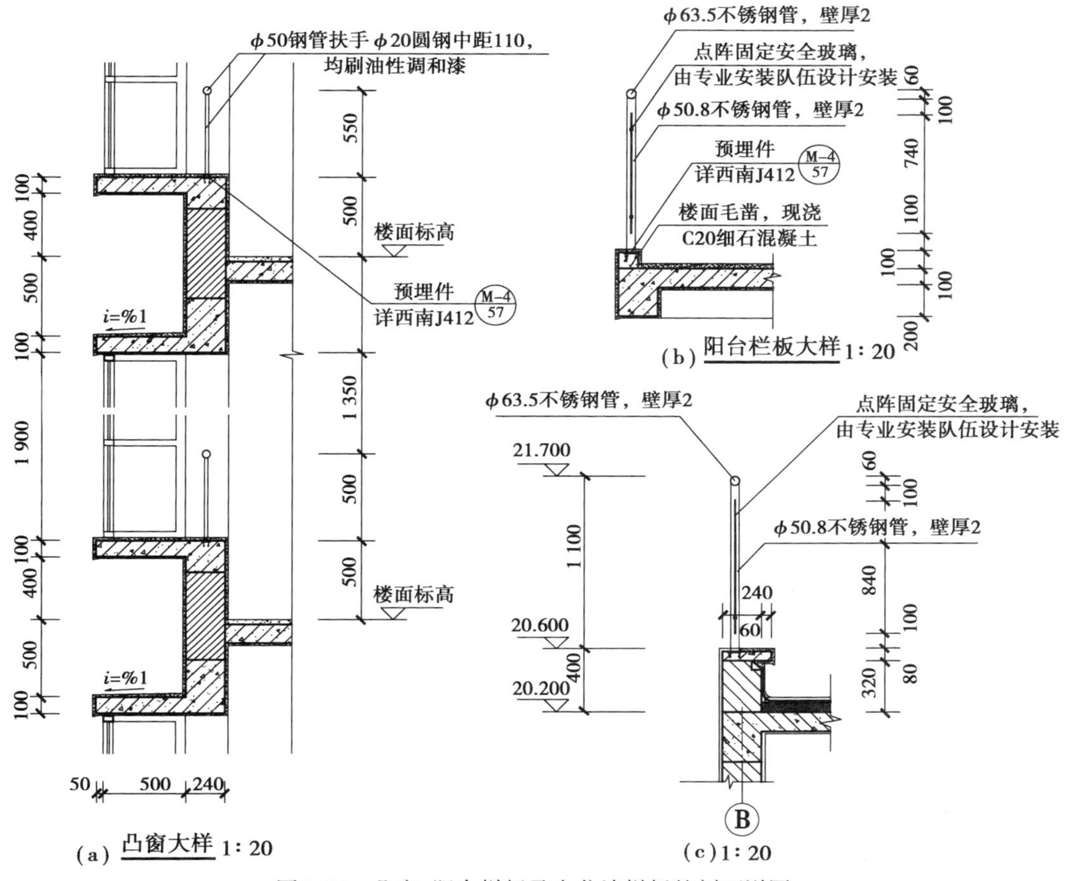

图 6.42　凸窗、阳台栏板及女儿墙栏板的剖面详图

复习思考题

1.施工图根据其内容和各工程不同分为哪几种？

2.建筑施工图的用途是什么？

3.建筑施工图包括哪几种图纸？

4.建筑平面图的用途是什么？

5.建筑立面图的用途是什么？

6.建筑剖面图的用途是什么？

7.什么叫定位轴线？定位轴线怎样进行编号？

8.什么叫开间？什么叫进深？

9.总平面图、各层平面图、立面图、剖面图及详见图的常用比例是什么？

10.总平面图、各层平面图、立面图、剖面图及详见图的尺寸单位是什么？

11.总平面图、各层平面图、立面图、剖面图及详见图的标高单位是什么？标到小数点后几位？

12.各层平面图的外部尺寸一般标注几道？各道尺寸分别标注什么内容？分别称为什么尺寸？

结构施工图

本章导读

通过本章的学习，应明确结构施工图的基本概念，熟悉结构施工图的组成、内容和相应制图规范；掌握结构施工图的阅读方法，理解清楚图示内容，能够用尺规制图的方式绘制结构施工图；认识结构平法施工图的表达方式，重点掌握梁平法施工图的平面注写方式，并能读懂施工图实例，写出读图纪要。

7.1 概述

建筑结构是指在建筑物(或构筑物)中，由建筑材料制成用来承受各种荷载或作用的空间受力体系。组成这个体系的各种构件就称为"结构构件"，其中一些构件，如基础、承重墙、柱、梁、板等，是建筑物的主要承重构件，它们互相支承并联结成整体，构成了建筑物的承重骨架。

▶7.1.1 结构施工图的作用

设计一幢房屋，除了进行建筑设计外，还要进行结构设计。结构设计的基本任务，就是根据建筑物的使用要求和作用于建筑物上的荷载，选择合理的结构类型和结构方案；进行结构布置；经过结构计算，确定各结构构件的几何尺寸、材料等级及内部构造；以最经济的手段，使建筑结构在规定的使用期限内满足安全、适用耐久的要求。把结构设计的成果绘成图样，以表达各结构构件的形状、尺寸、材料、构造及布置关系，称为结构施工图，简称结施图。结施图是建筑工程施工放线、基槽(坑)开挖、支模板、钢筋绑扎、浇筑混凝土、结构安装、施工组织、编制预算的重要依据。

▶7.1.2 常用构件代号

由于结构构件的种类繁多,为了便于读图和绘图,在结构施工图中常用代号来表示构件的名称(代号后面的数字表示构件的型号或编号)。常用构件的名称、代号见表 7.1。

表 7.1 常用构件代号(摘自 GB/T 50105—2010)

序号	名 称	代号	序号	名 称	代号	序号	名 称	代号	序号	名 称	代号
1	板	B	11	框架梁	KL	21	托架	TJ	31	桩	ZH
2	屋面板	WB	12	屋面框架梁	WKL	22	天窗架	CJ	32	梯	T
3	空心板	KB	13	框支梁	KZL	23	框架	KJ	33	雨篷	YP
4	槽形板	CB	14	吊车梁	DL	24	刚架	GJ	34	阳台	YT
5	折板	ZB	15	圈梁	QL	25	柱	Z	35	梁垫	LD
6	密肋板	MB	16	过梁	GL	26	构造柱	G Z	36	预埋件	M
7	楼梯板	TB	17	剪力墙连梁	LL	27	框架柱	KZ	37	天窗端壁	TD
8	墙板	QB	18	基础梁	JL	28	框支柱	KZZ	38	钢筋网	W
9	梁	L	19	楼梯梁	TL	29	基础	J	39	钢筋骨架	G
10	屋面梁	WL	20	屋架	WJ	30	设备基础	SJ	40	混凝土墙	Q

注:预应力钢筋混凝土构件代号,应在构件代号前加注“Y-”,如 Y-KB 表示预应力空心板。
本表摘录了常用的部分构件代号,其余构件代号请读者根据需要查阅《结构制图标准》(GB/T 50105—2010)。

7.2 混合结构民用建筑结构施工图

混合结构民用建筑的结构施工图一般包括结构设计说明、基础施工图(基础平面布置图、基础断面详图和文字说明)、楼层结构布置图(楼层结构布置平面图、屋顶结构布置平面图、楼梯间结构布置平面图、圈梁结构布置平面图)、构件详图等。

▶7.2.1 建筑结构的组成和分类

建筑结构主要由梁、板、墙、柱、楼梯和基础等构件组成,按主要承重构件所采用的材料不同,可分为木结构、混合结构(如砖混结构)、钢筋混凝土结构、型钢混凝土结构和钢结构等,如图 7.1 所示。不同的结构类型,其结构施工图的具体内容及编制方式也各有不同。

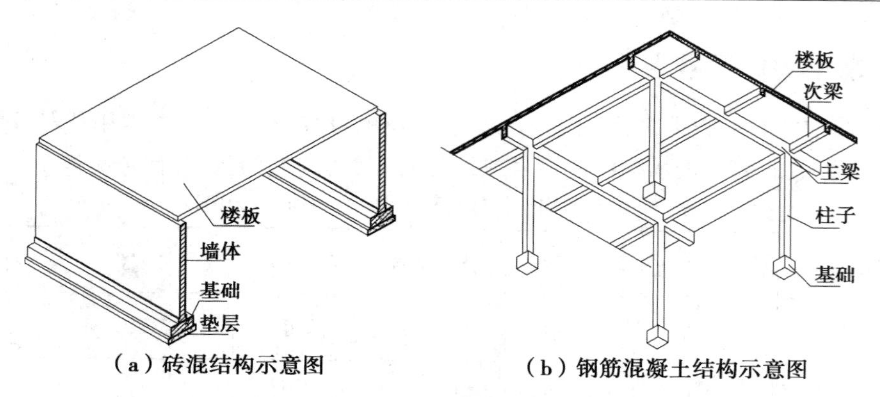

（a）砖混结构示意图　　（b）钢筋混凝土结构示意图

图 7.1　砖混结构与框架结构示意图

▶7.2.2　钢筋混凝土结构及构件

钢筋混凝土结构是目前应用最广泛的建筑结构类型。混凝土是用水泥作胶凝材料，砂、石作集料，与水（加或不加外加剂和掺和料）按一定比例配合，经搅拌、成型、养护而得的人工石材，代号为“C”。混凝土具有较高的抗压强度和良好的耐久性能，但抗拉能力较差，容易因受拉而断裂；其强度等级分为 C10，C15，C20，C30，C40，C45，C50，C55，C65，C70，C75，C80 等，“C”后面的数值越大表示混凝土的抗压强度越高。

为了增强混凝土的抗拉性能，通常在混凝土构件里加入一定数量的钢筋。钢筋不但具有良好的抗拉能力，而且与混凝土有良好的粘接能力，它的热膨胀系数与混凝土也很接近，它们结合成整体，共同承受外力。例如，一简支素混凝土梁在荷载作用下将发生弯曲，其中性层以上部分受压，中性层以下部分受拉。由于混凝土抗拉能力较差，在较小荷载作用下，梁的下部就会因拉裂而折断。若在该梁下部受拉区布置适量的钢筋，由钢筋代替混凝土受拉，由混凝土承担受压区的压力（有时也可在受压区布置适量钢筋，以帮助混凝土受压），这就能够有效提高梁的承载能力，如图 7.2 所示。

配有钢筋的混凝土构件称为钢筋混凝土构件，如钢筋混凝土梁、板、柱等。钢筋混凝土构件按施工方式分为预制钢筋混凝土构件和现浇钢筋混凝土构件。此外，在制作钢筋混凝土构件时，通过张拉钢筋，对混凝土施加预应力，以提高构件的强度和抗裂性能，这样的构件称为预应力钢筋混凝土构件。

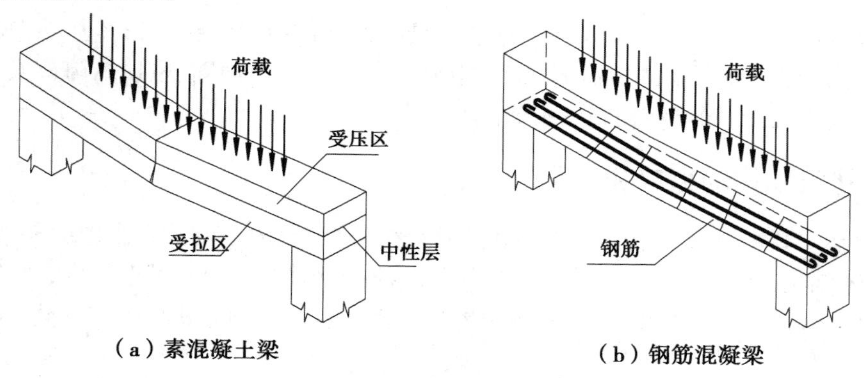

（a）素混凝土梁　　（b）钢筋混凝梁

图 7.2　混凝土梁受力示意图

钢筋可按其轧制外形、力学性能、生产工艺等分为不同类型，普通钢筋一般采用热轧钢筋，其表示符号见表 7.2。

表 7.2　常用钢筋种类

种　类		符号	直径/mm	强度标准值/(N · mm^{-2})
热轧钢筋	HPB23(Q235)	Φ	8~20	235
	HRB335(20MnSi)	Φ	6~50	335
	HRB400(20MnSiV,20MnSiNb,20MnTi)	Φ	6~50	400
	RRB400(20MnSi)	$Φ^{R}$	8~40	400

钢筋混凝土构件的钢筋，按其作用可分为以下几类(见图 7.3)：

①受力筋：也称为"主筋"，主要承受由荷载引起的拉应力或者压应力，使构件的承载力满足结构功能要求，可分为直筋和弯筋两种。

②箍筋：主要承受一部分剪力，并固定受力筋的位置，多用于梁、柱等构件。

③架立筋：用于固定箍筋位置，将纵向受力筋与箍筋连成钢筋骨架。

④分布筋：用于板内，与板内受力筋垂直布置，其作用是将板承受的荷载均匀地传递给受力筋，并固定受力筋的位置。此外，还能抵抗因混凝土的收缩和外界温度变化在垂直于板跨方向的变形。

⑤构造筋：由于构件的构造要求和施工安装需要而设置的钢筋，如吊筋、拉结筋、预埋锚固筋等。

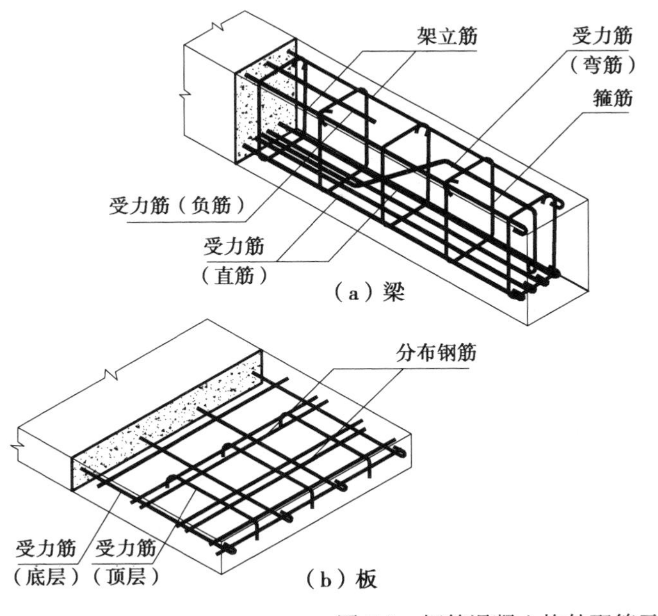

图 7.3　钢筋混凝土构件配筋示意图

▶7.2.3 结构设计说明

以文字的形式表示结构设计所遵循的规范,主要设计依据(如地质条件,风、雪荷载,抗震设防要求等)、设计荷载,统一的技术措施,对材料和施工的要求等。结构设计说明的主要内容包括工程概况,结构的安全等级、类型、材料种类,相应的构造要求及施工注意事项等。对于一般的中小型建筑,结构设计说明可与建筑设计说明合并编写成施工图设计总说明,置于全套施工图的首页。

▶7.2.4 基础施工图

1)基础的组成

基础是建筑底部与地基接触的承重构件,埋置在地下并承受建筑的全部荷载。地基是建筑下方支撑基础的土体或岩体,分为天然地基和人工地基两类。基础按材料可分为:砖基础、毛石基础、素混凝土基础和钢筋混凝土基础等;按其构造方式不同可分为:独立基础、墙(柱)下条形基础、桩基础、筏板基础和箱型基础等,如图 7.4 所示。

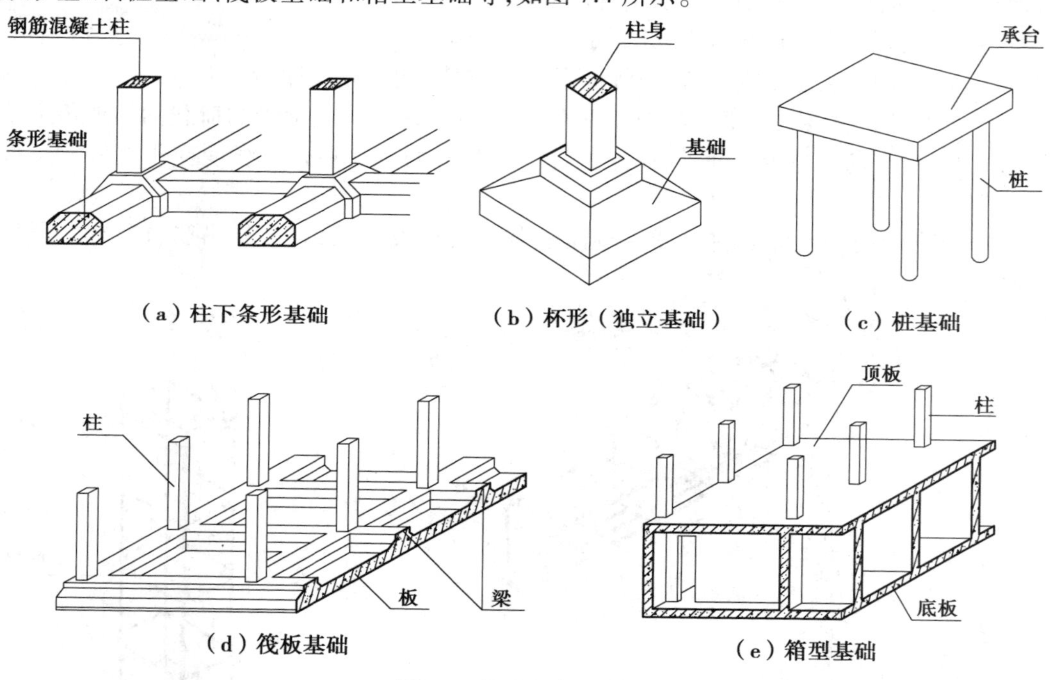

图 7.4 基础形式示意图

墙下条形基础是砖混结构民用建筑常用的基础形式之一,如图 7.5 所示。其中:基坑(槽)是为进行基础或地下室施工所开挖的临时性坑井(槽),坑底与基础底面或地下室底板相接触。埋入地下的墙体称为基础墙(±0.000 标高以下)。基础墙下阶梯状的砌体称为大放脚。在基坑和条基底面之间设置的素混凝土层称为垫层。防潮层为了防止地面以下土壤中的水分进入砖墙而设置的材料层。

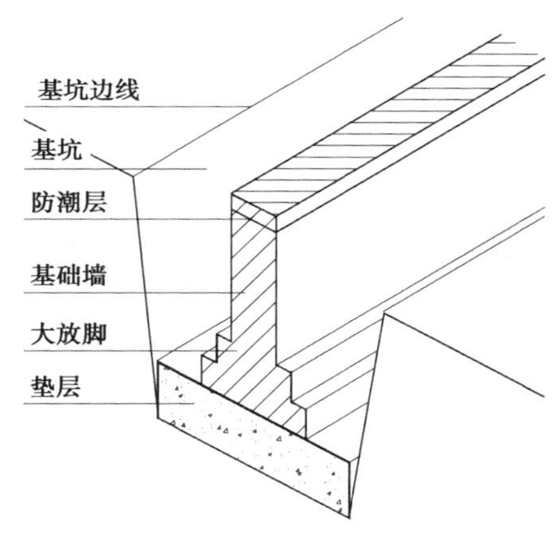

图 7.5 墙下条形基础示意图

基础施工图一般包括基础平面图、基础断面详图和文字说明 3 部分。为了查阅图纸和施工的方便,一般应将这 3 个部分编绘于同一张图纸上。现以某工程墙下(素)混凝土条形基础为例,说明基础图的图示内容及其特点,如图 7.6 所示。

2)基础平面图

基础平面图是假想用一水平剖切面,沿建筑物底层地面将其剖开,移去剖切面以上的建筑物并假想基础未回填土前所作的水平投影。

基础平面图通常采用与建筑平面图相同的比例,如 1∶50,1∶100,1∶150,1∶200 等。其图示内容如图 7.6、图 7.7 所示。

①线型:基础、基础墙轮廓线为中粗实线或中实线,基础底面、基础梁轮廓线为细实线,地沟为暗沟时为细虚线,其他线型与建施图一致。

②轴线及尺寸:结施图中的轴线编号和轴间尺寸必须与建筑平面图相一致,还应标注基础、基础梁与轴线的关系尺寸。

③基础墙:图 7.6 中基底轮廓线内侧的两条中粗实线为基础墙轮廓线,表示条形基础与地面上墙体交接处的宽度(一般与地面上墙体等宽)。

④桩基础:图中中粗实线绘制的线圈即桩基础的轮廓线,代号“WZ”表示人工挖孔桩,线圈内的十字表示桩孔圆心的位置。

⑤基础梁:图中连接桩基础的两条细实线表示基础梁轮廓线,基础梁承担其上方墙体的荷载,并加强结构的刚度。

⑥断面剖切符号:在基础的不同位置,其断面的形状、尺寸、配筋、埋置深度及相对于轴线的位置等都可能不同,需分别画出它们的断面图,并在基础平面图的相应位置画出断面剖切符号,如图 7.6 所示。

从图 7.7 可以看出基础的平面布置情况及基础、基础梁相对于轴线的位置关系等。例如,整栋住宅的基础均采用人工挖孔桩,以①轴线为例,在该轴线上编号为 WZ1,WZ2 的桩基础和基础梁的中心都与轴线重合,而⑤轴线上1/B~1/C轴线间的基础梁就没有居中而是偏心布置,梁中心距轴线为 300 mm。此外,在基础平面布置图中可不画出基础的细部投影,而后在基础详图中将其细部形状反映出来。

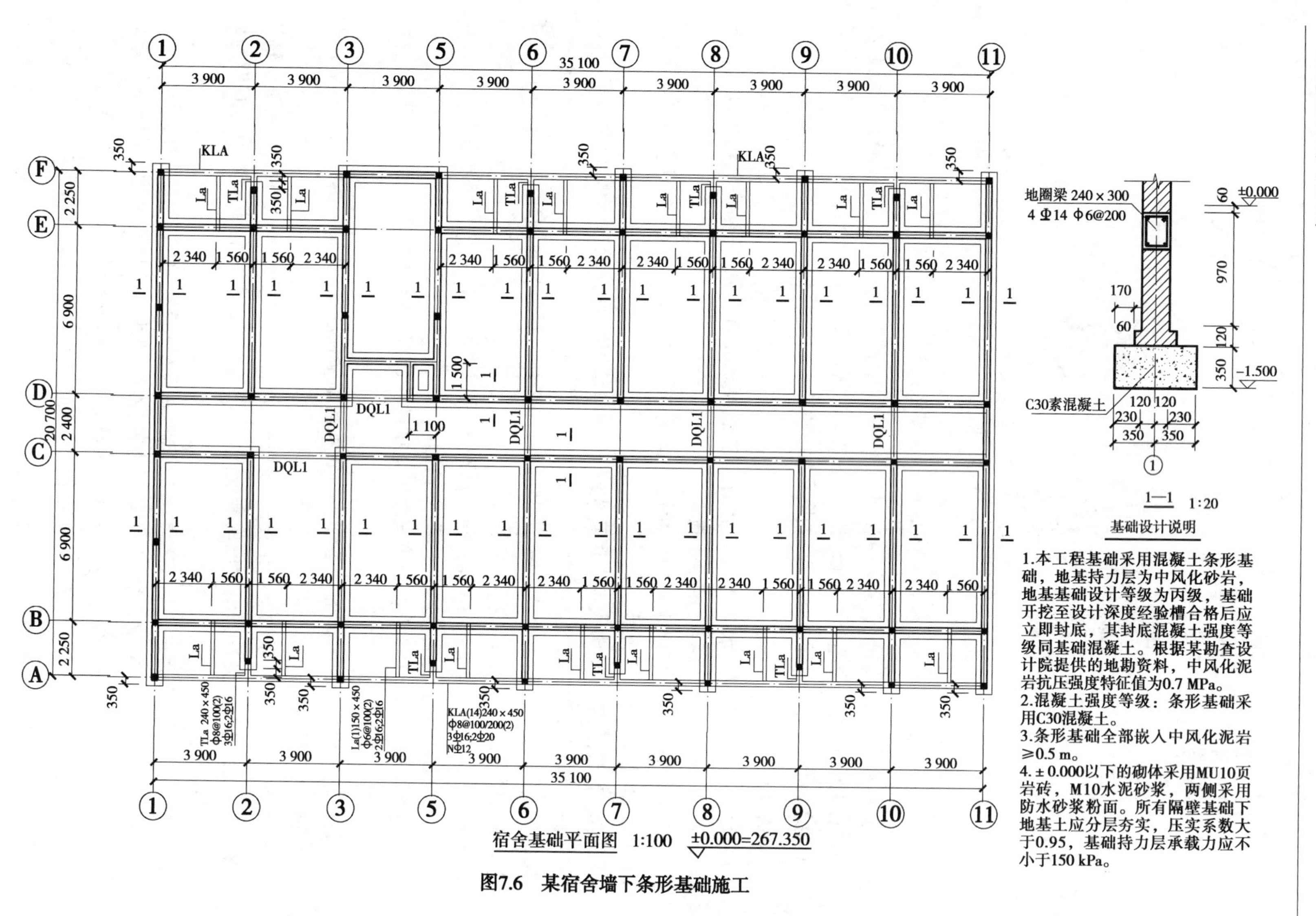

图7.6 某宿舍墙下条形基础施工

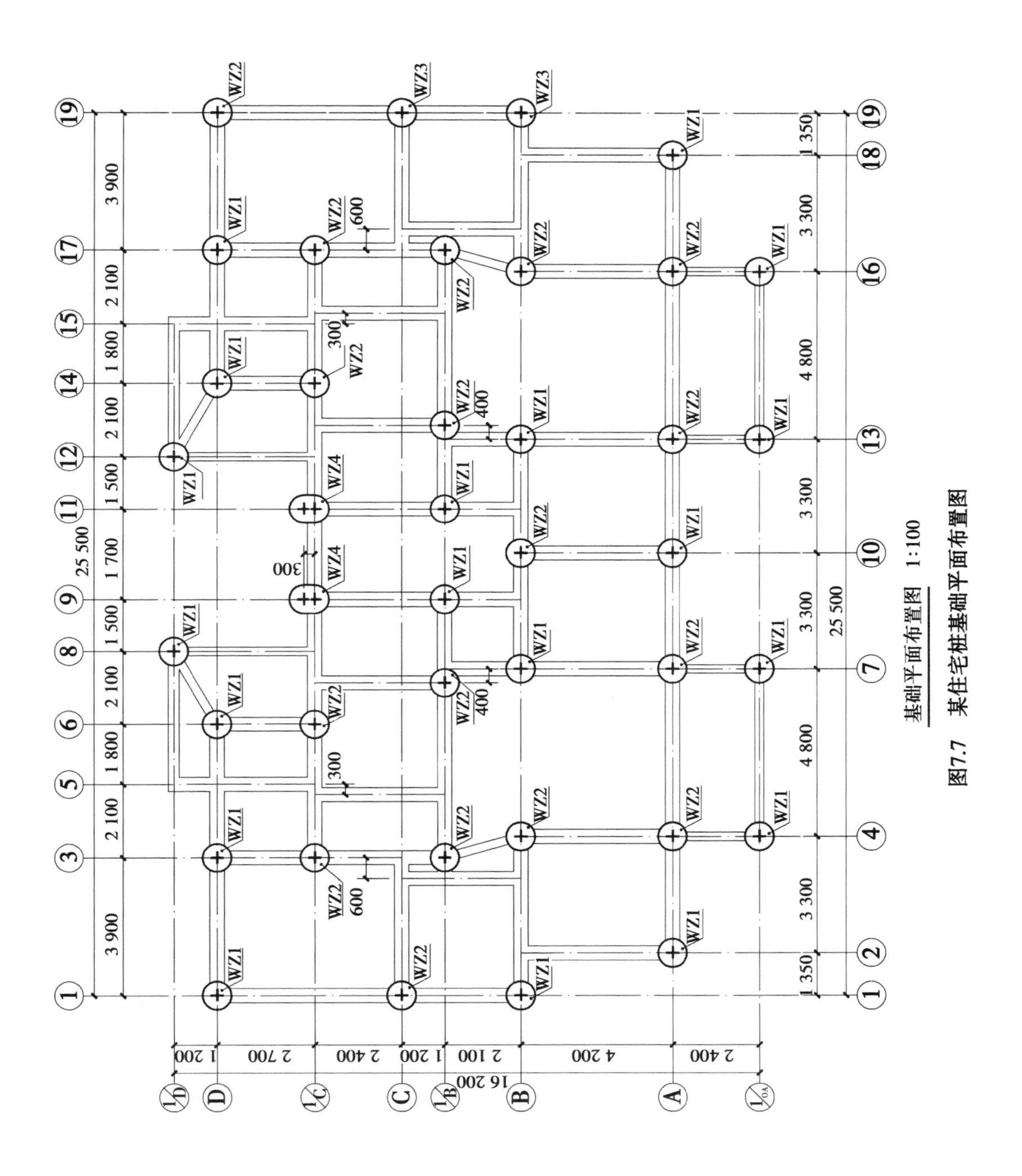

图7.7　某住宅桩基础平面布置图

基础设计说明

1.本工程基础采用人工挖孔扩底注桩基础，桩端持力层为中风化泥岩，要求桩端进入持力层不小于1倍桩径，桩长根据中风化泥岩深度确定且不小于6 m。根据地勘资料，中风化泥岩层的天然湿度单料，中风化泥岩层的天然湿度单轴抗压强度标准值取为frc=4.5MPa。尚应进行可靠的成桩质量检查和单框竖向极限承载力标准值检测。

2.桩身混凝土为C25；混凝土护壁为C20混凝土，进入基岩后可不作桩身护壁。

3.桩身纵筋保护层厚度：50 mm地梁纵解护层厚度：40。

4.地梁及柱纵筋均须铆入桩内40 d，桩间距≤2 100时应采用跳挖施工。

5.各桩未注明定位尺寸时，桩中心与柱中心重合；地梁未注明定中心线均与轴线重合。

6.挖孔桩施工时必须采取可靠的降排水措施，孔底不得有积水，及时清除护壁上的泥浆和孔底残渣，并及时通知设计及相关人员检验验收，经验收合格成孔后，方可浇筑桩身混凝土。

7.±0.000以下砌体采用MU10页岩砖，M10水泥砂浆砌筑，两侧采用防水砂船面。

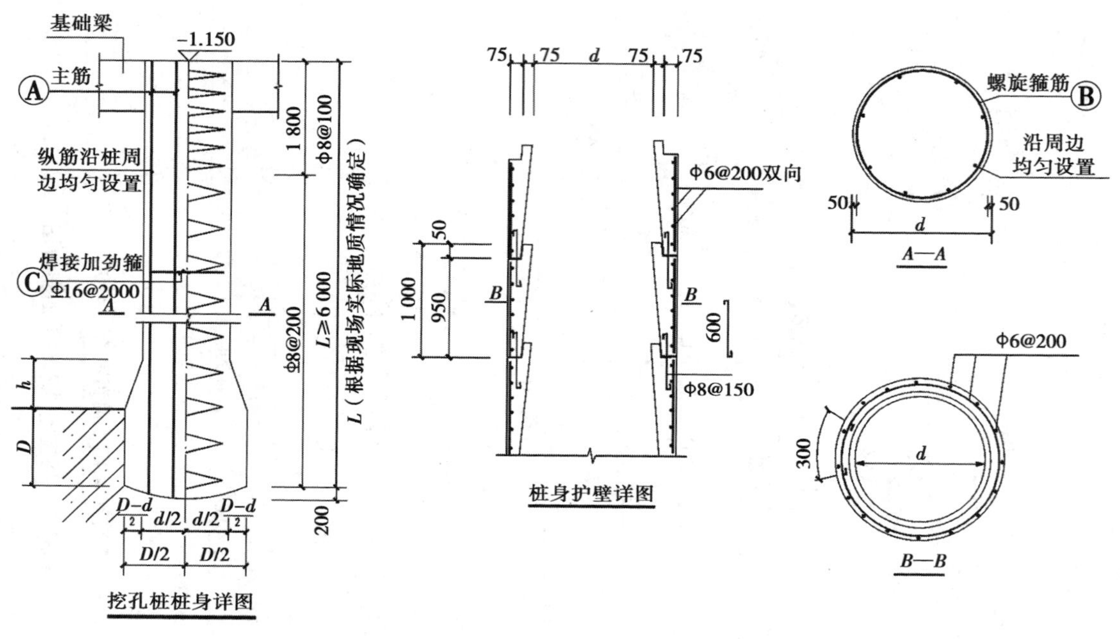

桩断面及配筋表

桩基编号	墩几何尺寸				纵筋Ⓐ	螺旋箍筋	单桩竖向承载力极限值/kN	备注
	d/mm	D/mm	h/mm					
WZ1	800	800			10Φ12	见桩身大样	2 500	
WZ2	800	1 200	600		12Φ12	见桩身大样	3 600	
WZ3	800	1 400	900		12Φ14	见桩身大样	4 950	

400 400
16Φ12
Φ8@300
拉结筋
150~200
400
300
400
焊接封闭箍筋
间距同WZ1
WZ4
不扩底

图 7.8　某住宅桩基础详图

3）基础详图

基础详图主要表示基础的断面形状、尺寸、材料及相应的做法。如图 7.8 所示为上述住宅的桩基础详图，包括基础设计说明、桩身配筋详图、桩护壁配筋详图和桩断面及配筋表。

基础详图的线型表达为:构件轮廓线为细实线,主筋为粗实线,箍筋为中实线。

基础设计说明可以放在基础详图中,也可以放在施工图设计总说明中,其主要内容有:

①基础形式;

②持力层选择;

③地基承载力;

④基础材料及其强度;

⑤基础的构造要求;

⑥防潮层做法及基础施工要求;

⑦基础验收及检验要求。

在桩基础详图中,由于不同编号的桩其尺寸规格和配筋构造大致相同,因此,可用一个桩身详图来统一表示,而对于各桩的特殊尺寸、配筋、承载力等则列表注明,即桩断面及配筋表。

如图 7.8 所示,各桩桩顶标高均为-1.150 m;沿桩身长度方向均配有钢筋规格为 HPB235 级,直径为8 mm的螺旋箍筋,距桩顶1 800 mm范围内为箍筋加密区,螺旋箍筋的间距为100 mm,而非加密区螺旋箍筋的间距为200 mm;此外,沿桩身长度方向还配有钢筋规格为 HRB335,直径为16 mm,间距为2 000 mm的加劲箍筋。各桩的几何尺寸、主筋(纵筋)的配置情况和单桩承载力等则列表注明,如各桩桩径 d 为800 mm,WZ2,WZ3 为扩底桩(桩底部直径大于上部桩身直径),扩底直径 D 分别为1 200 mm和1 400 mm。而对于桩 WZ4(不做扩底),由于其截面形状与其他各桩不同,所以单独画出其桩身断面图,以表达其截面尺寸和配筋情况。另外,图中还画出了桩身护壁详图,从图中可以详细了解护壁的截面尺寸和配筋情况。

►7.2.5 楼层结构布置图

楼层(屋面)结构布置图是假想沿楼面(屋面)将建筑物水平剖切后所得的楼面(屋面)的水平投影,剖切位置在楼板处。它反映出每层楼面(屋面)上板、梁及楼面(屋面)下层的门窗过梁、圈梁等构件的布置情况以及现浇楼面(屋面)板的构造及配筋情况。绘制楼层结构布置图时采用正投影法。钢筋混凝土楼层结构一般采用预制装配式和现浇整体式两种施工方法。

1)预制装配式楼层结构布置图的内容和画法

预制装配式是指将预制厂生产好的建筑构件运送到施工现场进行连接安装的施工方法。其楼层结构采用预制钢筋混凝土楼板压住墙、梁。构件一般采用其轮廓线表示;预制板轮廓线用细实线表示;被楼板挡住的墙体轮廓线用中虚线表示;而没有被挡住的墙体轮廓线用中实线表示;梁(单梁、圈梁、过梁)用粗点画线表示;门、窗洞口的位置用细虚线表示。为了便于确定墙、梁、板和其他构件的施工位置,楼层结构布置图画有与建筑施工图完全一致的定位轴线,并标出轴线间尺寸和总尺寸。

预制装配式结构的常用构件(如板、过梁、楼梯、阳台等)多采用国家或各地制定的标准图集,读图时应首先了解其图集规定的构件代号的含义,然后再看结构布置平面图,这样对构件的布置情况才可以完全了解。例如,国家建筑标准图集(03G322-1)中所给出的钢筋混凝土过梁代号的注写方式如图 7.9 所示。

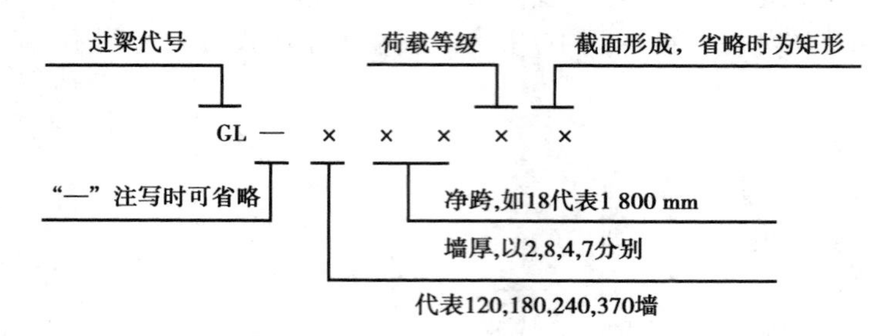

图 7.9　钢筋混凝土过梁代号的注写方式

下面以图 7.10 为例,说明预制装配式楼层结构布置图的基本内容。图中 B 轴线上标有"GL-4102"的粗点画线,表示该处门洞口上方有一根过梁,过梁所在的墙厚为240 mm,净跨度(洞口宽度)为1 000mm,荷载等级为 2 级;外墙轴线上的粗点画线表示圈梁,编号为"QL",截面尺寸为 240×240;细实线绘制的矩形线框表示钢筋混凝土预制板,常见类型有平板、槽形板和空心板,由于预制楼板大多数是选用标准图集,因此,在施工图中应标明预制板的代号、跨度、宽度及所能承受的荷载等级,如图中"3Y-KB395-3"表示 3 块预应力空心板,板跨度为3 900,宽度为 500(常用板宽为 500,600 和 900 等),荷载等级 3 级。

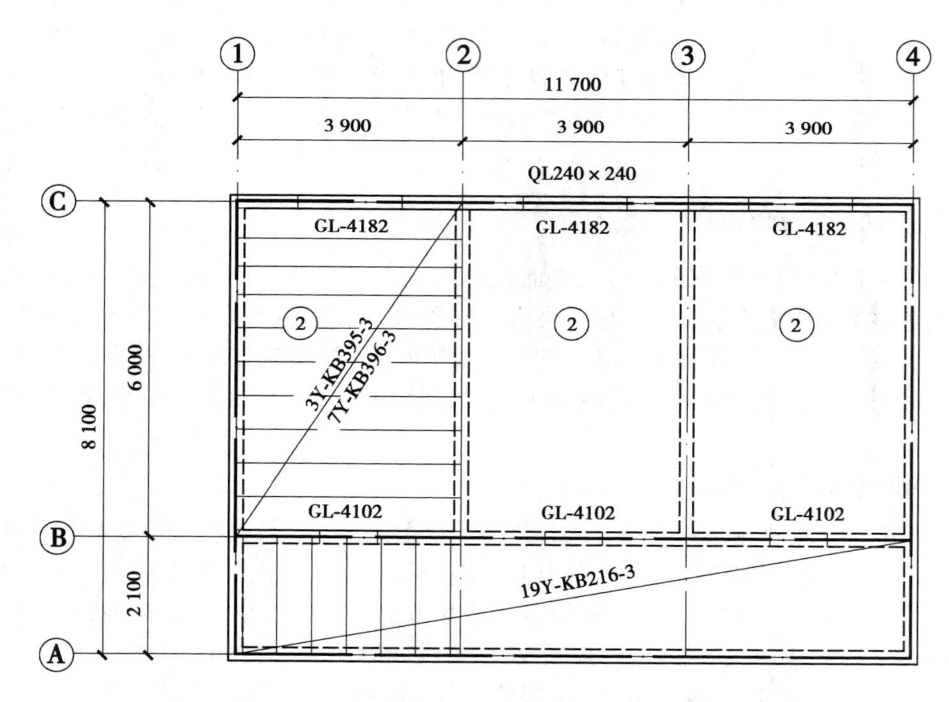

图 7.10　某宿舍楼层预制楼盖结构布置图(局部)

2)现浇整体式楼层结构布置图的内容及画法

现浇整体式钢筋混凝土楼盖由楼板、次梁和主梁构成,三者在施工现场用混凝土整体浇注,结构刚度较好,适应性强,但模板用量较多,现场湿作业量大,施工工期较长,成本比预制装配式楼层要高。

现浇整体式楼层布置图的线型表达为:中实线表示未被楼面构件挡住的墙体,而被楼面构件挡住的墙体则用中虚线表示,未被楼面构件挡住的梁为细实线,被楼面构件挡住的梁为细虚线,柱截面按实际尺寸绘制,需要用图例填充,当绘图比例小于 1∶50 时可以直接涂黑,而屋顶柱用中实线绘制,不需涂黑。下层的门窗洞口及雨篷为细实线,现浇楼板有高差时,其交界线为细实线,并以粗实线画出受力钢筋,每种规格的钢筋可只画一根,并应注明其规格、直径、间距和数量等。

楼层结构布置图的读图方法和步骤如下:

①看图名、轴线、比例弄清各种文字、字母和符号的含义,了解常用构件的代号。

②弄清各种构件的空间位置,如该楼层中哪个房间有哪些构件,构件数量是多少。

③构件数量、构件详图的位置,采用标准图的编号和位置。

④弄清各种构件的关系及相互的连接和构造。

⑤结合设计说明了解设计意图和施工要求。

图 7.11 至图 7.15 分别为本书第 6 章中建施图所示住宅的顶板结构平面布置图,下面以其为例,介绍现浇整体式楼层结构布置图的基本内容。如图 7.11 所示,本层(一层)现浇板钢筋采用规格为 HRB500 热轧带肋钢筋,板厚为100 mm。楼层结构布置图中应标注轴线编号、轴间尺寸、轴线总尺寸以及各梁与轴线的关系尺寸,此外,还应标注该层的楼面标高,图中在图名右侧注有一层楼面标高为3.000 m,对于与楼面标高存在高差的房间,应将其高差注写在图中该房间位置,如⑮~⑰轴线间的卫生间板面标高为h-0.060 m,表示该房间相对于本层楼面标高降低了60 mm,又如位于楼层两端的卧室、书房等房间的板面标高为h+0.450 m,表示这些房间相对于本层楼面抬升了450 mm。当个别房间的板厚与设计说明中的板厚不同时,应单独将其厚度注写在该房间位置,如图 7.11 所示中①~③轴线间的卧室板厚为110 mm,④~⑦轴线间的客厅板厚为120 mm。对与楼层平面中的梁、柱等构件还应进行编号,如图 7.11 所示中的阳台转角柱 Z-1 等。

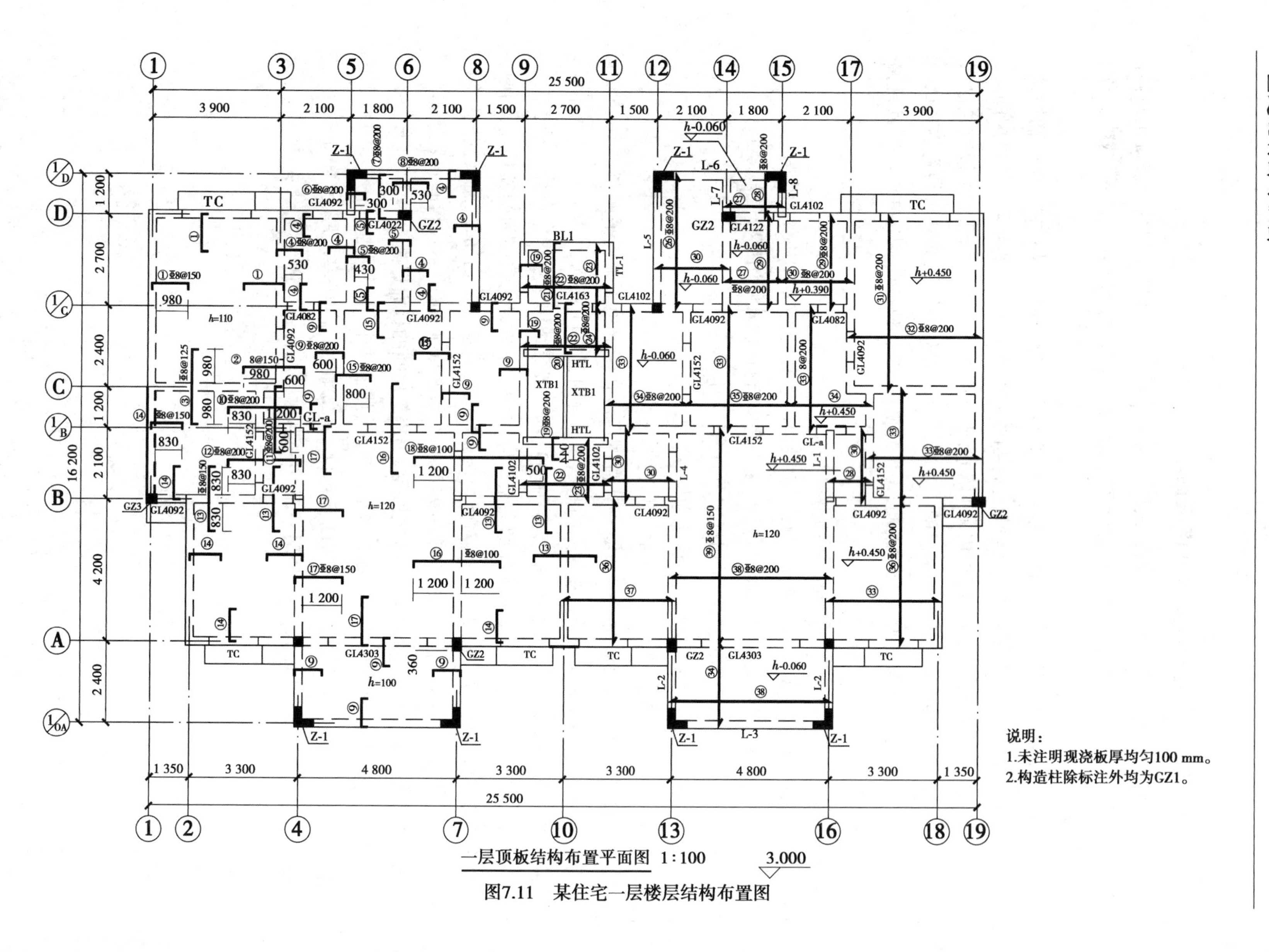

说明：
1.未注明现浇板厚均匀100 mm。
2.构造柱除标注外均为GZ1。

图7.11 某住宅一层楼层结构布置图

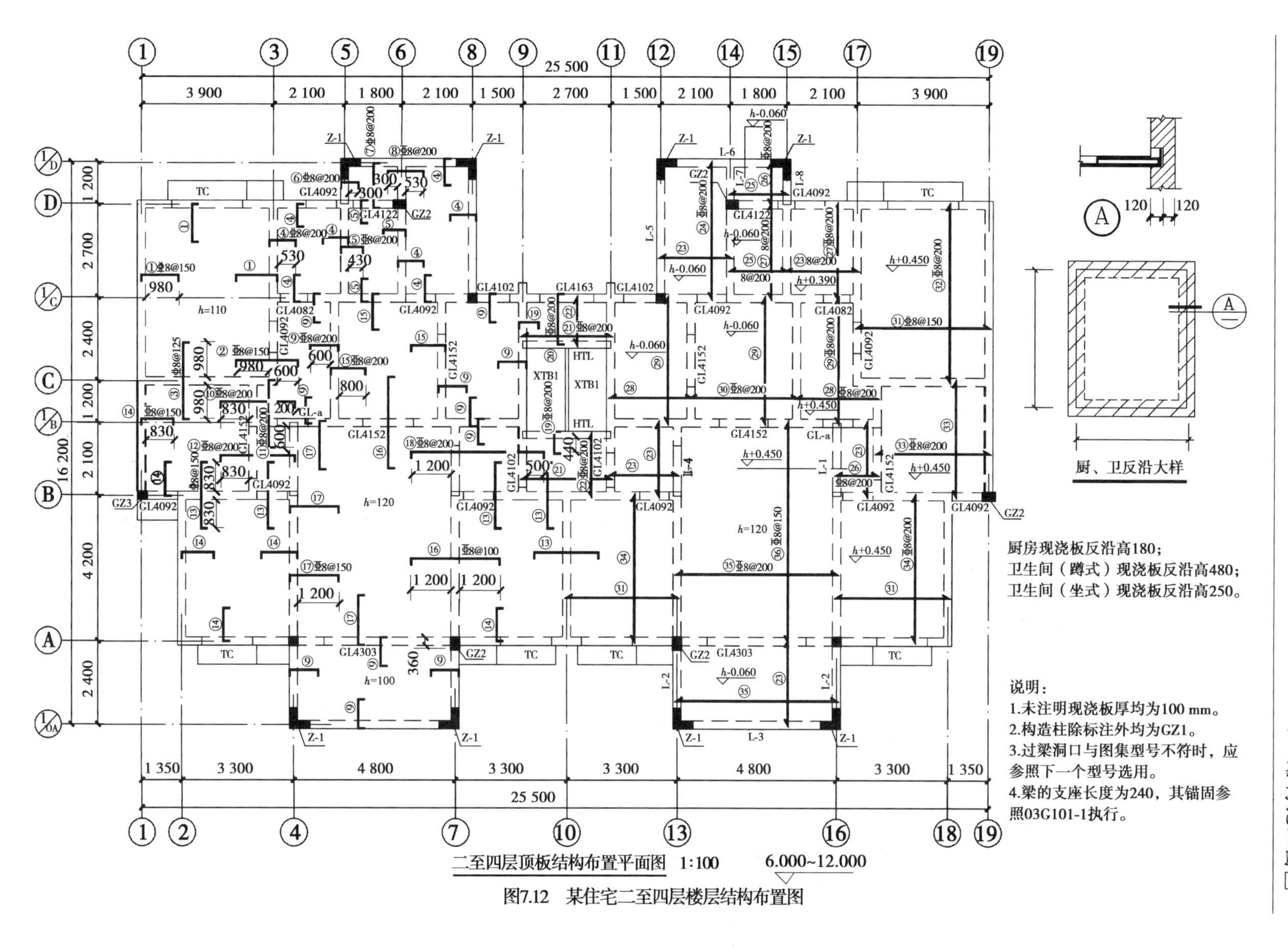

图7.12 某住宅二至四层楼层结构布置图

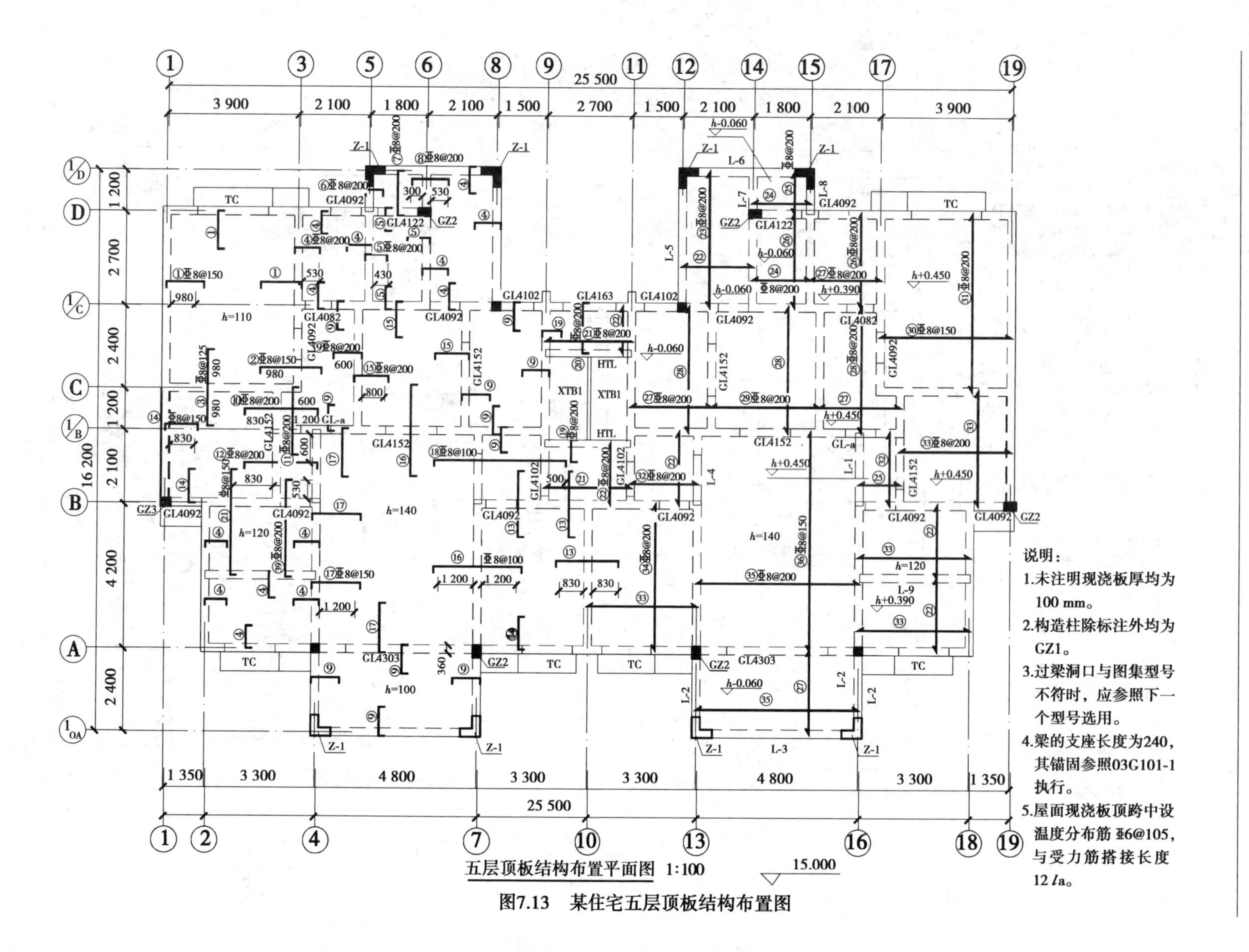

图7.13　某住宅五层顶板结构布置图

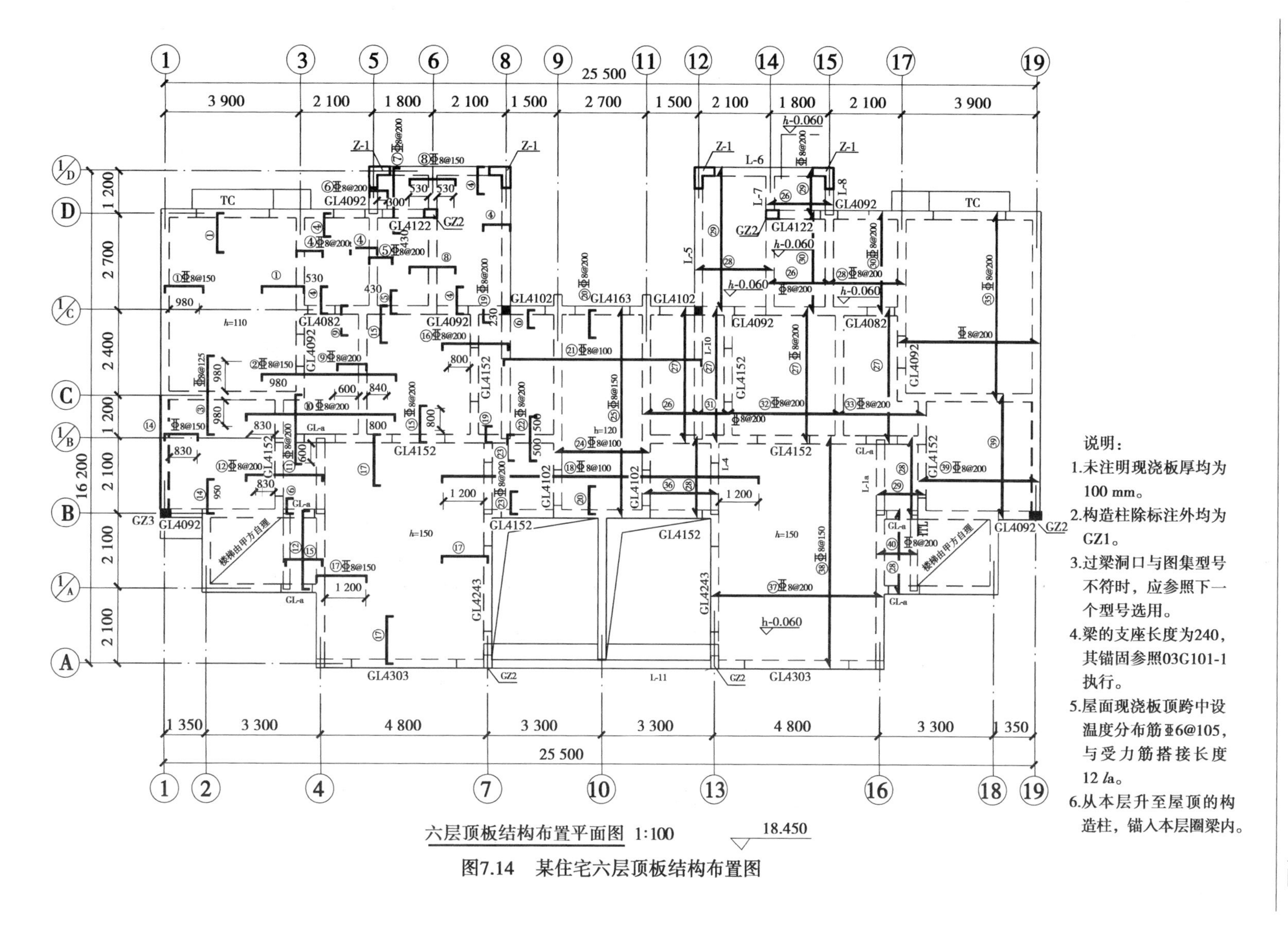

说明：

1.未注明现浇板厚均为100 mm。

2.构造柱除标注外均为GZ1。

3.过梁洞口与图集型号不符时，应参照下一个型号选用。

4.梁的支座长度为240，其锚固参照03G101-1执行。

5.屋面现浇板顶跨中设温度分布筋Φ6@105，与受力筋搭接长度12 *la*。

6.从本层升至屋顶的构造柱，锚入本层圈梁内。

图7.14 某住宅六层顶板结构布置图

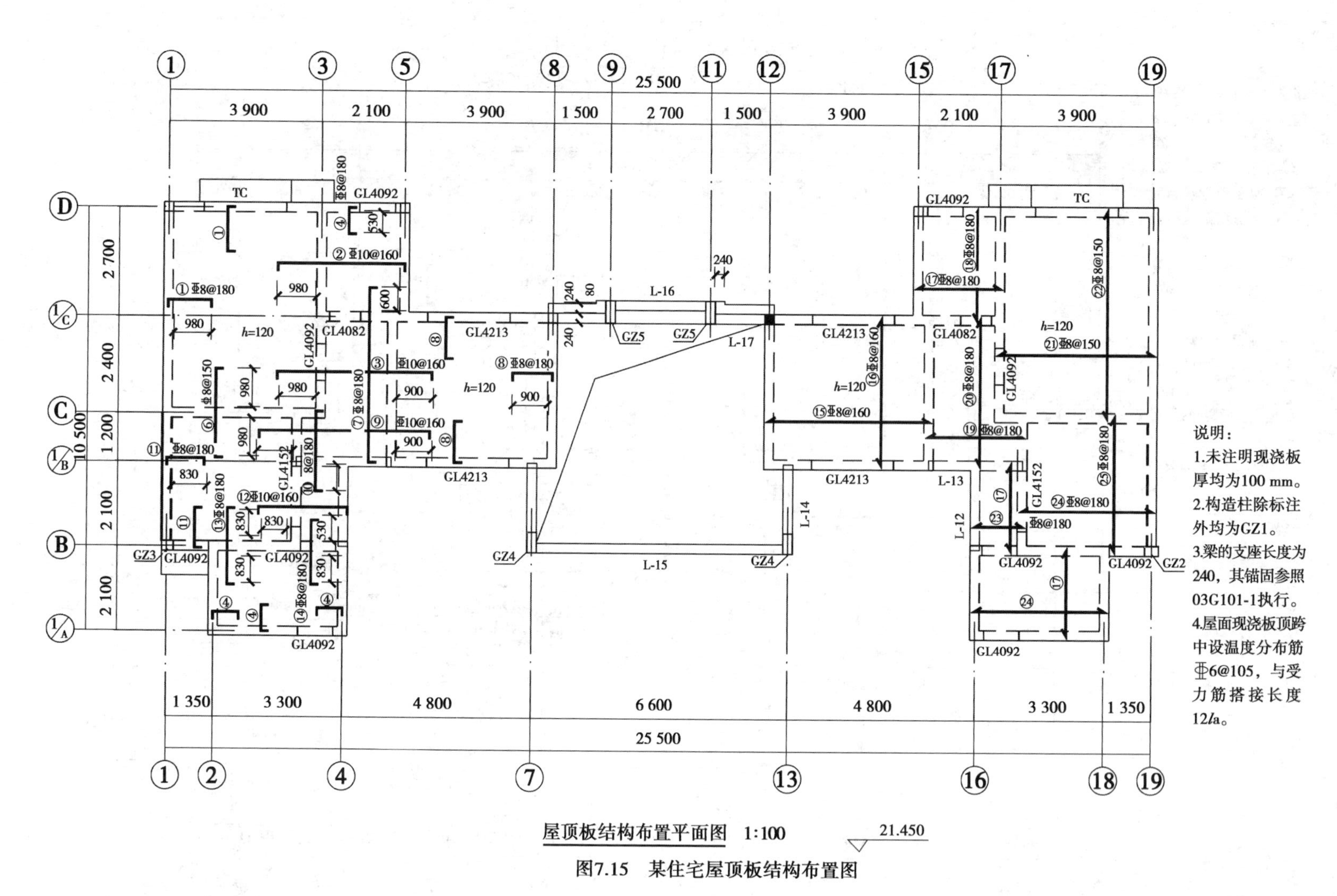

图7.15 某住宅屋顶板结构布置图

由于该住宅单元的两个户型完全相同,结构布置也完全相同,因此左边的户型内仅绘制顶层的钢筋,而在右边的户型内绘制底层的钢筋和标高标注。在楼层结构布置图中表达楼板的双层配筋时,底层钢筋弯钩应向上或向左,如图 7.16(a)所示;顶层钢筋则向下或向右,如图 7.16(b)所示。

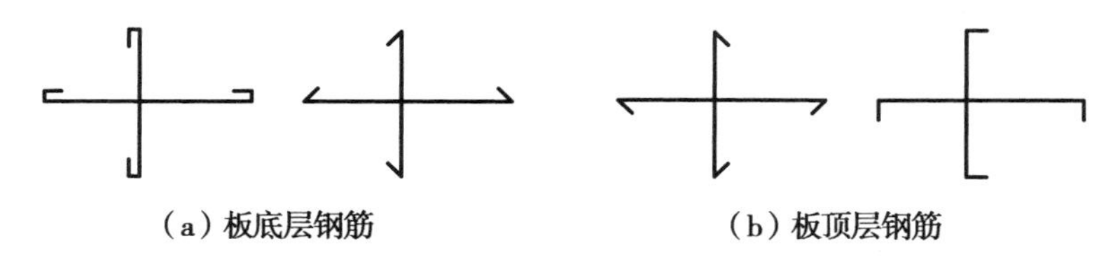

(a) 板底层钢筋　　(b) 板顶层钢筋

图 7.16　板双层配筋画法

现浇楼板中的钢筋应进行编号。对型号、形状、长度及间距相同的钢筋采用相同的编号,底层钢筋与顶层钢筋应分开编号。图 7.11 中注明了各种钢筋的编号、规格、直径间距等,如④ D8@200(图左上方)表示编号为 4 号的钢筋,直径为8 mm,规格为 HRB500,间隔200 mm布置一根。5 号钢筋与 4 号钢筋在直径、规格、间距等方面都相同,仅长度不同,因此,也要对其另外编号。在布置板钢筋时还应注明钢筋切断点到梁边或墙边的距离,如 4 号钢筋切断点到墙边的距离为530 mm。相同编号的钢筋可以仅对其中一根的长度、型号、间距和切断点位置进行标注,其他钢筋注明序号即可。

在结构布置平面图中还应画出过梁的位置,从图 7.11 可知,门洞口和一些窗洞口上方均设有过梁,如Ⓑ轴线上的窗洞口过梁 GL4092;Ⓓ轴线上 1~3 轴线间的 TC 为凸窗梁;⑨~⑪轴线间有雨棚和楼梯,雨棚顶板由挑梁 TL-1 和边梁 BL1 承担;HTL 为楼梯横梁,XTB1 为 1 号现浇楼梯板。

当楼层若干层结构布置情况完全相同时,这些楼层可用同一结构布置平面图来表示,称为结构标准层,如图 7.12 所示,二至四层的顶板结构布置情况相同,为一个结构标准层,与一层顶板结构布置图相比,结构标准层的区别只是在⑨~⑪轴间无雨棚,其他大致相同。

图 7.13 为五层顶板结构平面布置图,和结构标准层相比,不同之处在于图中②~④轴交Ⓐ~Ⓑ轴线房间内增设由六层通向六加一层的楼梯。由于(1/0A)轴线上的柱 Z-1 已位于屋顶处,用中实线绘制,不用涂黑,其他结构布置情况大体相同。

图 7.14 为六层顶板结构布置平面图,其中⑦~⑬轴线交Ⓐ~Ⓑ轴线处为孔洞,孔洞周边的墙可见,画成中粗实线;Ⓐ轴线、(1/D)轴线及Ⓓ轴线上的柱已位于屋顶处,用中实线绘制,不用涂黑。屋顶板结构布置平面图如图 7.15 所示,⑦~⑬轴线间为孔洞,孔洞周边的墙可见,画成中粗实线;屋顶柱用中实线绘制,不用涂黑。

▶7.2.6 构件详图

钢筋混凝土构件详图是加工钢筋，制作、安装模板，浇筑混凝土的依据。包括模板图、配筋图、钢筋明细表及文字说明。

(1)模板图

模板图为安装模板、浇筑构件而绘制的图样。主要表示构件的形状、尺寸、预埋件位置及预留洞口的位置和大小等，并详细标注其定位尺寸。对于外形较简单的构件，一般不必单独画模板图，只需在配筋立面图中将构件的外形尺寸表示清楚即可。

(2)配筋图

配筋图主要表示构件内部各种钢筋的布置情况，以及各种钢筋的形状、尺寸、数量、规格等，其内容包括配筋立面图、断面图和钢筋详图。具内容及要求如下：

①梁的可见轮廓线以细实线表示，其不可见轮廓线以细虚线表示。

②图中钢筋一律以粗实线绘制，钢筋断面以小黑圆点表示。箍筋若沿梁全长等距离布置，则在立面图中部画出3~4个即可，但应注明其间距。钢筋与构件轮廓线应有适当距离，以表示混凝土保护层厚度(按照规范规定，梁的保护层厚度为25 mm，板为15~20 mm)。

③断面图的数量应视钢筋布置的情况而定，以将各种钢筋布置表示清楚为宜。

④尺寸标注：在钢筋立面图中应标注梁的长度和高度，在断面图中应标注梁的宽度和高度。

⑤对于配筋较复杂的构件，应将各种编号的钢筋从构件中分离出来，在立面图下方以与立面图相同的比例画出钢筋详图，并在图中分别标注各种钢筋的编号、根数、直径以及各段的长度(不包括弯钩长度)和总长。

(3)钢筋明细表

为便于预算编制和现场加工钢筋，常用列表的方式表示结构图中的钢筋形式及数量。其内容包括构件名称、构件数量、钢筋图(需画出钢筋形式)，钢筋根数，单根质量，总重等。

(4)文字说明

以文字形式说明该构件的材料、规格、施工要求、注意事项等。

下面以上述住宅的构件详图为例，说明构件详图的图示内容。

如图7.19所示，在楼层结构布置平面图中进行过编号的构件都画出了其相应的构件详图，其中有各种构件的断面图，如梁、柱、楼梯板、梁垫、凸窗梁等，以及圈梁的大样图和连接做法等内容。

从断面图中可以详细地看出构件的宽度、高度及配筋情况。例如，梁L-4(见图7.17)的断面图中可知该梁宽度为240 mm，高度为250 mm，梁顶配有两根直径为12 mm，规格为HRB335的纵向钢筋，梁底配有直径为16 mm，规格为HRB335的纵向钢筋，梁沿长度方向通长配有间距200 mm，直径为8 mm，规格为HPB235的箍筋。

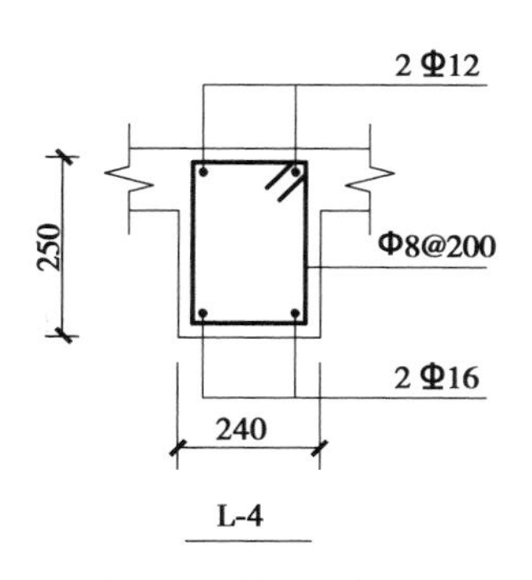

图 7.17 梁 L-4 断面图

再比如，从楼梯板 XTB1 的配筋断面图（见图 7.18）可知梯段长 2 430 mm，梯段高 1 500 mm，踏步宽 270 mm，踢面高 150 mm，梯段板厚 100 mm。梯段板距梯段端部 800 mm 范围内配有板顶钢筋，梯段板下部配有通长的板底钢筋；梯段板所有钢筋直径为 8 mm，钢筋规格为 HRB500 热轧带肋钢筋，其中 1 号板底钢筋沿梯段板长度方向通长布置，间距为 100 mm，2 号钢筋沿梯段宽度方向布置，间距为 200 mm，3 号、4 号钢筋分别位于板下端与上端，沿板长方向布置，钢筋间距均为100 mm。

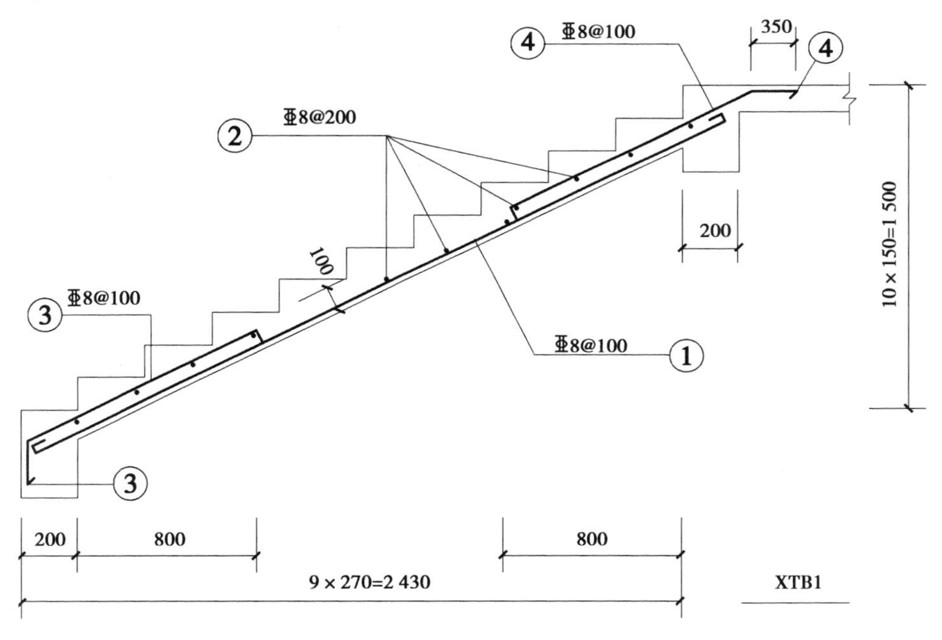

图 7.18 楼梯板 XTB1 的配筋断面图

构件详图中还可加入必要的文字说明，如图 7.19 中说明了梁伸入支座的构造要求，以及空调板的配筋情况。

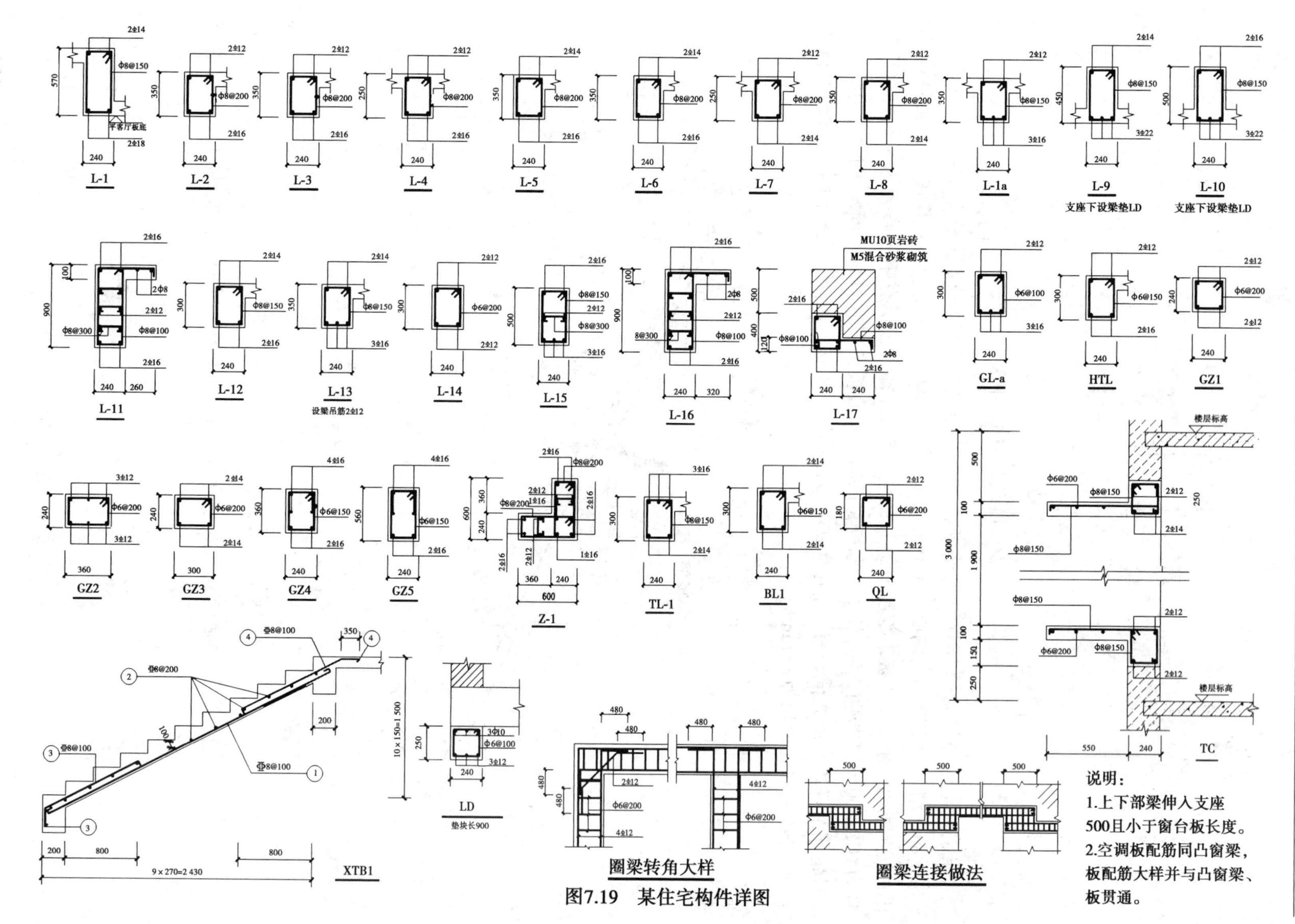

图7.19　某住宅构件详图

7.3 钢筋混凝土结构施工图平面整体表示方法简述

▶7.3.1 概述

钢筋混凝土结构施工图平面整体表示方法,简称平法,是我国对钢筋混凝土结构施工图设计方法所作的重大改革,也是目前广泛应用的结构施工图画法。它是把结构构件的尺寸、形状和配筋按照平法制图规则直接表达在各类结构构件的平面布置图上,再与标准构件详图结合,构成一套完整的结构设计图。该方法表达清晰、准确,主要用于绘制现浇钢筋混凝土结构的梁、板、柱、剪力墙等构件的配筋图。

平法施工图是根据国家建筑标准设计图集《混凝土结构施工图平面整体表示方法制图规则和构造详图》(11G101-1)中的制图规则绘制的。

▶7.3.2 梁平法施工图的表示方法

梁平法施工图是在梁平面布置图上采用平面注写方式或截面注写方式表达的梁构件配筋图,钢筋构造要求按图集要求执行,并据此进行施工。

绘制梁平法施工图时,应分别按不同结构层将梁与其相关的柱、墙、板一起采用适当的比例绘制,并注明各结构层的顶面标高及相应的结构层号。图中梁应进行编号,梁宽根据实际尺寸按比例绘制,梁平面位置要与轴线定位,对轴线未居中的梁,应标注其偏心定位尺寸,贴柱边的梁可不标注。

梁平法施工图的表示方法分为截面注写方式和平面注写方式。本书主要介绍平面注写方式。

1)截面注写方式

截面注写方式是在分标准层绘制的梁平面布置图上,分别在不同编号的梁中各选择一根梁用剖面号引出配筋图,并在其上注写配筋尺寸和配筋具体数值的方式来表达梁平法施工图。

2)平面注写方式

平面注写方式是在梁平面布置图上,将不同编号的梁各选一根为代表,在其上面注写截面尺寸、配筋情况及标高,如图 7.21 所示。平面注写法又分为集中标注与原位标注。集中标注表达梁的通用数值,原位标注表达梁的特殊数值。当集中标注的某项数值不适用于梁的某部位时,则将该数值原位标注,施工时,原位标注取值优先。

梁编号由梁类型、代号、序号、跨数及有无悬挑组成,应符合表 7.3 的规定。

表 7.3　梁编号表

梁类型	代号	序号	跨数及是否带悬挑
楼面框架梁	KL	××	(××),(××A)或(××B)
屋面框架梁	WKL	××	(××),(××A)或(××B)
框支梁	KZL	××	(××),(××A)或(××B)
非框架梁	L	××	(××),(××A)或(××B)
悬挑梁	XL	××	
井字梁	JZL	××	(××),(××A)或(××B)
基础梁	JL	××	(××),(××A)或(××B)

注:(××A)为一端悬挑,(××B)为两端悬挑,悬挑不计入跨数。

例如,JL19(2A)表示第 19 号基础梁 2 跨,一端悬挑;L9(7B)表示第 9 号非框架梁,7 跨,两端悬挑。

下面以如图 7.20 所示上述住宅的基础梁平法施工图为例,介绍平面注写方式的主要内容。

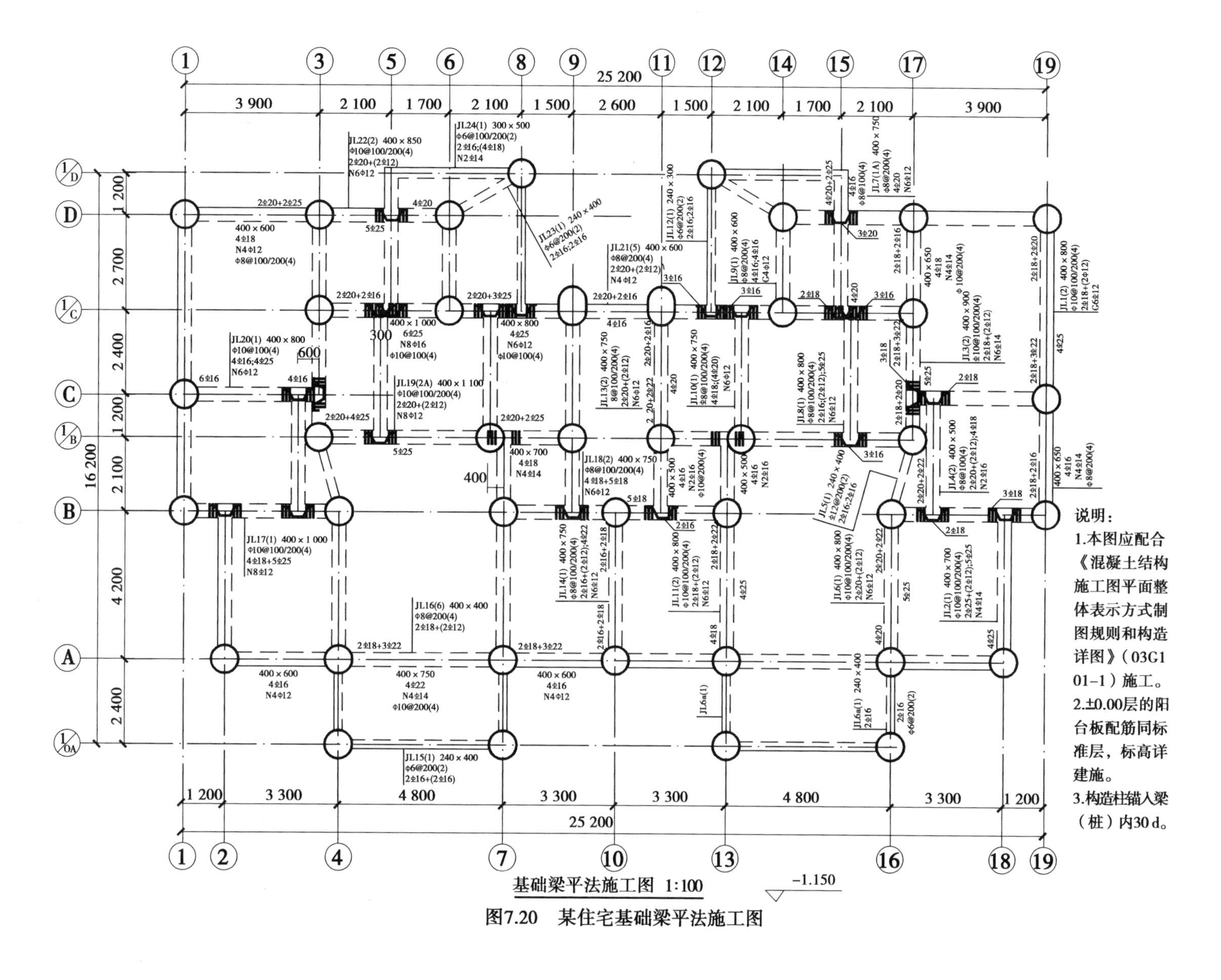

图7.20 某住宅基础梁平法施工图

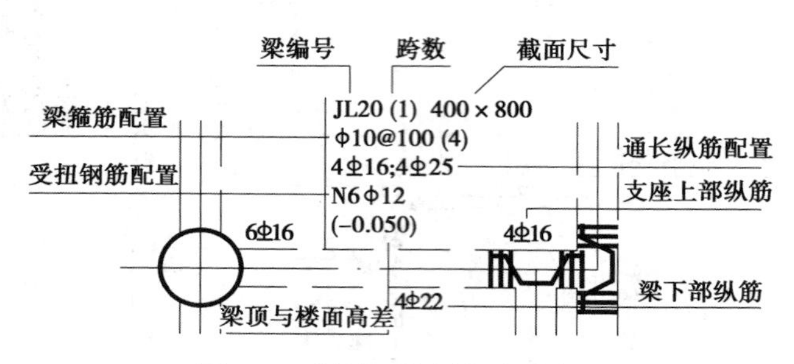

图 7.21　梁平面注写方式示意图

(1)梁集中标注的内容

梁集中标注的内容有 5 项必注值及一项选注值(集中标注可以从梁的任意一跨引出),其中 5 项必注值及其标注规则如下:

①梁的编号:按表 7.3 规定执行。

②梁截面尺寸:等截面梁用 $b\times h$ 表示,b 为梁宽,h 为梁高;加腋梁用 $b\times h$,$YC_1\times C_2$ 表示,其中 C_1 为腋长,C_2 为腋高;对于悬挑梁,当根部和端部高度不同时,用 $b\times h_1/h_2$ 表示,其中 h_1 为根部截面高度,h_2 为端部截面高度。

③梁箍筋:包括钢筋级别、直径、加密区与非加密区间距及肢数。箍筋加密区与非加密区的间距及肢数不同时,需要用斜线“/”分隔;当梁箍筋为同一间距及肢数时,则不需用斜线;当加密区与非加密区的箍筋肢数相同时,则将肢数注写一次;箍筋肢数应写在括号内。加密区范围见相应抗震等级的标准构造详图。

如图 7.22(a)所示,“φ10@ 100/200(4)”表示箍筋为 HPB235 钢筋,直径为φ10,加密区间距为 100,非加密区间距为 150,且均为四肢箍筋。

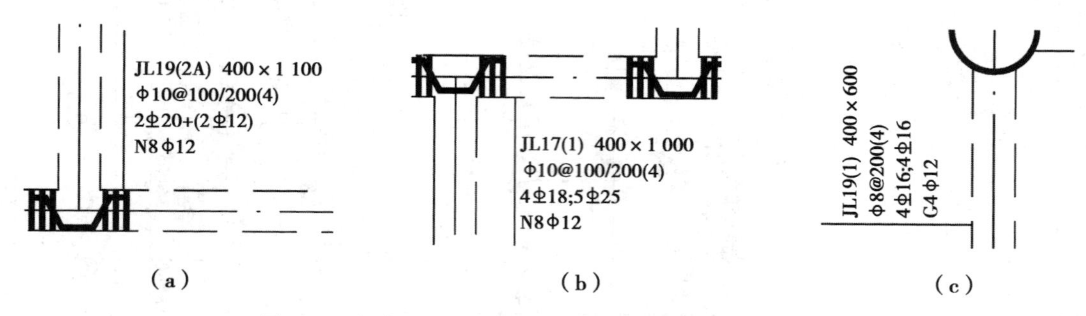

图 7.22　梁集中标注示意图(本图从图 7.19 中截取放大)

④梁上部通长钢筋或架立钢筋配置:当同排纵筋中既有通长筋又有架立筋时,应用加号“+”将通长筋和架立筋相连,注写时须将角部纵筋写在加号前面,架立筋写在加号后面的括号内,以示不同直径及与通长筋的区别,当全部采用架立筋时,则将其写入括号内。如图 7.22(a)所示,“2 Φ 20+(2 Φ 12)”表示梁上部配有两根Φ 20 通长筋,并配有两根Φ 12 架立筋。当

梁的上部纵筋和下部纵筋为全跨相同,且多数跨配筋相同时,此项可加注下部纵筋的配筋值,用分号“;”将上部与下部纵筋的配筋值分隔开来,少数跨不同者,采用原位标注处理。如图7.22(b)所示,“4 ⌀ 18;5 ⌀ 25”表示梁上部配有4根⌀ 18通长筋,梁下部配有5根⌀ 25通长筋。

⑤梁侧面纵向构造钢筋或受扭钢筋配置:梁侧面纵向构造钢筋的注写值以大写字母“G”打头,持续注写配置在梁两个侧面的总配筋值,且对称配置。如图7.22(c)中,“G4 ϕ12”表示梁的两个侧面共配置4根ϕ12的纵向构造钢筋,每侧各配置两根。当梁侧面配置有受扭纵向钢筋时,注写值以大写字母“N”打头,接续注写配置在梁两个侧面的总配筋值,且对称配置。受扭纵向钢筋应满足梁侧面纵向构造钢筋的间距要求,且不再重复配置纵向构造钢筋。如图7.22(b)所示,“N8 ϕ12”表示梁的两侧共配置8根ϕ12的受扭纵向钢筋,每侧各配置4根。

梁集中标注中的一项选注值为梁顶面标高与楼面标高的差值,当没有高差时无此项。如图7.21所示,(-0.050)表示该梁顶面标高比楼面标高低50 mm。

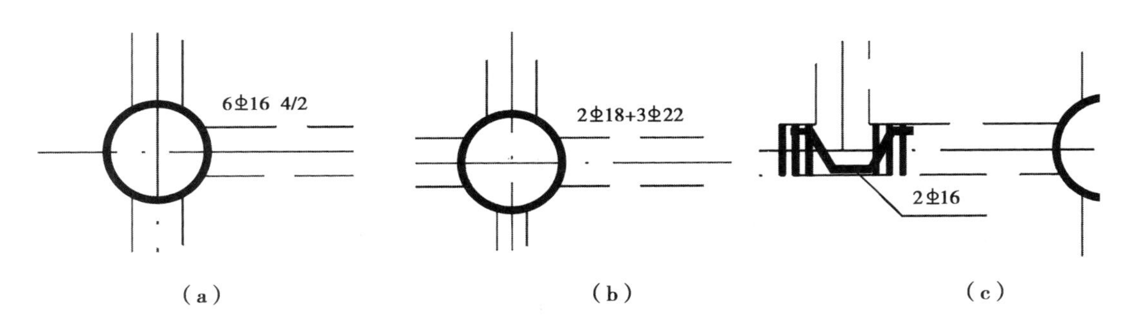

图7.23　梁原位标注示意图(本图从图7.19中截取放大)

(2)梁原位标注

梁原位标注就是在控制截面处标注,其内容规定如下:

①梁支座上部纵筋,该部位含通长钢筋在内的所有纵筋。

a.当上部纵筋多于一排时,用斜线“/”将各排纵筋自上而下分开。如图7.23(a)所示中,梁上部纵筋注写为6 ⌀ 64/2,则表示上一排纵筋为4 ⌀ 6,下一排纵筋为2 ⌀ 16。

b.当同排纵筋有两种直径时,用加号“+”将两种直径的纵筋相连,注写时将角部纵筋写在前面。如图7.23(b)所示,“2 ⌀ 18+3 ⌀ 22”表示梁支座上部纵筋为4根,2 ⌀ 18放在角部,3 ⌀ 22放在中部。

c.当梁中间支座两边的上部纵筋不同时,须在支座两边分别标注;当梁中间支座两边的上部纵筋相同时,可仅在支座的一边标注钢筋值,另一边省去不注,如图7.23(b)所示。

②梁下部纵筋。

a.当梁下部纵筋多于一排时,用斜线“/”将各排纵筋自上而下分开。例如,梁下部纵筋注写为6 ⌀ 22/4,则表示上一排纵筋为2 ⌀ 22,下一排纵筋为4 ⌀ 22,全部伸入支座。

b.当同排纵筋有两种直径时,用加号“+”将两种直径的纵筋相连,注写时将角部纵筋写在前面。

c.当梁下部纵筋不全部伸入支座时,将梁下部纵筋减少的数量写在括号内。例如,梁下部纵筋注写为6 ⌀ 25 2(-2)/4,则表示上排纵筋为2 ⌀ 25,且不伸入支座,下排纵筋为4 ⌀ 25,全部伸入支座。

d.当梁的集中标注中已注写了梁上部和下部均为通长纵筋时,且此处的梁下部纵筋与集中标注相同时,则不需在梁下部重复做原位标注。

③当在梁上集中标注的内容(即梁截面尺寸、箍筋、上部通长筋或架立筋,梁侧面纵向构造钢筋或受扭纵向钢筋,以及梁顶面标高高差的某一项或几项数值)不适用于某跨或某悬挑部分时,则将其不同数值原位标注在该跨或该悬挑梁部位,施工时应按原位标注数值取用。

④附加箍筋或吊筋,将其直接画在平面图中的主梁上,用引线引注总配筋值(附加箍筋的肢数注写在括号内)。当多数附加箍筋或吊筋相同时,可在梁平法施工图上统一注明,少数与统一注明值不同时,再原位引注,如图 7.23(c)所示。

►7.3.3 柱平法施工图的表示方法

柱平法施工图是在柱平面布置图上,采用列表注写方式或截面注写方式表示柱的截面尺寸和配筋情况的结构施工图。柱平面布置图可采用适当比例单独绘制,也可以与剪力墙平面布置图合并绘制。在柱平法施工图中应注明各结构层的楼面标高、结构层高及相应的结构层号。

列表注写方式是在柱的平面布置图上,分别在同一编号的柱中选择一个(有时需选择几个)截面标注几何参数代号:在主表中注写柱号、柱段起止标高、几何尺寸(含柱截面对轴线的偏心情况)与配筋具体数值,并配以各种柱截面形状及其箍筋类型图的方式来表达柱平法施工图,如图 7.24 所示。

截面注写方式是在柱平面布置图的柱截面上,分别在统一编号的柱中选择一个截面,以直接注写截面尺寸和配筋具体数值的方式来表达柱平法施工图,如图 7.25 所示。

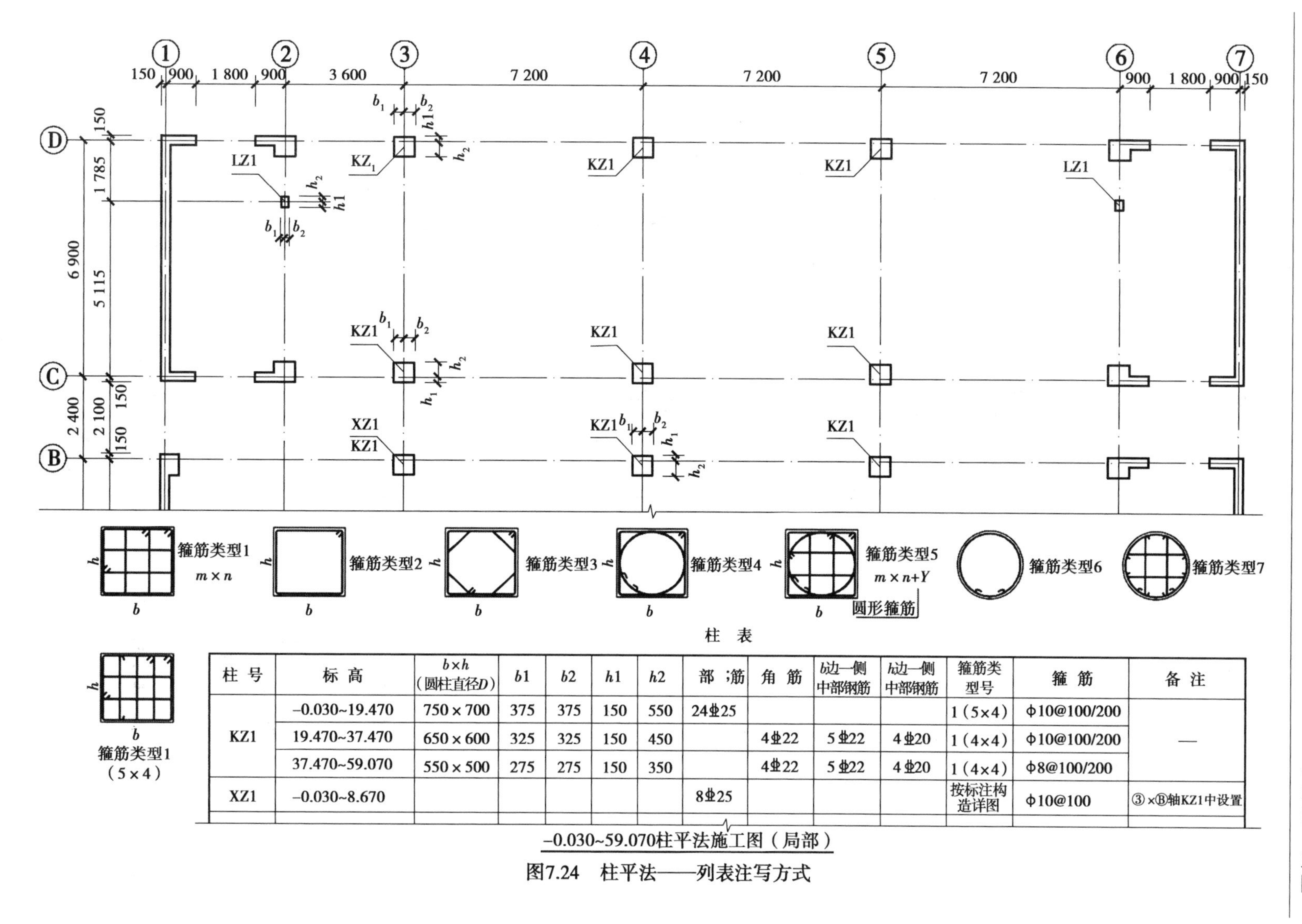

柱　表

柱 号	标 高	$b \times h$（圆柱直径D）	$b1$	$b2$	$h1$	$h2$	部 ;筋	角 筋	b边一侧中部钢筋	h边一侧中部钢筋	箍筋类型号	箍 筋	备 注
KZ1	-0.030~19.470	750×700	375	375	150	550	24⌀25				1（5×4）	ф10@100/200	—
	19.470~37.470	650×600	325	325	150	450		4⌀22	5⌀22	4⌀20	1（4×4）	ф10@100/200	
	37.470~59.070	550×500	275	275	150	350		4⌀22	5⌀22	4⌀20	1（4×4）	ф8@100/200	
XZ1	-0.030~8.670						8⌀25				按标注构造详图	ф10@100	③×Ⓑ轴KZ1中设置

-0.030~59.070柱平法施工图（局部）

图7.24　柱平法——列表注写方式

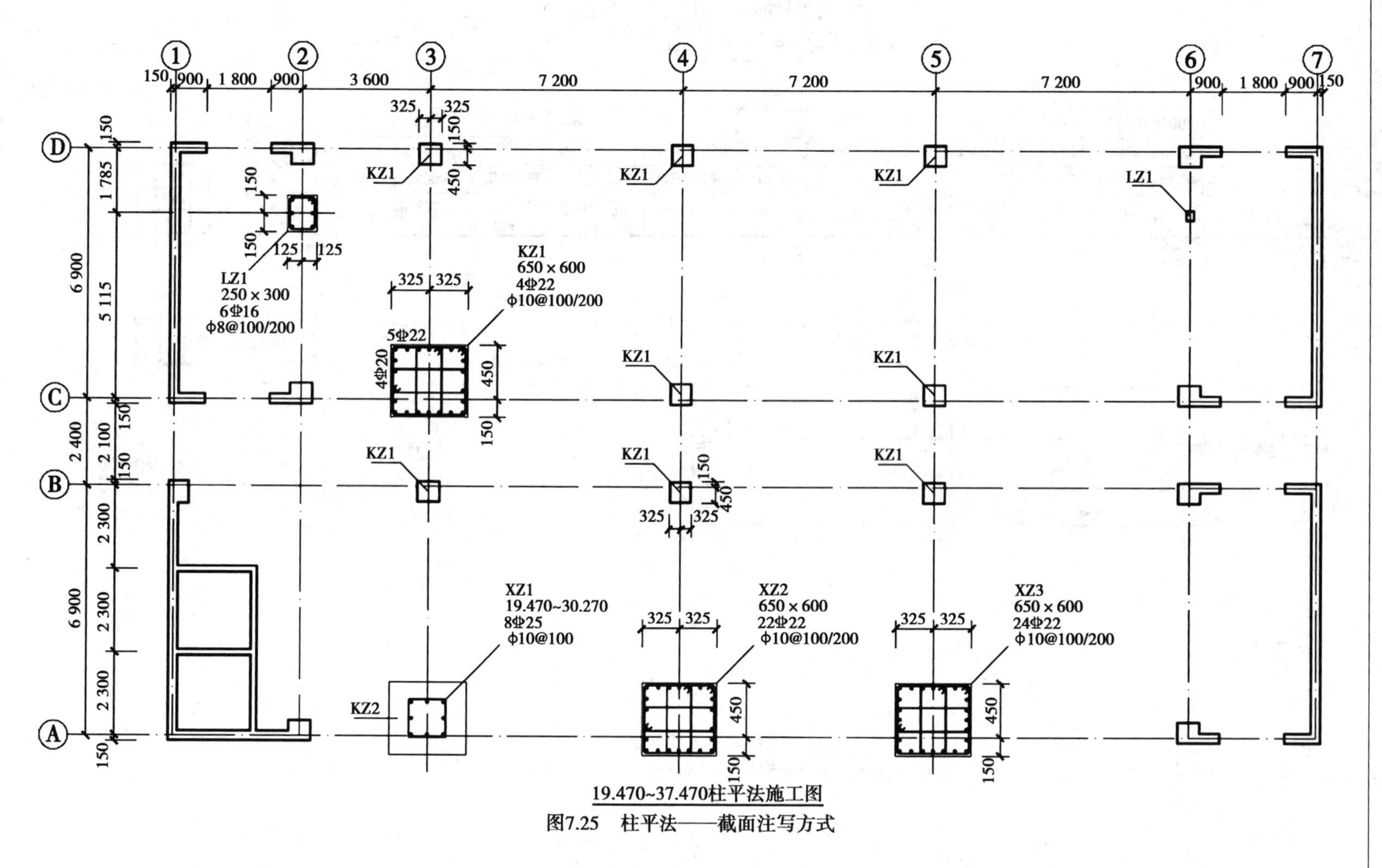

19.470~37.470柱平法施工图

图7.25 柱平法——截面注写方式

关于柱平法施工图的具体绘制要求以及剪力墙平法施工图的内容,请读者根据专业需要查阅国家建筑标准设计图集《混凝土结构施工图平面整体表示法制图规则和构造详图》(11G101-1),本书不再作介绍。

复习思考题

1.什么是建筑物的结构构件？其中哪些构件是主要承重构件？

2.混合结构民用建筑的结构施工图包括哪些基本内容？

3.钢筋混凝土构件的钢筋,按其作用可分为哪几类？

4.何为基础平面图？其中的桩基础在图中用什么线型绘制？

5.在基础详图中,如何进行构件的线型表达？

6.在某工程的预制装配式楼层结构布置图中的一门洞口上方标有"GL4303",在其隔壁房间的中部标有"7Y-KB336-4",请分别解释这两个代号的含义。

7.简述现浇楼板双层配筋的画法,并结合图示表达。

8.构件详图包括哪些基本内容？

9.构件详图中的钢筋应如何绘制？

10.何为结构平法施工图？

11.梁平法施工图有哪些表示方法？何为平面注写方式？

12.集中标注包含哪些注写项目,其中哪些为必注值,哪些为选注值？

13.图 7.26 为一钢筋混凝土框架结构的梁平法施工图,根据框架梁 KL2 的集中标注与原位标注内容写出该梁的基本情况。

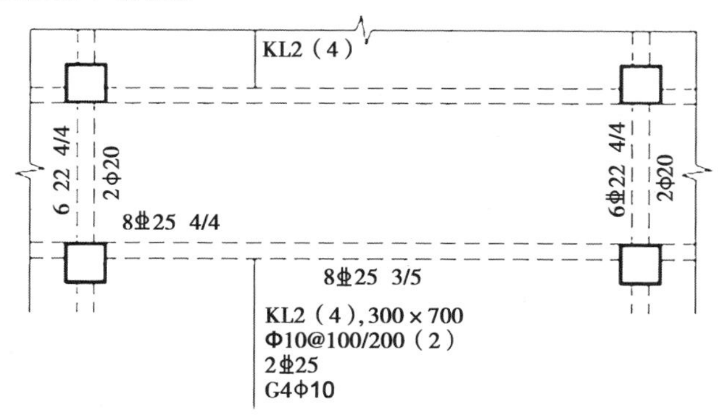

图 7.26 钢筋混凝土框架结构的梁平法施工图

建筑给排水施工图

本章导读

本章要求了解室外给排水与室内给排水的图的主要构成内容、常用比例，了解室内给排水管网形式、布置位置、各种设备功能及位置；熟悉室内给排水管道和设备的表示方法、常用图例，熟悉室内给排水图纸的绘制方法；学会识读建筑给排水施工图。

8.1 概　述

建筑设备是房屋的重要组成部分，安装在建筑物内的给水、排水管道，与电气线路、燃气管道、采暖通风空调等管道，以及相应的设施、装置都属于建筑设备工程。建筑设备是一栋房屋能正常使用的必备条件。它们都是服务于建筑物，但不属于其土木建筑部分。因此，建筑设备施工图是在已有的建筑施工图基础上来绘制的。

建筑设备施工图，无论是水、电、气中的任意一种专业图，一般都是由平面图、系统图、详图及统计表、文字说明组成。在图示方法上有两个主要特点：第一，建筑设备的管道或线路是设备施工图的重点，通常用单粗线绘制；第二，建筑设备施工图中的建筑图部分不是为土建施工而绘制的，而是作为建筑设备的定位基准而画出的，一般用细线绘制，不画建筑细部。

建筑设备施工图简称“设施图”，为了系统的供给生产、生活、消防用水以及排除生活、生产废水而建设的一整套工程设施的图样总称为建筑给、排水施工图，简称“水施图”，一般由给水排水平面图、给水系统图、排水系统图及必要的详图和设计说明组成。本章将介绍建筑给水排水系统的组成、建筑给水、排水图例、阅读及绘制方法。

8.2 室内给、排水施工图

▶8.2.1 建筑给水排水系统分类

1)给水系统分类

①生活给水系统。

②生产给水系统。

③消防给水系统。

2)排水系统分类

①生活排水系统。

②工业废水排水系统。

③雨(雪)水排水系统。

▶8.2.2 建筑给水排水系统组成

1)建筑给水

民用建筑给水通常分生活给水系统和消防给水系统。生活给水系统一般含冷热水系统;消防给水系统一般含消火栓给水系统与自动喷水灭火系统。现以生活、消防给水为例说明建筑给水的主要组成,如图 8.1 所示。

(1)引入管

引入管又称进户管,是从室外供水管网接出,一般穿过建筑物基础或外墙,引入建筑物内的给水连接管段。每条引入管应有不小于 3‰的坡度坡向外供水管网,并应安装阀门,必要时还要设泄水装置,以便管网检修时放水用。

(2)配水管网

配水管网即将引入管送来的给水输送给建筑物内各用水点的管道,包括水平干管、给水立管和支管。

(3)配水器具

配水器具包括与配水管网相接的各种阀门、给水配件(放水龙头、皮带龙头等)。

(4)水池、水箱及加压装置

当外部供水管网的水压、流量经常或间断不足,不能满足建筑给水的水压、水量要求时,需设储水池或高位水箱及水泵等加压装置。

(5)水表

水表用来记录用水量。根据具体情况可在每个用户、每个单元、每幢建筑物或一个居住区内设置水表。需单独计算用水量的建筑物,水表应安装在引入管上,并装设检修阀门、旁通管、池水装置等。通常把水表及这些设施通称为水表节点。室外水表节点应设置在水表井内。

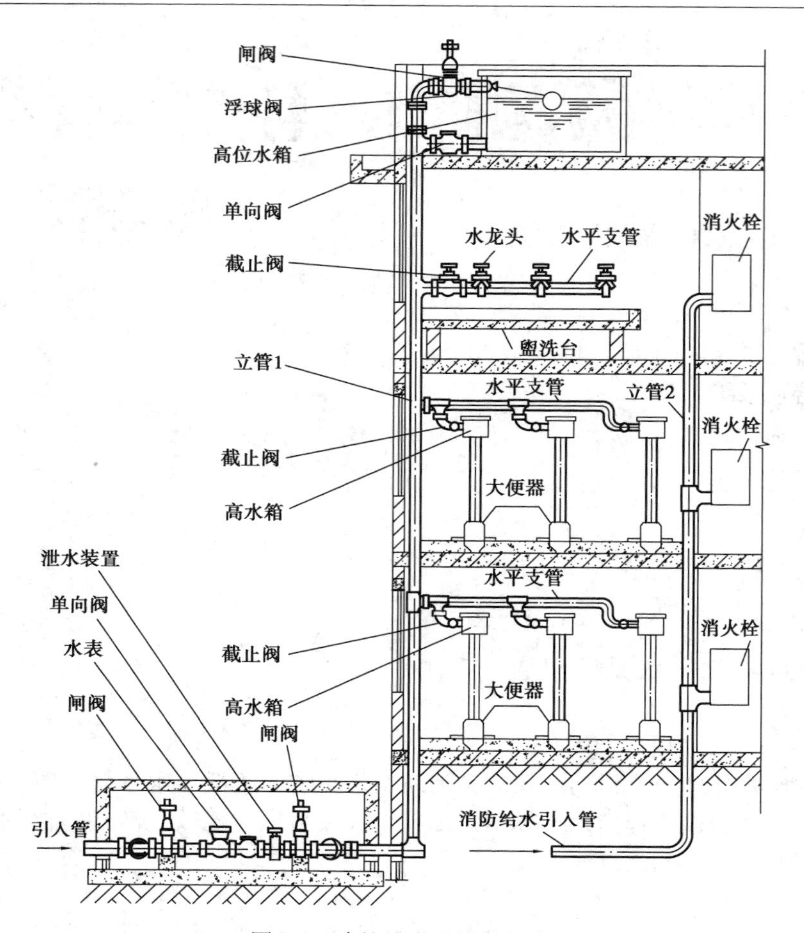

图 8.1　建筑给水系统的组成

2）建筑排水

民用建筑排水主要是排出生活污水、屋面雨（雪）水及空调冷凝水。一般民用建筑物（如住宅、办公楼等）可将生活污（废）水合流排出，雨水管单独设置。现以排除生活污水为例，说明建筑排水系统的主要组成，如图 8.2 所示。

①卫生器具及地漏等排水泄水口。

②排水管道及附件。

a.存水弯（水封段）。存水弯的水封将隔绝和防止有异味、有害、易燃气体及虫类通过卫生器具泄水口侵入室内。常用的管式存水弯有 S 形和 P 形。

b.连接管。连接管即连接卫生器具及地漏等泄水口与排水横支管的短管（除坐式大便器、钟罩式地漏外，均包括存水弯），也称卫生器具排水管。

c.排水横支管。排水横支管接纳连接管的排水并将排水转送到排水立管，且坡向排水立管。若与大便器连接管相接，排水横支管管径应不小于100 mm，坡向排水立管的标准坡度为 0.02。

d.排水立管。排水立管即接纳排水横支管的排水并转送到排水排出管（有时送到排水横干管）的竖直管段。其管径不能小于 DN50 或所连横支管管径。

e.排出管。排出管是将排水立管或排水横干管送来的建筑排水排入室外检查井（窨井）并坡向检查井的横管。其管径应大于或等于排水立管（或排水横干管）的管径，坡度为 1%～

3%,最大坡度不宜大于15%,在条件允许的情况下,尽可能取高限,以利尽快排水。

f.检查井。建筑排水检查井在室内排水排出管与室外排水管的连接处设置,将室内排水安全地输至室外排水管道中。

g.通气管。通气管及项层检查口以上的立管管段。它排除有害气体,并向排水管网补充新鲜空气,利于水流畅通,保护存水弯水封。其管径一般与排水立管相同。通气管口高出屋面的高度不得小于0.3 m,且应大于屋面最大积雪厚度,在经常有人停留的平屋面上,通气管口应高出屋面2 m。

h.管道检查、清堵装置。管道检查、清堵装置如清扫口、检查口。清扫口可单向清通,常用于排水横管上。检查口则为双向清通的管道维修口。立管上的检查口之间距离不大于10 m,通常每隔一层设一个检查口,但底层和顶层必须设置检查口。其中心应在相应楼(地)面以上1.00 m处,并应高出该层卫生器具上边缘0.15 m。

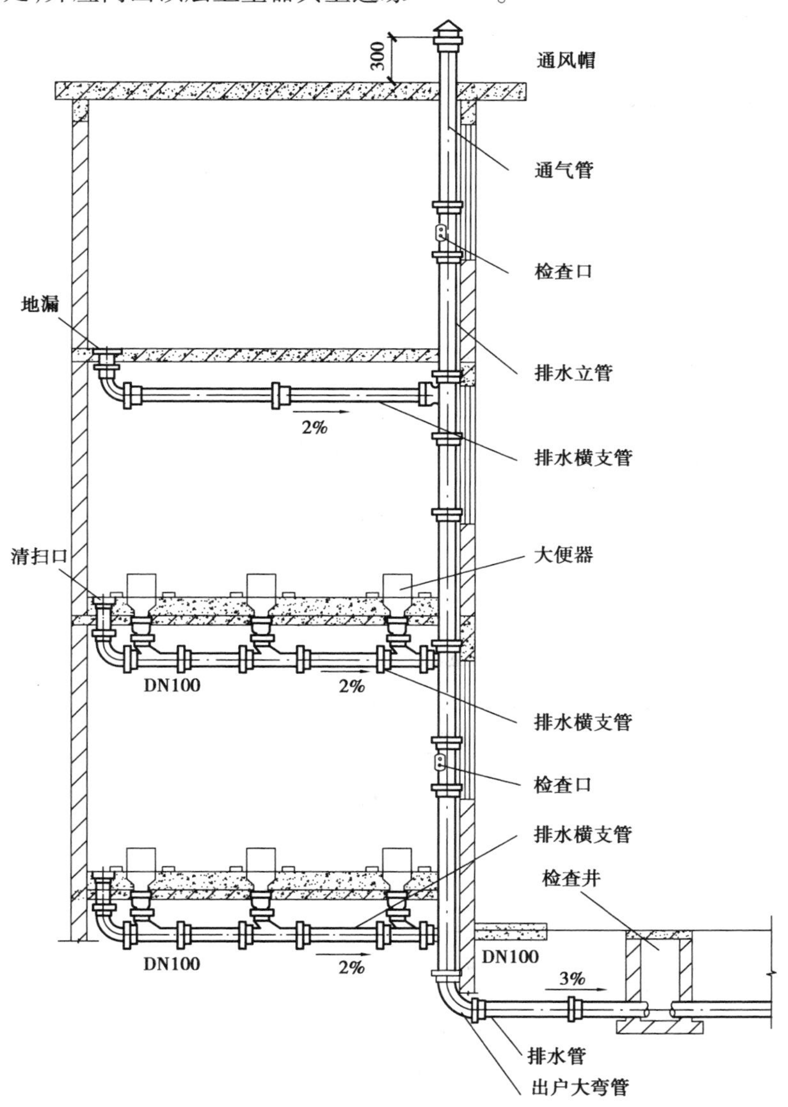

图8.2 建筑排水系统的组成

▶8.2.3 建筑给排水图例

按照中华人民共和国国家标准《建筑给水排水制图标准》(GB/T 50106-2010),建筑给水排水常见线型和图例见表 8.1 和表 8.2。

表 8.1 建筑给水排水常见线型

名 称	线 型	线宽	备 注
粗实线		b	新设计的各种排水和其他重力流线管
粗虚线		b	新设计的各种排水和其他重力流线管的不可见轮廓线
中粗实线		$0.7b$	新设计的各种排水和其他压力流线管;原有的各种排水管和其他重力流线管
中粗虚线		$0.7b$	新设计的各种排水和其他压力流线管;原有的各种排水管和其他重力流线管的不可见轮廓线
中虚线		$0.5b$	给水排水设备、零(附)件的可见轮廓线;总图中新建的建筑物和构筑物的可见轮廓线;原有的各种给水和其他压力流线管
中虚线		$0.5b$	给水排水设备、零(附)件的不可见轮廓线;总图中新建的建筑物和构筑的不可见轮廓线;原有的各种给水和其他压力流线管的不可见轮廓线
细实线		$0.25b$	建筑的可见轮廓线;总图中新建的建筑物和构筑物的可见轮廓线;制图中的各种标注线
细虚线		$0.25b$	建筑的不可见轮廓线;总图物的不可见轮廓线
单点长画线		$0.25b$	中心线、定位轴线
折断线		$0.25b$	断开界线
波浪线		$0.25b$	平面图中水面线;局部构造层次范围线;保温范围示意线

表 8.2 建筑给水排水图例(摘自 GB/T 50106—2010)

序号	名称	图例	备注
1	生活给水管	—— J ——	
2	热水给水管	—— RJ ——	
3	消火栓给水管	—— XH ——	
4	通气管	—— T ——	
5	污水管	—— W ——	
6	雨水管	—— Y ——	
7	排水明沟	坡向 →	
8	排水暗沟	坡向 →	
9	立管检查孔		
10	圆形地漏	平面 系统	
11	清扫口	平面 系统	
12	P 形存水弯		
13	S 形存水弯		
14	通气帽	成品 蘑菇型	
15	水表		
16	水表井		
17	浮球阀	平面 系统	
18	闸阀		
19	截止阀		

续表

序　号	名　称	图　例	备　注
20	水嘴		
21	淋浴喷头		
22	蹲便器脚踏开关		
23	室内消火栓(单口)	平面　系统	
24	室内消火栓(双口)	平面　系统	
25	室外消火栓		
26	挂式洗脸盆		
27	台式洗脸盆		
28	厨房洗涤盆		
29	立式小便器		
30	坐式大便器		
31	蹲式大便器		
32	浴盆		
33	矩形化粪池	HC	

▶8.2.4　建筑给水排水平面图

1)建筑给水排水平面图的图示特点

为了方便读图和画图,把同一建筑相应的给水平面图和排水平面图画在同一张图纸上,称其为建筑给水排水平面图,如图8.3至图8.7为某县质量技术监督局职工住宅的给水排水平面图。

建筑给水排水平面图应按直接正投影法绘制,它与相应的建筑平面图、卫生器具以及管道布置等密切相关,具有如图8.3所示的特点。

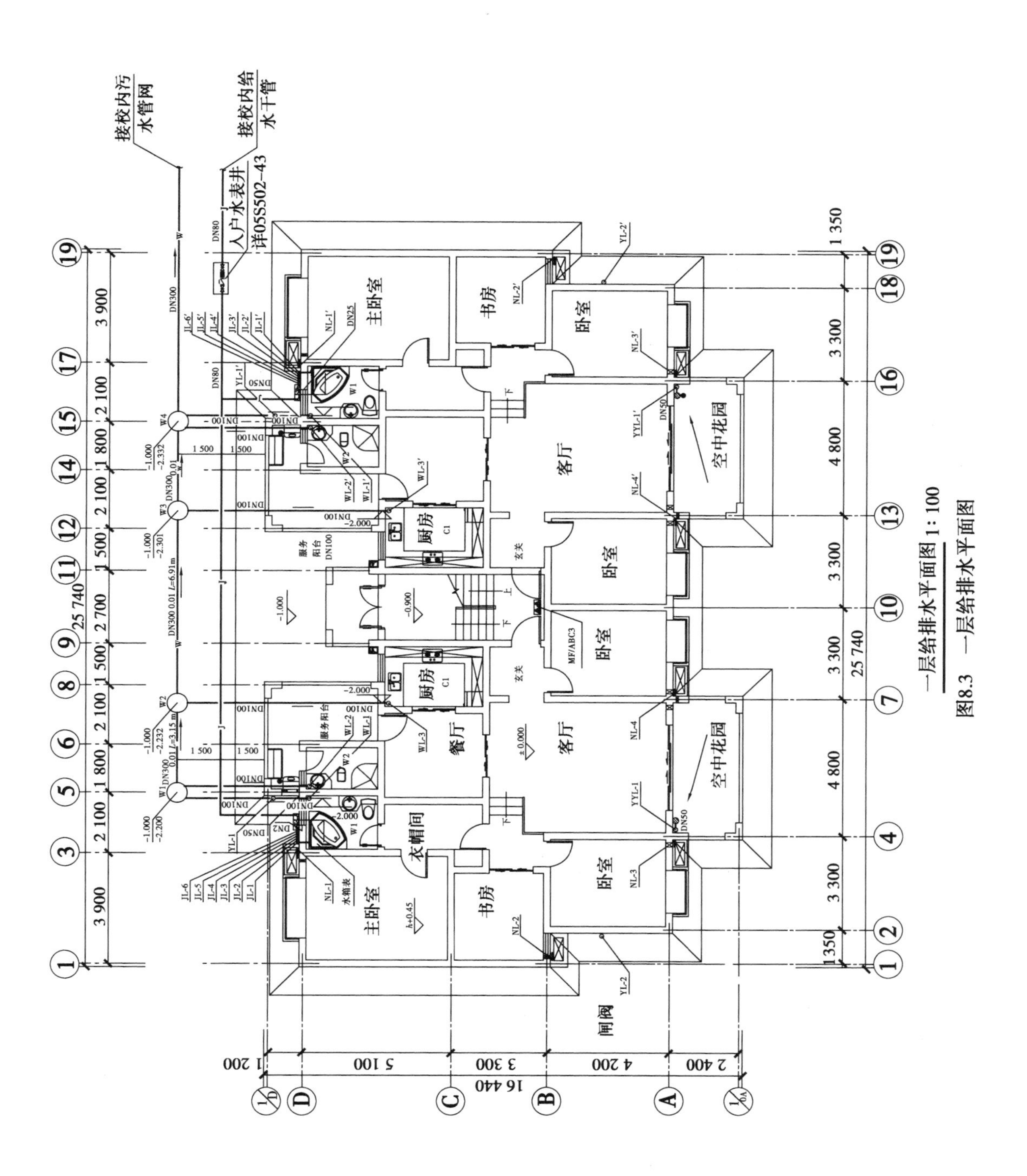

一层给排水平面图 1:100

图8.3 一层给排水平面图

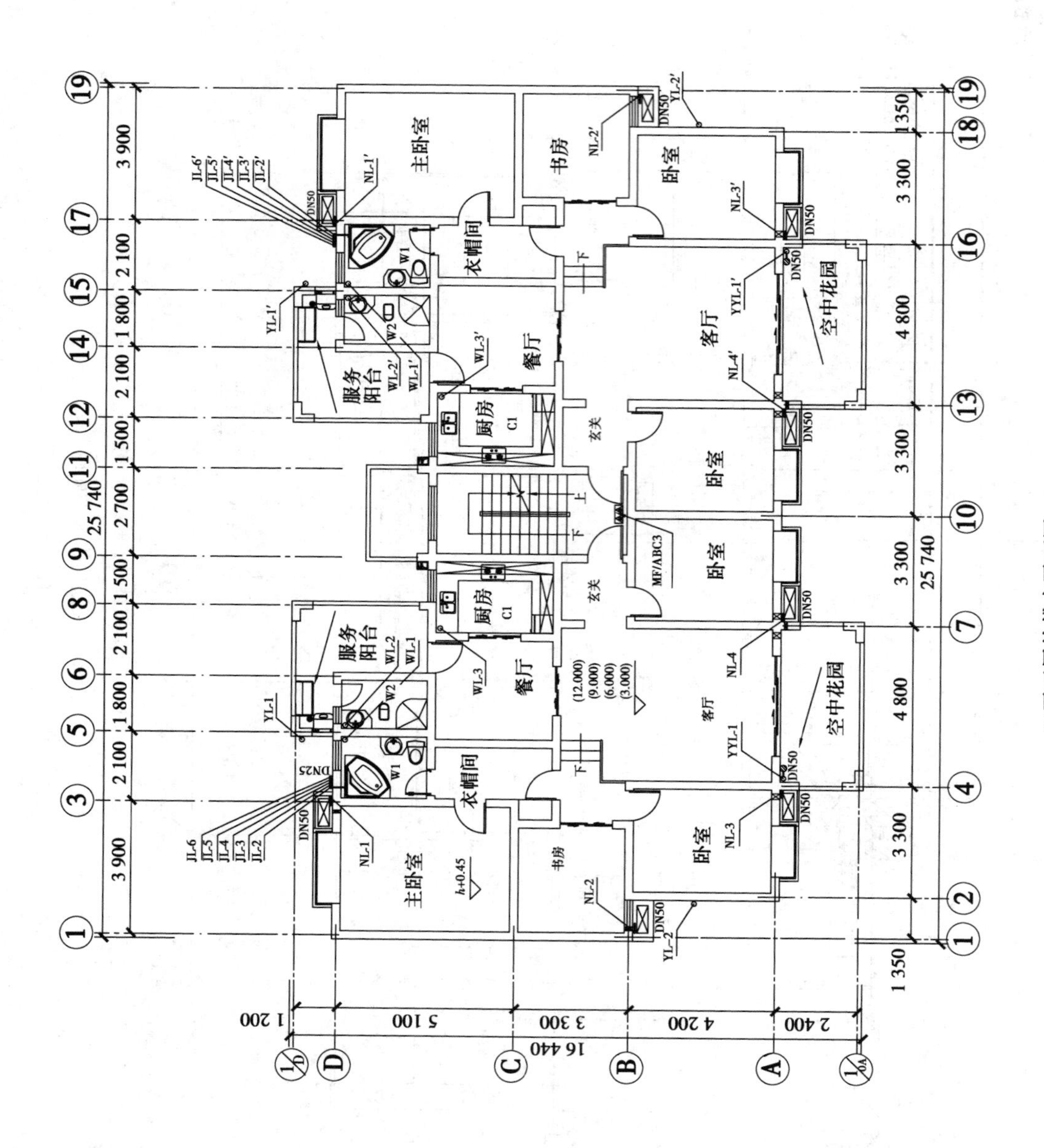

图8.4 二至五层给排水平面图

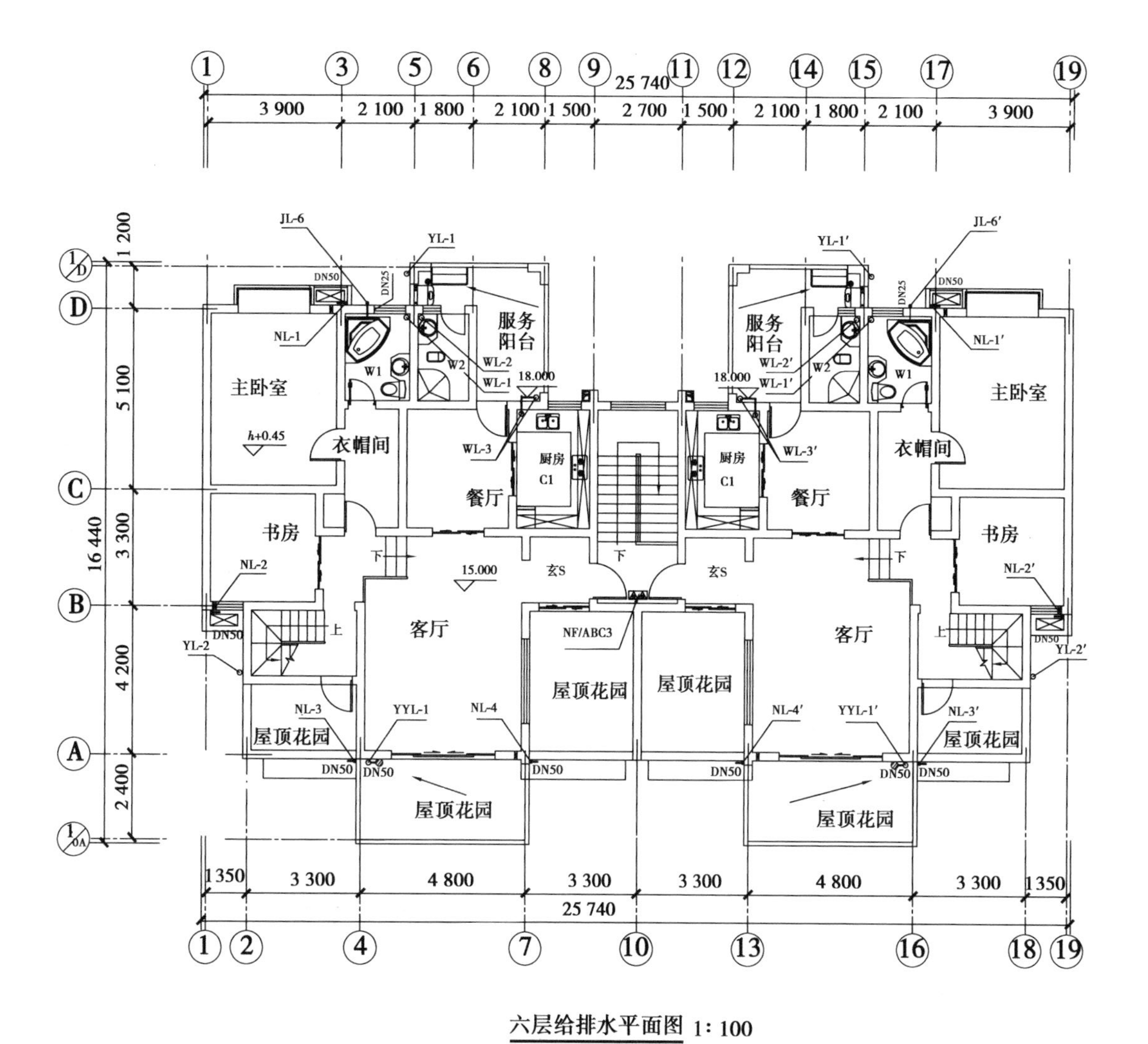

六层给排水平面图 1:100

图8.5 六层给排水平面图

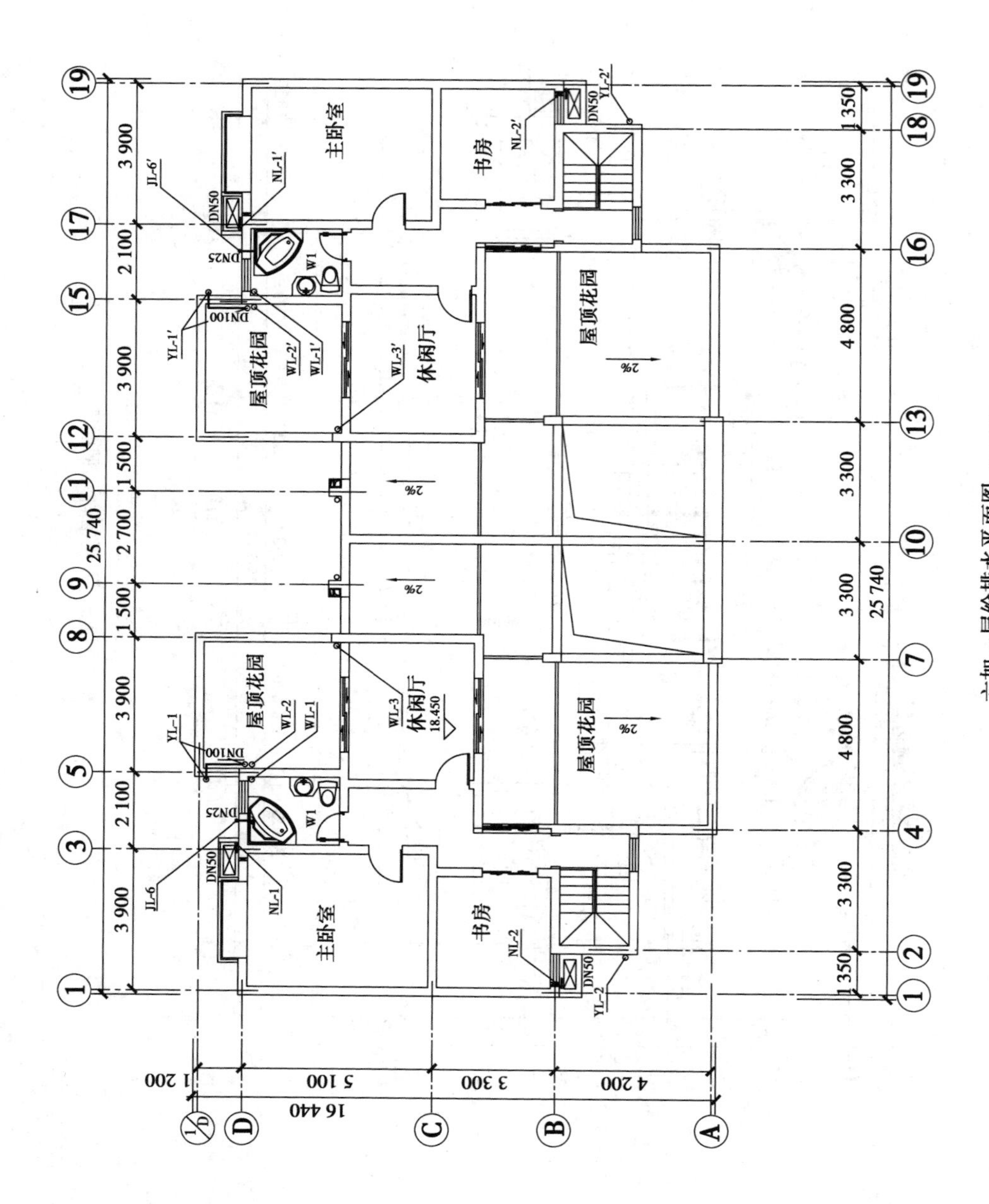

六加一层给排水平面图 1:100

图8.6 六加一层给排水平面图

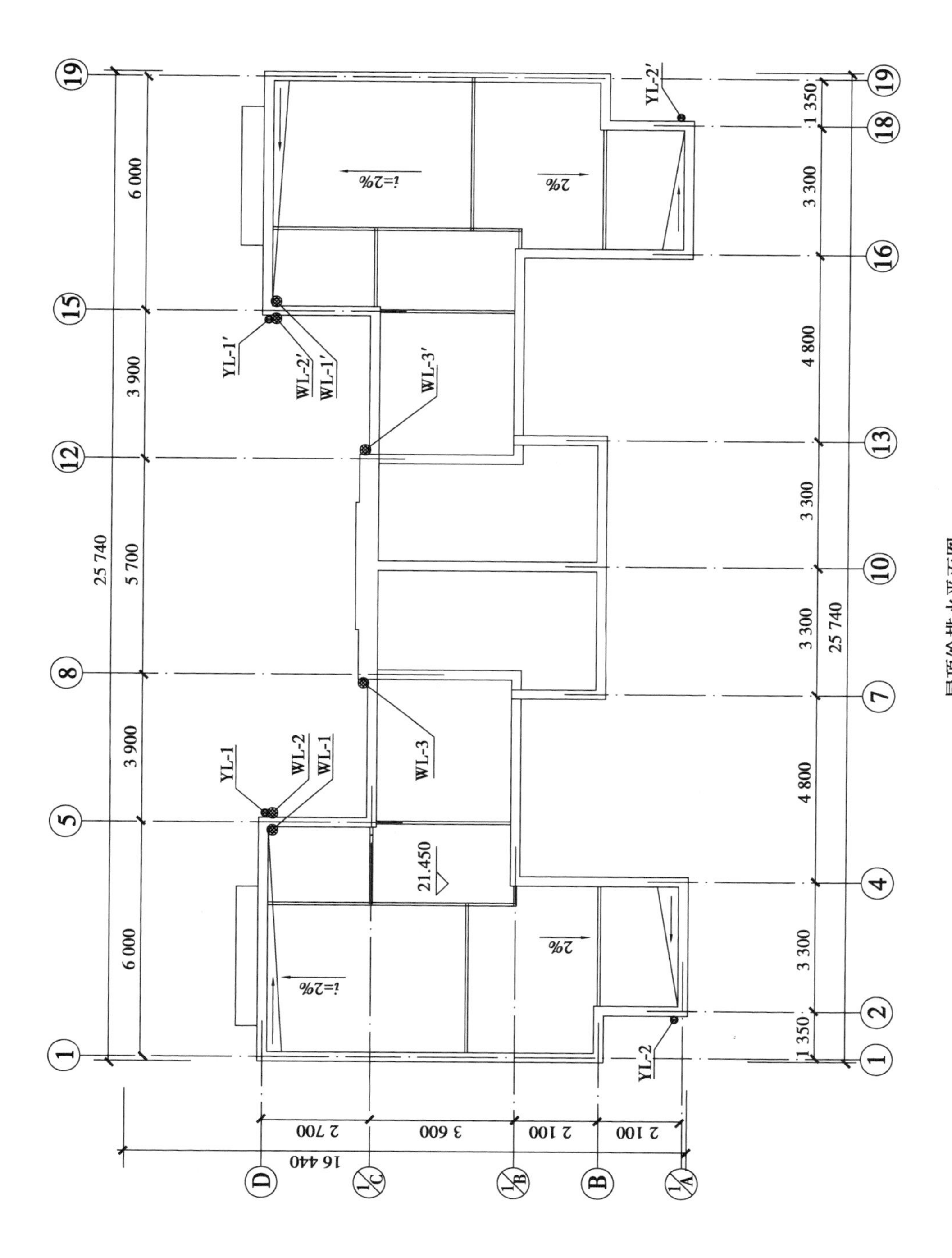

屋顶给排水平面图 1:100

图8.7 屋顶给排水平面图

(1)比例

常用比例有:1∶200,1∶150,1∶100。一般采用与其建筑平面图相同的比例,如1∶100,1∶150。有时可将有些公共建筑中及居住建筑的集中用水房间,单独抽出用较其建筑平面图大的比例绘制,如图8.8所示为某县质量技术监督局职工住宅卫生间及厨房给水排水平面详图,详图比例常用为1∶50,1∶30,1∶20,1∶10,1∶5等。

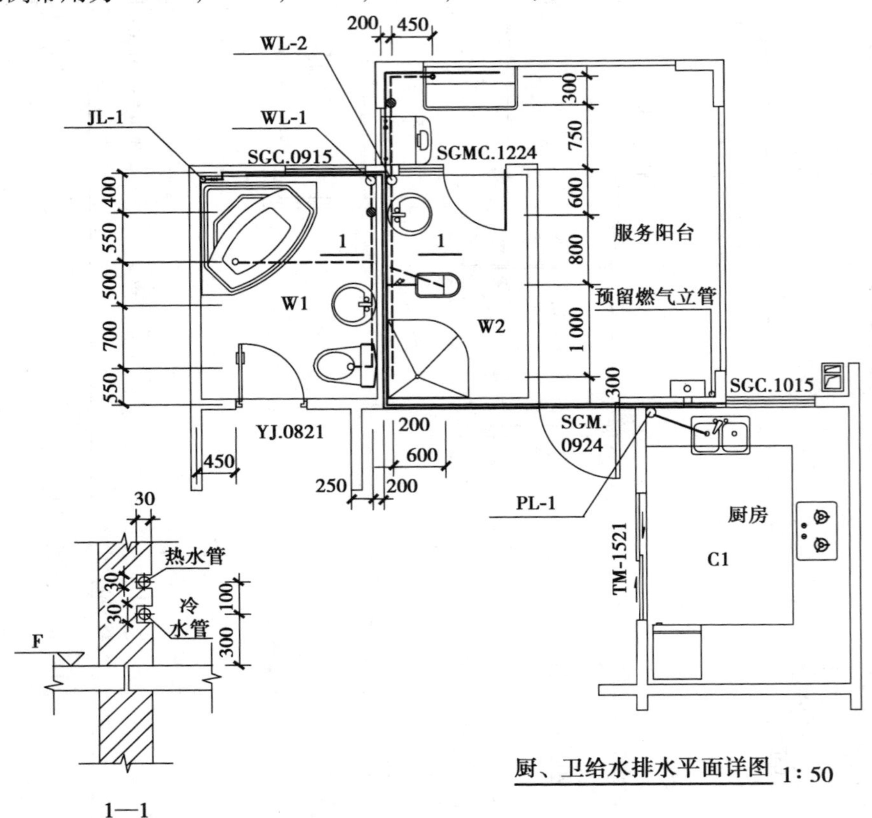

图8.8　卫生间及厨房给水排水平面详图

(2)布图方向

按照中华人民共和国国家标准《房屋建筑制图统一标准》(GB/T 50001—2010)的规定:“不同专业的单体建(构)筑物的平面图,在图纸上的布图方向均应一致。”因此,建筑给水排水平面图在图纸上的布图方向应与相应的建筑平面图一致。

(3)平面图的数量

建筑给水排水平面图原则上应分层绘制,并在图下方注写其图名。若各楼层建筑平面、卫生器具和管道布置、数量、规格均相同,可只绘标准层和底层给水排水平面图。

底层给水排水平面图一般应画出整幢建筑的底层平面图,其余各层则可以只画出装有给水排水管道及其设备的局部平面图,以便更好地与整幢建筑及其室外给水排水平面图对照阅读。标准层给水排水平面图通常也画标准层全部。

(4)建筑平面图

用细实线(0.25b)抄绘墙身、柱、门窗洞、楼梯及台阶等主要构配件,不必画建筑细部,不标注门窗代号、编号等,但要画出相应轴线,楼层平面图可只画相应道尾边界轴线。底层平面

图一般要画出指北针。

(5)卫生器具平面图

卫生器具如大便器、小便器、洗脸盆等皆为定型生产产品,而大便槽、小便槽、污水池等虽非工业产品,却是现场砌筑,其详图由建筑设计提供,因此卫生器具均不必详细绘制,定型工业产品的卫生器具用细线画其图例(见表8.2),需现场砌制的卫生设施依其尺寸,按比例画出其图例,若无标准图例,一般只绘其主要轮廓。

(6)给水排水管道平面图

给水排水管道及其附件无论在地面上或地面下,均可视为可见,按其图例绘制(见表8.2)位于同一平面位置的两根或两根以上的不同高度的管道,为图示清楚,习惯画成平行排列的管道。管道无论明装和暗装,平面图中的管道线仅表示其示意安装位置,并不表示其具体平面定位尺寸。但若管道暗装,图上除应有说明外,管道线应画在墙身断面内。

当两根水管交叉时,位置较高的可通过,位置较为低的在交叉投影处断开。

当给水管与排水管交叉时,应连续画出给水管,断开排水管。

(7)标注

①尺寸标注。标注建筑平面图的轴线和编号与轴线间尺寸,若图示清楚,可仅在底层给水排水平面图中标注轴线间尺寸。标注与用水设施有关的建筑尺寸,如隔墙尺寸等。标注引水管、排出管的定位尺寸,通常注其与相邻轴线的距离尺寸。沿墙敷设的卫生器具和管道一般不必标注定位尺寸,若必须标注时,应以轴线和墙(柱)面为基准标注。卫生器具的规格可用文字标注在引出线上,或在施工说明中或在材料表中注写。管道的长度一般不标注,因为在设计、施工的概算和预算以及施工备料时,一般只需用比例尺从图中近似量取;在施工安装时,则以实测尺寸为依据。平面图中,一般只注立管、引入管、排出管的管径,管径标注的要求见表8.3。除此之外,一般管道的管径、坡度等习惯标注在其系统图中,常不在平面图中标注。

②标高标注。底层给水排水平面图中须标注室内地面标高及室外地面整平标高。标准层、楼层给水排水平面图应标注适用楼层的标高,有时还要标注用水房间附近的楼面标高。所注标高均为相对标高,并应取至小数点后3位。

③符号标注。对于建筑物的给水排水进口、出口,宜标注管道类别代号,其代号通常采用管道类别的第一个汉语拼音字母,如"J"即给水,"W"即排水。当建筑物的给水排水进、出口数量多于1个时,宜用阿拉伯数字编号,以便查找和绘制系统图。编号宜按图8.9的方式表示(该图表示1号排出管或1号排出口)。

表8.3 管径标注

管径标准	用公称直径DN表示①	用管道内径表示	用外径 $D\times$壁厚表示
适用范围	1.水煤气输送管(镀锌或非镀锌) 2.铸铁管	1.耐酸陶瓷管 2.混凝土管 3.钢筋混凝土管 4.陶土管(缸瓦管)	1.无缝钢管 2.焊接钢管② 3.铜管 4.不锈钢管
标注举例	DN32	$d300$	$D108\times4$

注:①公称直径是工程界对各种管道及附件大小的公认称呼,对各类管子的准确含义是不同的。如对普通压力铸铁管等DN等于内径的真值;普通压力钢管的DN比其内径略小。

②《建筑给水排水制图标准》(GB/T 50106—2010)。

对于建筑物内穿过一层及多于一层楼层的竖管,用小圆圈表示,直径约为 2 mm,称为立管,并在旁边标注立管代号,如“JL”“WL”分别表示给水立管、排水立管。当立管数量多于 1 个时,宜用阿拉伯数字编号。编号宜按图 8.10 的方式表示(该图即表示 1 号给水立管)。

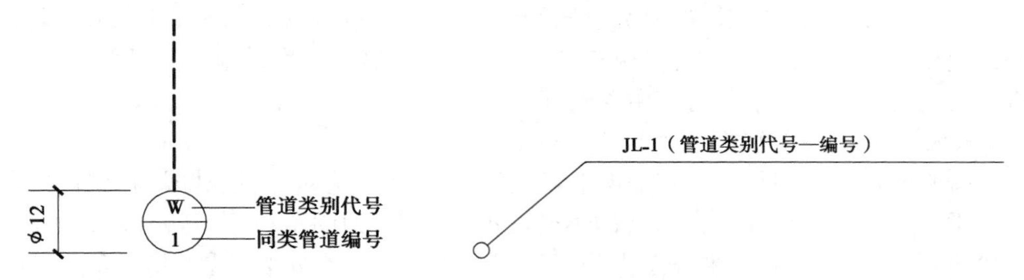

图 8.9　给水排水进出口编号表示法　　图 8.10　平面图上立管编号表示法

④文字注写。注写相应平面的功能及必要的文字说明。

2)建筑给水排水平面图的绘制

绘制建筑给水排水施工图,通常先绘制给水排水平面图,然后绘其系统图。绘制建筑给水排水平面图时,一般先绘底层给水排水平面图,再画标准层或其余楼层给水排水平面图。绘制一层给水排水平面图底稿的画图步骤如下:

(1)画建筑平面图

建筑给水排水平面图的建筑轮廓应与建筑专业一致,其画图步骤也与建筑图中绘制建筑平面图一样,先画定位轴线,再画墙身和门窗洞,最后画必要的构配件。

(2)画卫生器具平面图

在已完成的建筑平面图中需要用水的房间里相应位置画上卫生器具图例。

(3)画给水排水管道平面图

简单地说,画建筑给水平面图就是用沿墙的直线连接各用水点,画建筑排水平面图就是用沿墙的直线将卫生器具连接起来。

画建筑给水排水平面图时,一般先画立管,然后画给水引入管和排水排出管,最后按水流方向画出各干管、支管及管道附件。

(4)画必要的图例

若只用了《建筑给水排水制图标准》(GB/T 50106—2010)中的标准图例,一般可不另画图例,否则必须列出图例。

(5)布置应标注的尺寸、标高、编号和必要的文字

所谓“布置”,即用轻淡细线安排上述需标注内容的位置。

►8.2.5　建筑给水排水系统图

给水排水系统图反映给水排水管道系统的上下层之间、前、后、左、右间的空间关系,各管段的管径、坡度标高以及管道附件位置等。它与建筑给水排水平面图一起表达建筑给水排水工程空间布置情况。

给水排水系统图是按正面斜等轴测或侧面斜等轴测投影法绘制的,如图 8.11 至图 8.13 所示。具有下列主要特点:

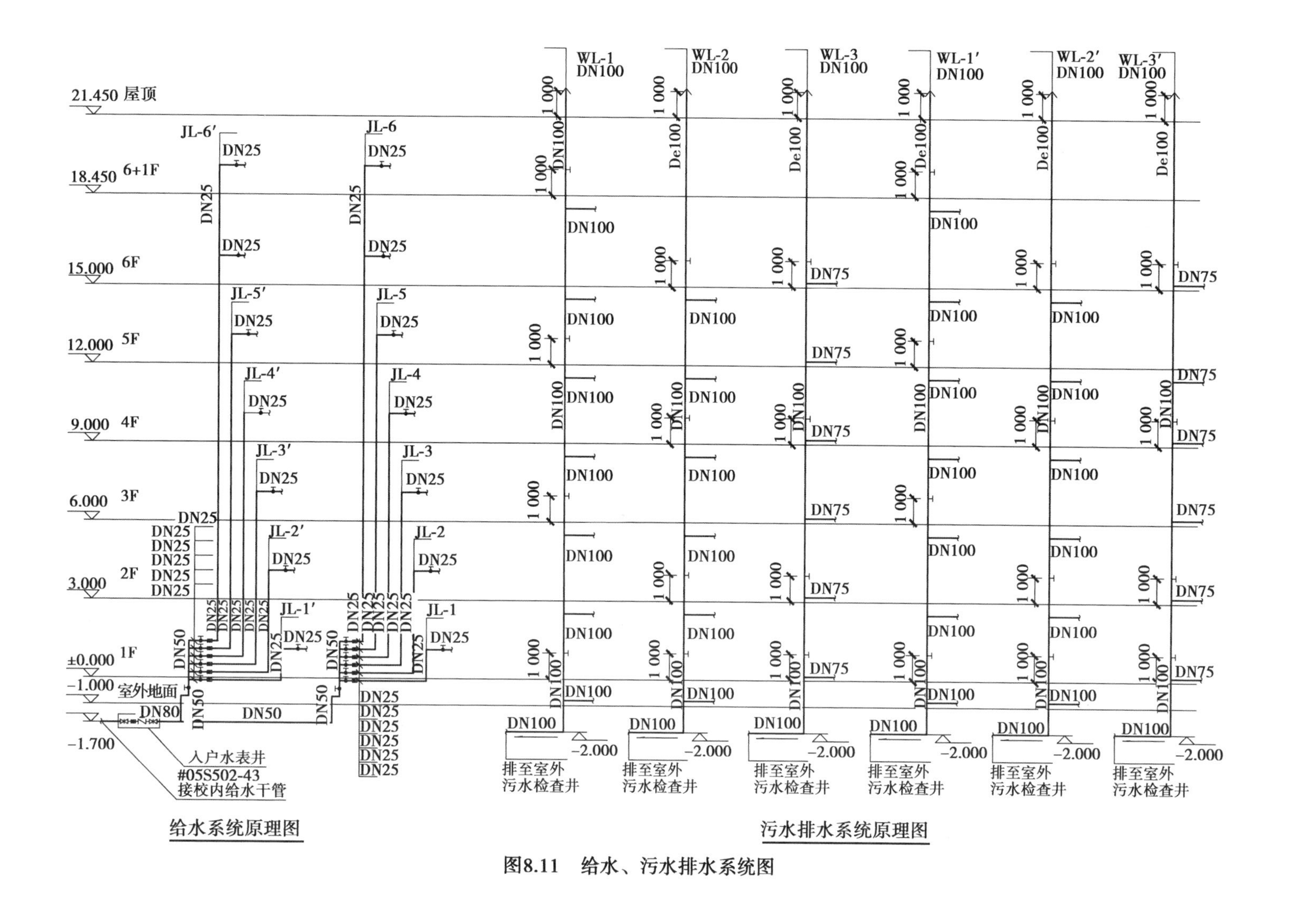

图8.11 给水、污水排水系统图

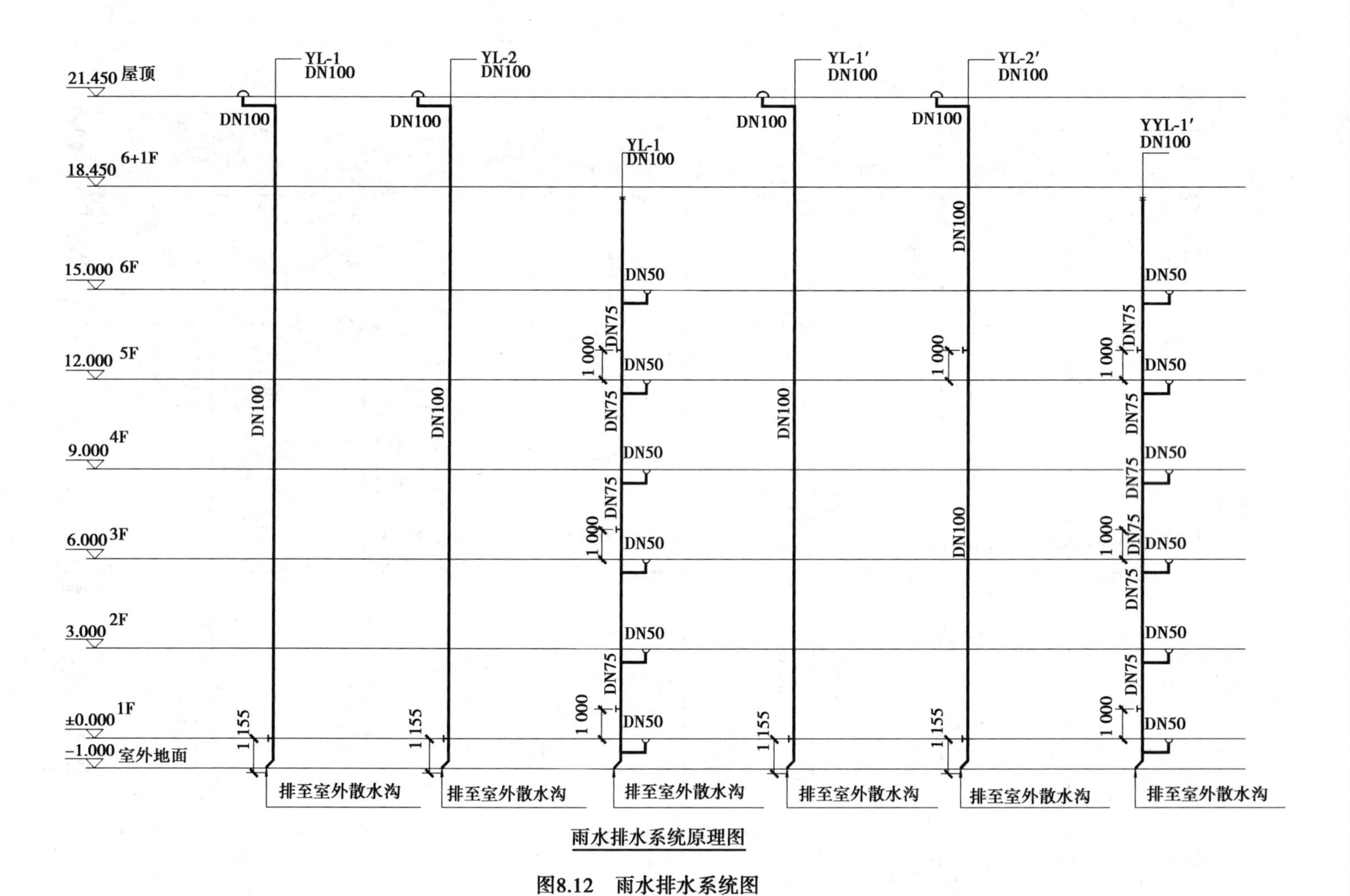

雨水排水系统原理图

图8.12　雨水排水系统图

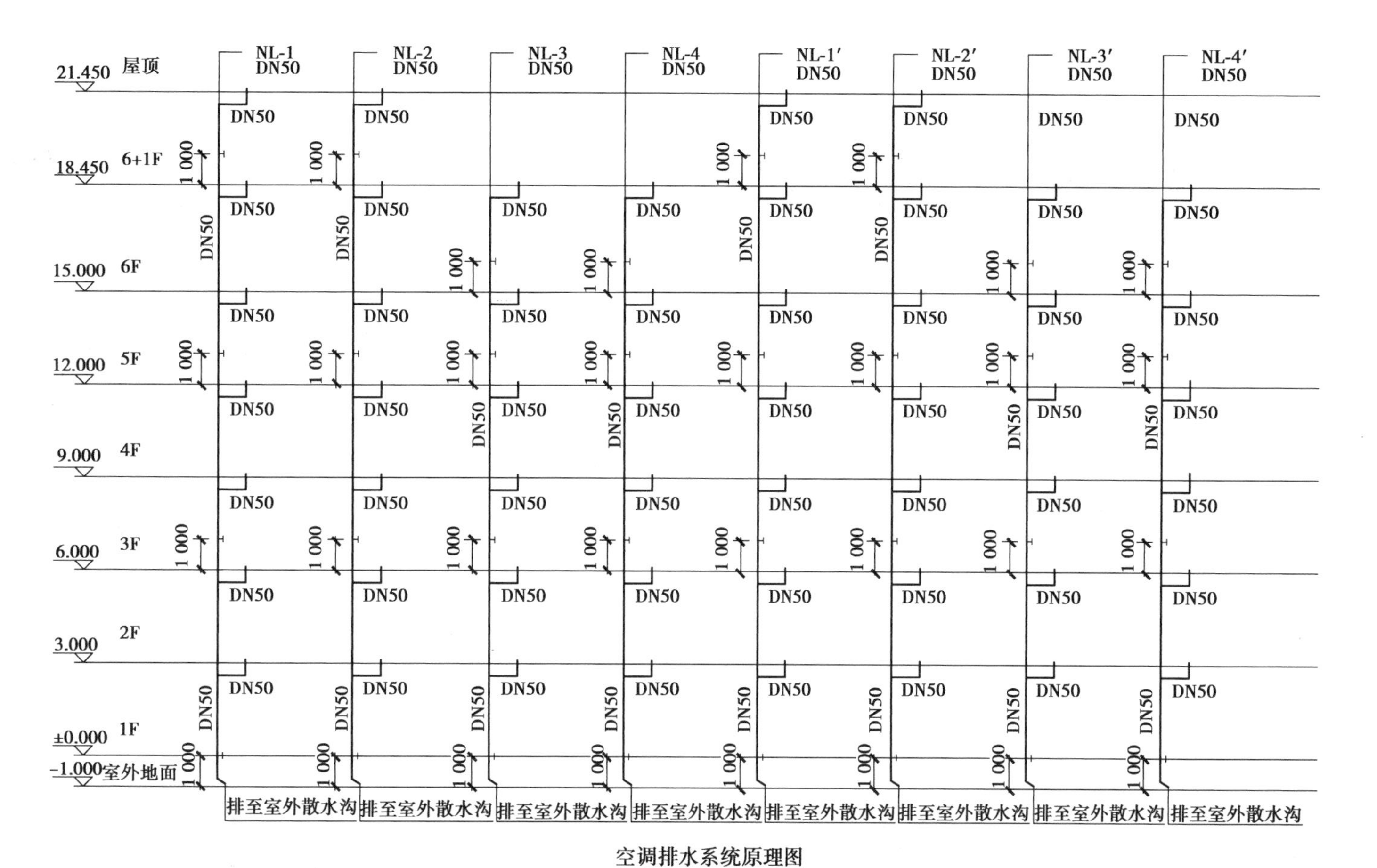

图8.13 空调排水系统图

(1)比例

通常采用与之对应的给水排水平面图相同的比例,常用的有 1∶150,1∶100,1∶50。当局部管道按比例不易表示清楚时,例如在管道和管道附件被遮挡,或者转弯管道变成直线等情况下,这些局部管道可不按比例绘制。

(2)布图方向

给水排水系统图的布图方向应与相应的给水排水平面图一致。

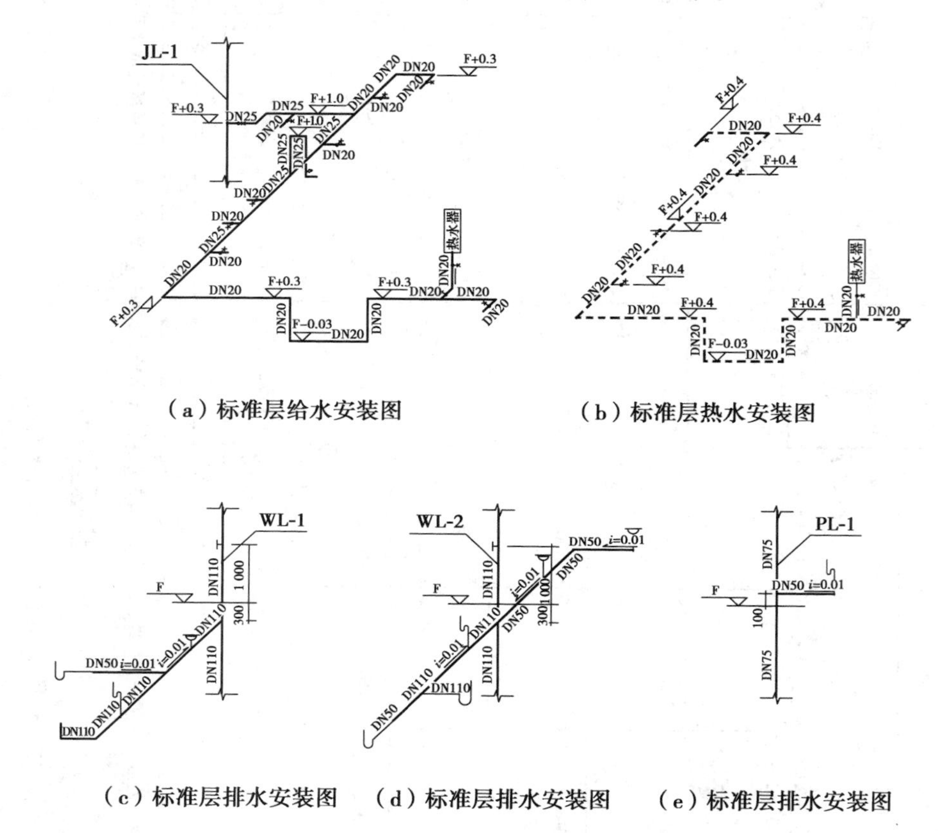

图 8.14 标准层给排水安装系统图

(3)给水排水管道

给水管道系统图一般按各条给水引入管分组,排水管道系统图一般按各条排水排出管分组。引入管和排出管以及立管的编号均应与其平面图的引入管、排出管及立管对应一致,编号表示法同前。

系统图中给水排水管道沿 x_1, y_1 向的长度直接从平面图上量取,管道高度一般根据建筑层高、门窗高度、梁的位置以及卫生器具、配水龙头、阀门的安装高度等来决定。例如,洗涤池(盆)、盥洗槽、洗脸盆、污水池的放水龙头一般离地(楼)面0.80 m,淋浴器喷头的安装高度一般离地(楼)面2.100 m。设计安装高度一般由安装详图查得,也可根据具体情况自行设计。有坡向的管道按水平管绘制出。管道附件、阀门及附属构筑物等仍用图例表示,见表 8.2。

当空间交叉的管道在图中相交时,应判别其可见性。在交叉处,可见管道连续画出,不可见管道线应断开画出。

当管道相对集中,即使局部不按比例也不能清楚地反映管道的空间走向时,可将某部分管道断开,移到图面合适的地方绘制,在两者需连的断开部位,应标注相同的大写拉丁字母表示连接编号,如图 8.15 所示。

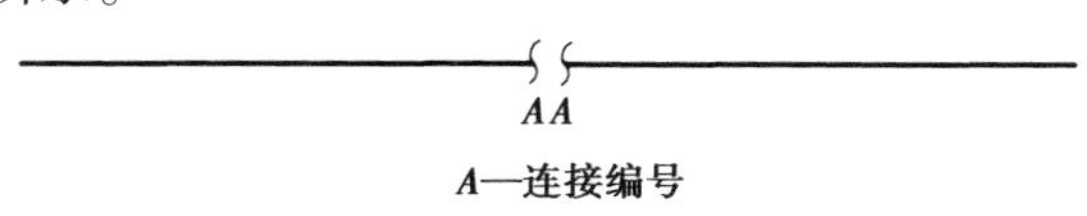

图 8.15　管道连接符号

(4)与建筑物位置关系的表示

为反映给水排水管道与相应建筑物的位置关系,系统图中要用细实线(0.25b)画出管道所穿过的地面、楼面、屋面及墙身等建筑构件的示意位置,所用图例见表 8.2。

(5)标注

①管径标注。管径标注的要求见表 8.3。可将管径直径注写在管道旁边,如图 8.10 所示中的“DN25”“DN63”等。有时连续多段相同管径时,可只注出始、末段管径,中间管段管径可省略不标注。

②标高标注。系统图仍然标注相对标高,并应与建筑图一致。对于建筑物,应标注室内地面、各层楼面及建筑屋面等部位的标高。对于给水管道,标注管道中心标高,通常要标注横管、阀门和放水龙头等部位的标高。对于排水管道,一般要标注立管或通气管的顶部、排出管的起点及检查口等的标高;其他排水横管标高通常由相关的卫生器具和管件尺寸来决定,一般可不标注其标高。必要时,一般标注横管起点的管内底标高。系统图中标高符号画法与建筑图的标高画法相同,但应注意横线要平行于所标注的管线,如图 8.10 所示中的排水排出管 DN110 的标高-1.800 的标注。

(6)简化图示

当楼层管道布置、规格等完全相同时,给水系统图和排水系统图上的中间楼层管道可以不画,仅在折断的支管上注写同某层即可。习惯上将底层和顶层系统图完整画出。

▶8.2.6　建筑给水排水图的识图

1)方法

识读给水排水平面图时,首先要明确在各层给排水平面图中,用水房间有哪些?这些房间的卫生设备和管道如何布置,其次要弄清楚一共有几个给水系统和排水系统,识读给水排水系统图时,先要和给水排水平面图配合对照,给水系统图可按照流水流向的顺序阅读,排水系统图可按卫生器具、排水支管、排水横管、立管、排出管的顺序进行识读。

2)步骤

①先看系统图,认清这套图里给水排水有几个系统,每个系统有几根立管,立管的高度,水平的环管是从哪层接的。

②逐层查看平面图,找出各系统立管处于哪些位置,水平干管及支管的走向。

③结合图纸说明、图例,了解各系统所用阀门的型号、规格,掌握泵的参数。

④查阅每个大样图,对各个管井、机房、卫生间的排布作一定的了解。

复习思考题

1.给水排水施工图制图的国家标准是什么?

2.一套完整的给水排水施工图主要由哪些图纸组成?

3.给水排水平面图的主要内容有哪些?

4.给水排水系统图的主要内容有哪些?系统图是按哪种投影法绘制的?

9

计算机绘制建筑施工图

本章导读

本章主要学习运用“T20 天正建筑”软件绘制施工图的内容，包括 AutoCAD 软件的使用环境、工作界面、图形文件管理、绘图命令、编辑修改命令、文字输入、尺寸标注、图层管理、查询命令、图案填充、块操作以及软件的常规设置。重点应掌握利用“T20 天正建筑”软件绘制施工图的方法和技巧。

9.1　天正绘图软件的用户界面与常用绘图工具

►9.1.1　天正用户界面

天正建筑绘图软件是基于 AutoCAD 基础上二次开发的成果。本章主要介绍“T20 天正建筑”以上版本，其使用平台为 AutoCAD 2010 以上的版本，系统要求为 Windows 7(64 位)以上，界面风格与 Windows 类似。

T20 天正建筑启动之后会自动加载“ACAD.dwt”图形样板，它是本章将要介绍的绘制建筑施工图所需样板。加载图形样板后就进入了 T20 天正建筑的工作界面，如图 9.1 所示，主要包括以下几个部分：绘图区、各种工具栏、视窗下拉菜单、命令窗口、状态显示栏、天正菜单等。

为方便设计和绘图，AutoCAD 软件本身已提供了多达 20 余种工具栏供用户选择，此外也可根据用户自身需要自行定制，一般初学者只需打开与当前操作相关的几个工具栏（如绘图、修改、对象属性控制工具栏等），并拖放到屏幕适当位置即可。另外，天正建筑软件在此基础上还添加了独具特色的天正菜单，为绘制建筑专业图纸提供了许多特有的快捷工具。

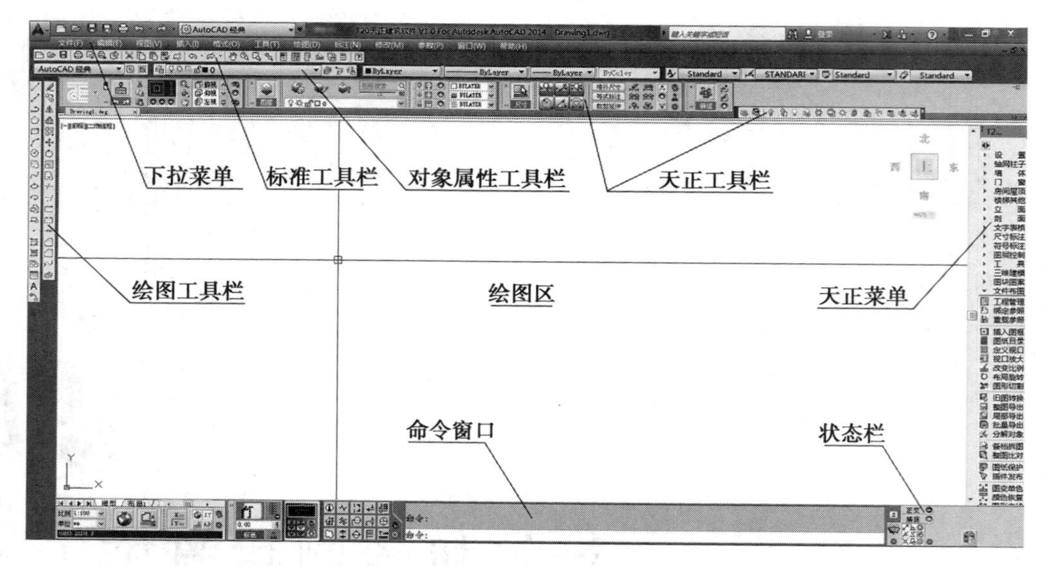

图 9.1　T20 天正建筑的工作界面

1)工具栏

标准工具栏是 AutoCAD 2014 自带的重要操作按钮,由于它用途广、使用频繁,因此,一般将它固定在窗口中 AutoCAD 下拉菜单的下方。它包含图形编辑、显示控制、文件管理和图样输出等多种功能。

对象属性控制工具栏位于标准工具栏的下方。包括生成绘制对象、分配对象的线型、图层及颜色等工具,同时也提供层的操作,如层控制、颜色、线型等,拥有多个对话窗,也可进行修改图元属性等操作,方便用户使用。

状态栏显示在窗口的最底部,反映当前的绘图状态,如当前绘图的出图比例、光标的坐标,绘图时是否打开了捕捉(SNAP)、栅格(GRID)、正交(ORTHO)、极轴追踪(POLAR)、对象捕捉(OSNAP)、对象捕捉追踪(OTRAK)、显示\隐藏线宽(LWT)等功能以及当前的绘图空间(MODEL\PAPER)等,同时各项状态的控制也可依靠键盘上相应的 F+数字系列按键来完成操作,如图 9.2 所示。

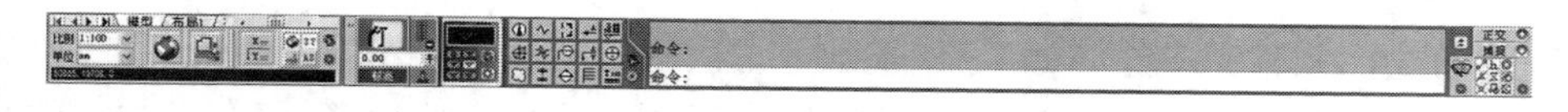

图 9.2　状态栏

2)常用工具栏

绘图工具栏可用于直接进行图纸的绘制工作,如图 9.3 所示,该工具依次排列有:画直线、画结构线、画平行多线、画多义线、画正多边形、画矩形多义线、画弧、画圆、建立样条曲线、画椭圆、插入图块、定义图块、画点、域内填充、创建面域对象、多行文字标注 16 项图标,根据中英文版本的不同,每一项图标均标注了相应的中英文命令名称,且对应各自的功能操作。

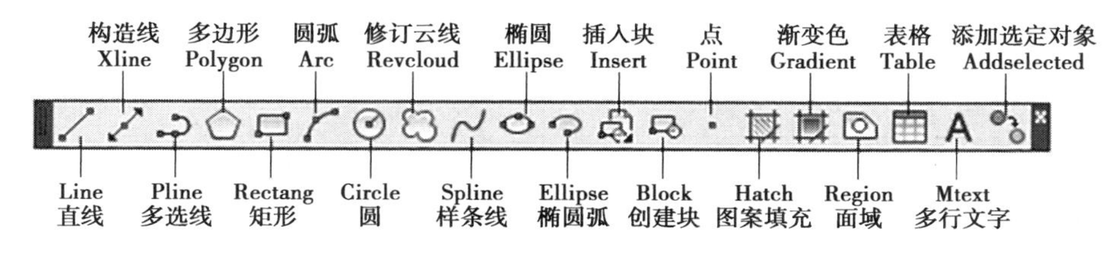

图 9.3　绘图工具栏

图 9.4 为图形修改工具栏，该工具依次排列有：删除、复制、镜像、偏移、阵列、平移、旋转、比例缩放、拉伸实体、延长实体、修剪、延伸、断开、倒角、圆角、炸开 16 项功能图标，每一项图标同样标注了相应的中英文命令名称，且对应各自的功能操作。

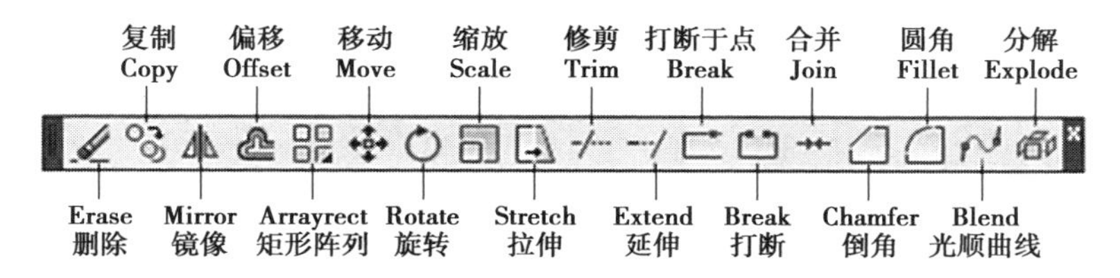

图 9.4　图形修改工具栏

状态栏显示在窗口的最底部，它反映当前的绘图状态，如当前光标的坐标，绘图时是否打开了捕捉、栅格、正交、极轴追踪、对象捕捉、对象捕捉追踪、显示\隐藏线宽等功能以及当前的绘图空间等。

天正菜单是本软件中最为引人注目的亮点，无论本身安装的 AutoCAD 是中文版本还是英文版本，天正菜单都以纯中文形态醒目地出现。在这个栏目中的每一项都有相关的进一步功能，在鼠标单击以后可以看到呈现新的分支型菜单，功能十分强大，几乎囊括了所有的建筑图纸绘制过程所需要的操作。每一条指令的单击其实都是与此功能相应的多条 AutoCAD 基本指令的内部组合，而用户只需要找到相关的天正菜单指令一次性单击再按照提示进行操作即可迅速完成，这也正是天正建筑软件用于建筑绘图的优势所在。

命令窗口是用于键盘输入指令的地方，适时显示当前的各种绘制指令和系统的反馈信息与提示，用户在使用鼠标单击其他指令栏或者下拉菜单时所下达的指令也可以在命令窗口看到相应的指令下达，便于学习和监控操作过程。

▶9.1.2　常用绘图命令

在使用天正建筑软件绘制或编辑图形时，用户既可以使用 AutoCAD 原本配置的各项功能，也可以使用天正建筑独有的菜单进行相对高级快捷的操作。指令的输入方式因此更加多样化，可以使用鼠标单击各种工具栏中的图标或指示发出命令，也可利用视窗中的下拉菜单进入，同时还可直接通过键盘敲入英文指令来完成一些基本的图形绘制过程。利用键盘输入和鼠标单击的配合可以更快地完成所需要的工作，在这里介绍一些常用键盘输入的绘图命令，它们大多是 AutoCAD 所带的功能型命令，见表 9.1。

表 9.1　常用绘图命令

命　令	简化命令	作　用	命　令	简化命令	作　用
LINE	L	绘制直线	ERASE	E	擦除图形
CIRCLE	C	绘制圆形	TRIM	TR	修剪图形
ARC	A	绘制圆弧	EXTEND	EX	线条延伸
ELLIPSE	EL	绘制椭圆	STRETCH	S	图形拉伸
PLINE	PL	绘制多义线	SCALE	SC	比例放缩
SPLINE	SPL	绘制样条曲线	MOVE	M	图形移动
SOLID	SO	绘制实心多边形	OFFSET	O	图线偏移
POINT	PO	绘制点	COPY	CP	图形复制
HATCH	H	图形填充	FILLET	F	圆角
WBLOCK	W	制作图块	ARRAY	A	阵列
INSERT	I	插入图块	MIRROR	M	镜像
TEXT	T	注写文字	BREAK	BR	图线打断
DDEDIT	ED	编辑文字	EXPLODE	EP	图块炸开
ZOOM	Z	屏幕缩放	PAN	P	屏幕移动

另外，用户在绘图过程的各项命令下达以后，常被系统回应提示需要输入一个数据或选择一个目标，这时可以利用相应的捕捉工具在屏幕上精确拾取，或采用键盘直接输入数据来响应。

为便于学习，本章图例所涉及的操作均介绍各过程最常采用的命令输入形式，最大限度地利用天正建筑软件所提供的便利优势。至于如何使用 AutoCAD 完整的键入命令来绘制和编辑图形的详尽办法，请参阅相关专著。另外，在 T20 天正建筑中，除了特有的一套建立三维更加快捷的菜单命令形成独特的便于自身操作的图块外，由于常会遇到对以前版本的天正或其他 CAD 软件所绘制图纸进行编辑和修改，考虑兼容性，特别在右边的天正菜单最下部有一个“旧图编辑”选项。为了更好地和其他版本与软件配合，本章主要介绍使用此选项单击得到新的菜单之后的操作过程。另外，由于天正菜单内部存在命令组合，导致单击此菜单操作时命令窗口的命令行自动出现的指令不可用敲入同样的单一指令来实现，这样的自动回应指令在本章中用小写字母表现，而可以直接键入操作的命令用大写予以区分。

9.2　计算机绘制建筑平面图

绘制建筑图是一项需要通过长期实践操作来进行提高的技能，现以图 9.5 为例，介绍使用天正建筑软件绘制建筑图纸的基本步骤。

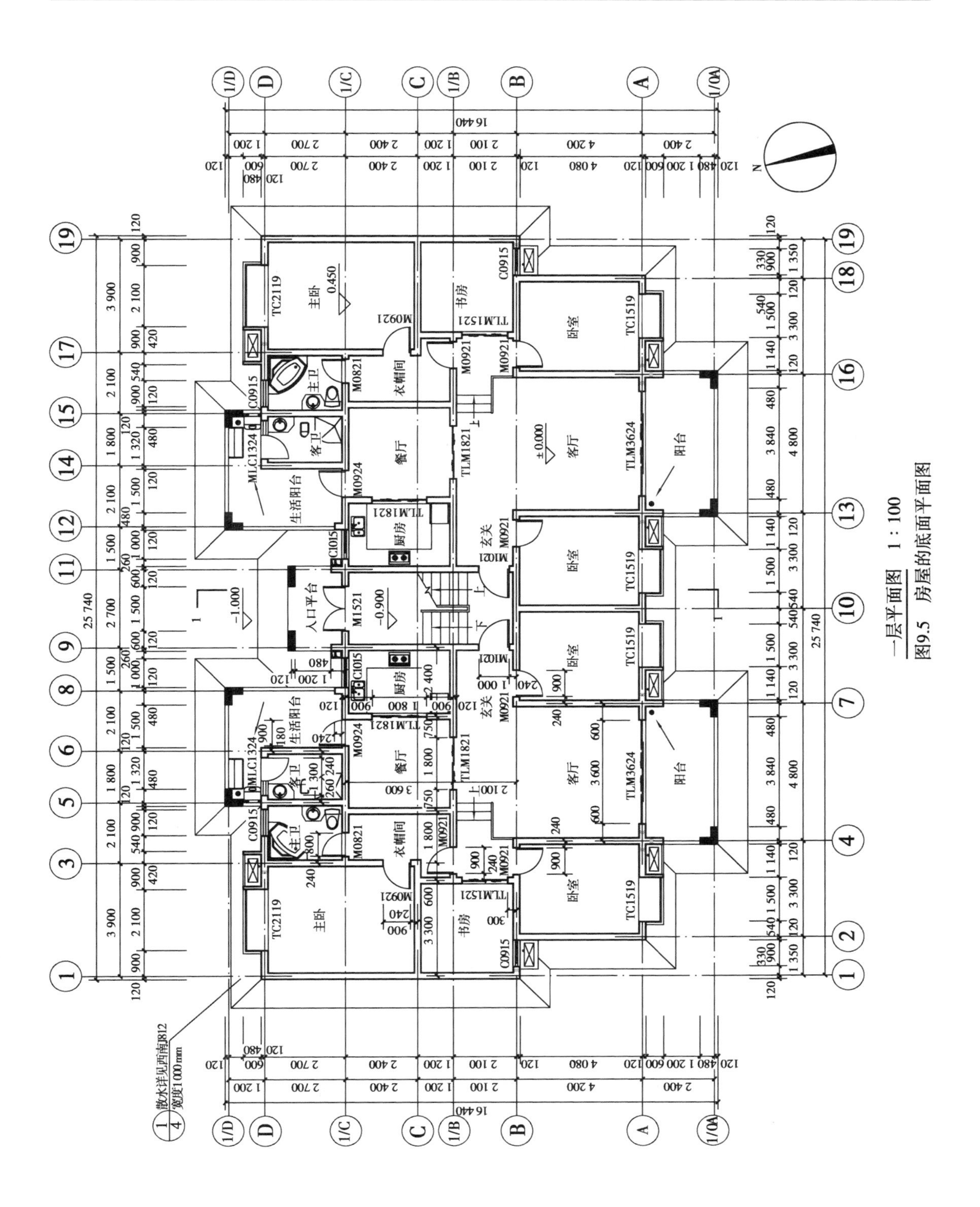

一层平面图　1：100

图9.5　房屋的底面平面图

双击天正图标，打开窗口，T20 天正建筑会遇到一个选择对话框，选择“Acad.dwt”模式，进入平面类的图纸绘制状态（其中另一选项“Tch3d.dwt”模式是进行三维建模工作的界面）。接下来应该做一些前期的绘图环境的配置，这在开始绘图之前是一项必要的工作。

1）设置新图，并为新图赋名

下拉菜单：文件→新建。

这时候仍然会遇到选择平面还是三维的对话框，继续单击选择“Acad.dwt”模式，得到新的完全干净的图形空间。

在使用计算机软件绘制图纸时，为了操作方便，通常采用 1：1 的比例进行绘制，而所有的出图比例就需要在设置新图时完成。单击天正菜单中“出图比例”按钮，在命令框中出现以下提示（凡楷体字内容均为命令窗口中人机交换的显示信息）：

指令：chscl

请输入出图比例 <1：100>　1：

在此处输入 200，300，500 等数字，可控制整张图纸的出图比例，系统默认的出图比例为 1：100，以括号内提示信息直接显示，如果回车就代表沿用默认值。此时，如果仍然选用比例为 1：100，直接回车即可。

单击右侧天正菜单上部“初始设置”按钮，出现对话框，选择平面门窗式样及标注斜线式样，以及其他相关的设置，它们都将成为本图新的默认形式，全部完成后单击“确定”即可。

完成所有设置后，从下拉菜单：文件→保存→在对话框的文件名位置输入图形文件名称，同时选择保存的文件夹位置，全部确定后单击“保存”按钮，新图赋名完成。

2）绘制轴网

绘制建筑平面图一般从建立轴网开始，以此作为墙体的定位。绘制轴网有两种常用的方式：一种是画线偏移法；另一种是对话框定义法。

①首先介绍画线偏移法。

指令：layer↓

获得图层控制弹出式对话框，选择“新建”，获得一排新的高亮的图层条，修改新图层名称为 DOTE，这也是使用对话框定义法系统自动生成的轴网的图层名称。单击 DOTE 层颜色方块，在新弹出的颜色选择框中选择最上排的红色，单击“确定”，将此层颜色定义为红色。继续本层的操作，在“线型”栏目单击，再次获得新的弹出对话框，系统默认的线型在此只有实线和虚线两种，单击“载入”，在再次弹出的新框中找到线型“dote”，单击成为高亮选项以后，单击“确定”，这时在原有的线型选择对话框中出现了第 3 种单点长画线，选择成为高亮以后按“确定”，即可看到 DOTE 层的线型已经被定义为单点长画线。选择本层高亮后单击对话框右上方的“当前层”，将其定义为当前层，然后再次单击“确定”回到绘图界面。

使用 LINE 命令绘制一条水平直线和一条铅垂直线，由于当前层已经定义为轴线层，因此，直接得到了红色的单点长画线，线的长度以略长于横竖两个方向总长度为佳。

使用偏移 OFFSET 命令，依照图 9.5 中开间和进深数据画出图 9.6 中轴网。

②接下来介绍对话框定义法。

定义图层的整个过程与画线偏移法同，在确定当前层为红色单点长画线的 DOTE 层后，在右侧的天正菜单中，选择“轴网”→“直线轴网”命令，单击获得弹出式对话框中按照需要的数据输入开间和进深数据，全部输入完成后单击“确定”，得到一个随鼠标移动的轴网，在图纸空间中单击鼠标将其放置完毕，经过修整后同样获得如图 9.6 所示的轴网。

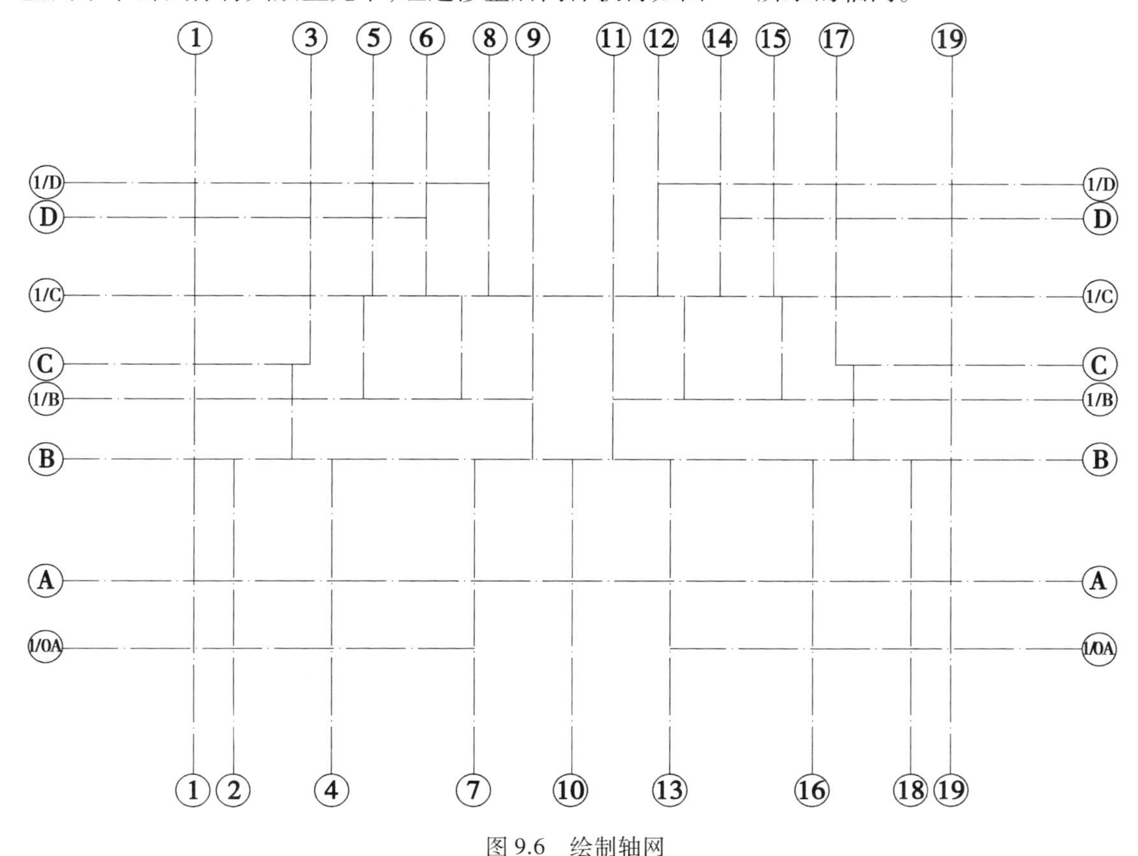

图 9.6　绘制轴网

3)绘制墙体

天正菜单：旧图编辑→双线墙→双线直墙。

指令：dwall

请点取墙的起点(圆弧墙宜逆时针绘制)/F—取参照点/D—单段/<退出>:

这时用鼠标点取需要作为起点的轴线交点，会看到命令窗口出现新的提示：

墙厚当前值：左墙 120、右墙 240。

请点取直线的下一点/A—弧墙/W—墙厚/F—取参照点/U—回退/<结束>:

此时看到的墙厚当前值就是最初在初始设置中定义的左右墙厚，如果没有更改，则系统自动默认为左 120 右 240。如果需要修改，操作如下：

请点取直线的下一点/A—弧墙/W—墙厚/F—取参照点/U—回退/<结束>:W ↓

请输入左墙厚<120>:120 ↓

请输入右墙厚<240>:120 ↓

墙厚当前值：左墙 120，右墙 120。

这样就将墙厚定义为 240，并且进入下一循环。移动鼠标，依次点取墙段轴线的端点位置的交点，可以看到图纸中自动生成了沿此段轴线的双线墙。如果操作失误，可直接在此循环中输入 U,回车回退上一个墙段生成的操作。同时图纸中自动生成灰色的墙层(WALL),通常使用 LAYER 命令将此层定义为 255 号颜色。

全部墙线绘制完毕后,按鼠标右键或在命令窗口直接回车,结束墙线绘制命令,获得图 9.7。

值得注意的是,为了减少作图工作量,在平面图左右对称的情况下,一般只画出其中的一半,然后使用镜像命令直接生成另外一半。

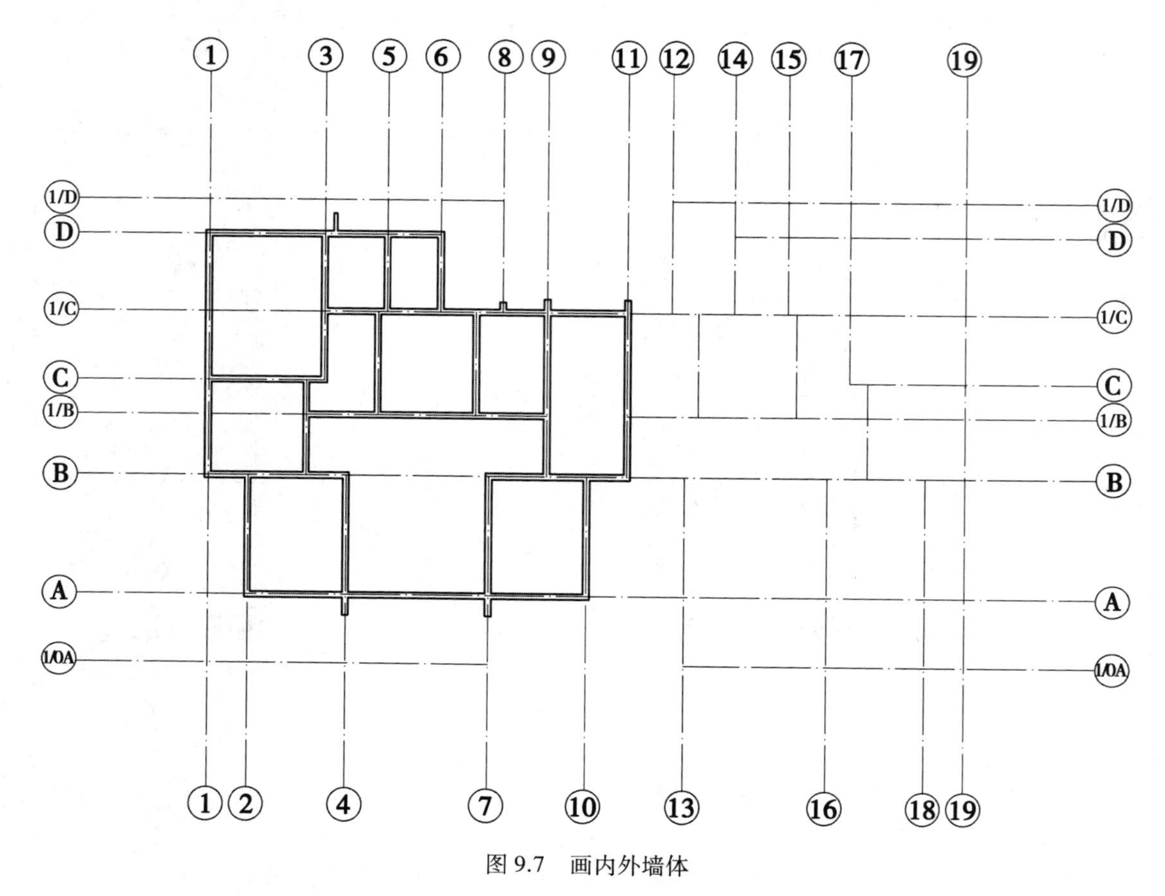

图 9.7　画内外墙体

4)柱子插入

天正菜单:旧图编辑→柱子单墙。

根据需要选择"方柱插入"或"圆柱插入",单击后都会出现相应的弹出式对话框,用于控制柱子形状,同时在对话框中也可自由选择方柱与圆柱的切换。

本例为演示需要设置方柱,插入时输入柱高、柱宽、基点定位数值,单击"确定"即可。

命令:fzh

请点取柱子的插入点(轴线交点)或窗口的第一点 <退出>:

鼠标单击轴线交点可插入单个柱子,如果使用窗口选取,则鼠标拉过的窗口范围内所有的轴线交点全部同时插入定义好的柱子。

全部柱子插入完成后单击鼠标右键或直接回车退出,获得图 9.8。

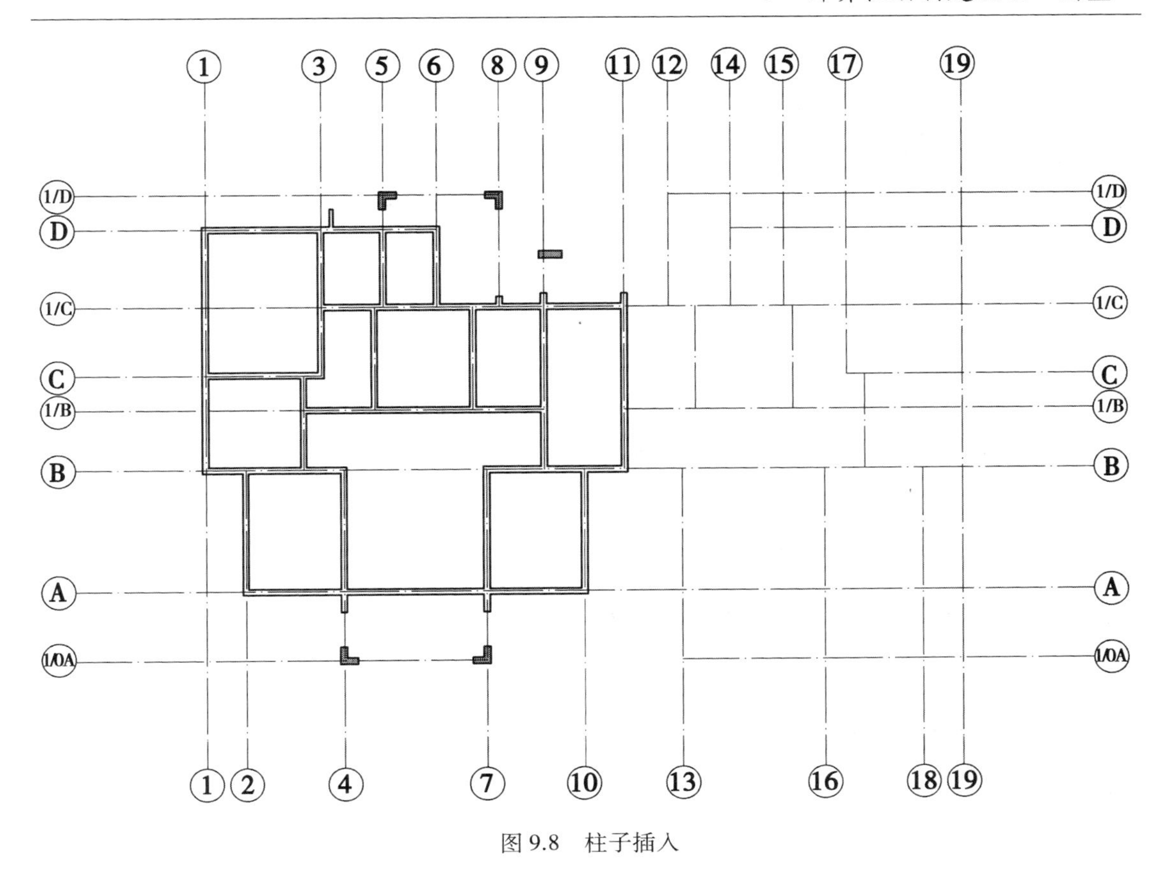

图 9.8　柱子插入

5)绘制门窗

天正菜单:旧图编辑→门窗。

首先用鼠标单击上方的“门”或“窗”,或“高窗”,在此 3 项中进行切换,选择当前要插入的一项,然后进行后续操作。

以窗为例,如果在通过此墙段各轴线距离正中开窗,单击“中心插入”,将看到命令窗口出现:

命令:wdinc

请点取要插入门窗的墙线 <退出>:

按照提示使用鼠标左键在需要开窗的墙段单击,将看到命令窗口出现:

门窗的宽度(可点取轴线的跨越点)/S—选择已有门窗/<1 500>:

括号内为系统默认宽度 1 500,这时输入需要绘制的门窗宽度,回车确认,自动在墙线正中开启了需要的窗,命令窗口进入下一循环,可以进行连续的点取。同时图纸中自动生成了新的浅蓝色门窗层(WINDOW)和白色的门窗名称层(WINDOW_TEXT)。

除了中心插入之后还有一个经常使用的指令“垛宽插入”,例如单击后在命令窗口看到:

命令:wdinb

请输入从基点到门窗侧边的距离<120>:

这里的基点到侧边的距离是指内侧到洞口之间墙段宽度,如图 9.9 中所示Ⓑ轴线上的 M0921,输入之后回车。

再点取要插入门窗的墙线(偏向基点一侧)<退出>:

鼠标点取要开窗墙段的内侧墙线，注意此处与前面输入距离的对应。

门窗的宽度(可点取轴线的跨越点)/S—选择已有门窗/<900>:

定义门窗宽度后回车，进入下一个循环，全部完成后使用鼠标右键或直接回车退出，得图9.9。

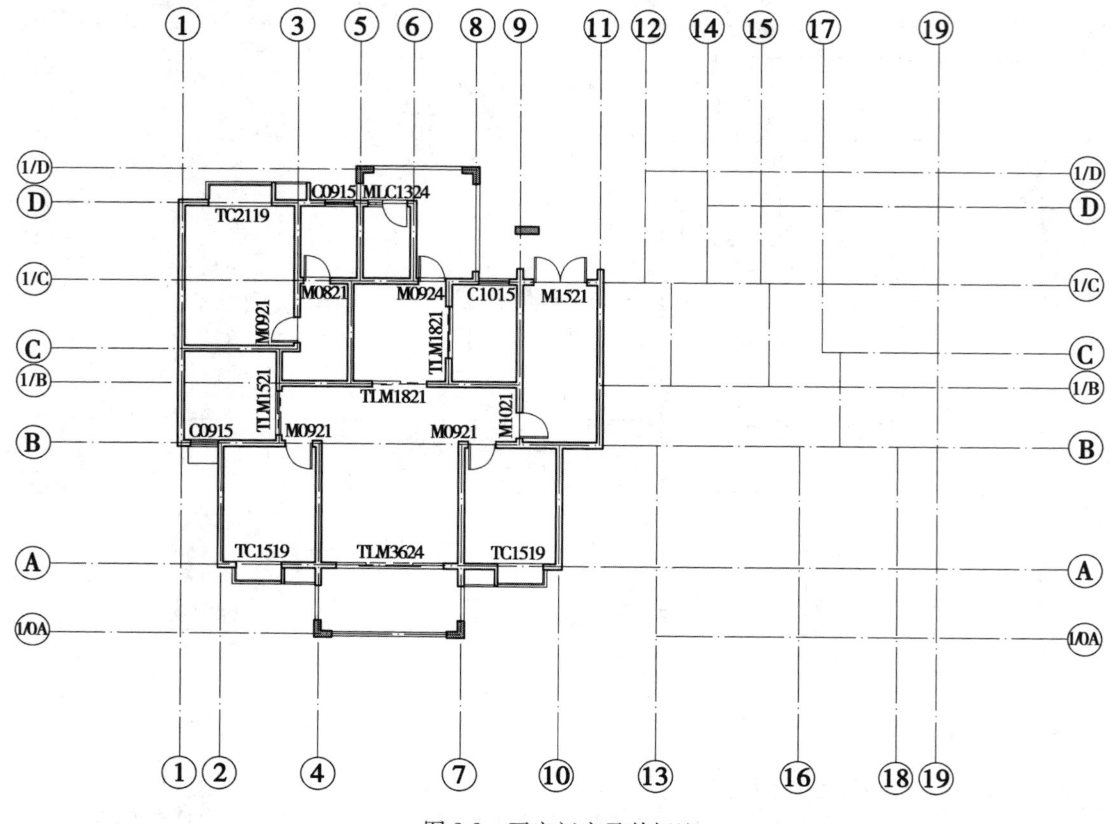

图9.9　开启门窗及其标注

6)文本填写

图纸中的文本填写主要包括两个部分，即门窗标注和房间名称等文字填写。

(1)门窗标注

天正菜单:旧图编辑→门窗→门窗名称。

命令:wdname

请选取要定义名称的平面门窗 <用已有的门窗名称选取>:

选取所有的C-1后，鼠标右键或回车:

新的门窗名称(可点取样板门窗)<改变可见性>:

输入C0915，回车，可以看到所有被选取的窗全部标注为C0915，同理完成其他门窗的标注。

由于在天正菜单中默认的门窗形式有限，因此，如果需要改变门窗形式，可使用WBLOCK指令自行制作门窗的图块在所需的位置插入(INSERT)，同时将门窗标注的字样直接写进该门窗块中，在插入时自带标注。

(2)文字填写

天正菜单:旧图编辑→文字。

首先单击“字型参数”,在弹出式对话框中定义中文和数字的字型及字高比例等。完成后单击“文字标注”,在弹出的编辑文字的小横条中键入要标注的汉字,按确定后命令窗口出现:

命令:wrinput

请给出汉字的插入点(左下角点)<退出>:

鼠标在图纸上点取汉字的左下角点后命令窗口提示:

字高(小于15为出图实际字高)<500>:

根据自己的出图比例确定字高,输入后回车。

转角<0>:

由于建筑图纸中汉字始终是正放,因此,这里通常都直接回车,得到需要填写的汉字,如图9.10所示。

(3)文本编辑

建筑图纸的绘制过程中经常需要对已经填写的文本进行修改,此时应区分已有文字的属性。从属于块的文字,例如在门窗标注中所生成的门窗名称就从属于门窗块,必须使用天正菜单中文字项里“DDATTE”按钮,然后选取即可进行修改;其他普通的文字不从属于块的就可使用“DDEDIT”指令进行修改和编辑。如果文字位置发生偏差,可使用MOVE命令将目标汉字移至所需位置。

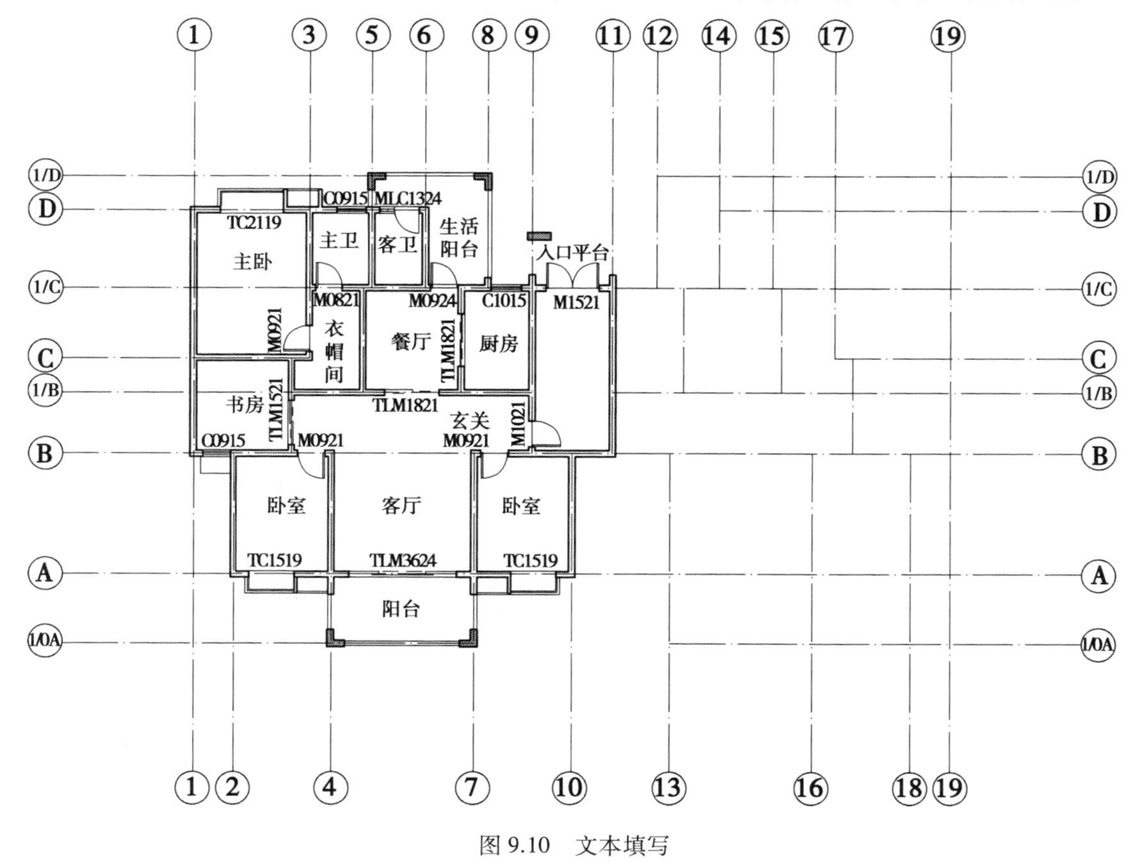

图9.10　文本填写

7)楼梯绘制

先按照画墙线的方法补出楼梯端部所缺墙段,如有需要还应开启门窗,然后开始楼梯梯段的平面绘制。

天正菜单:旧图编辑→楼梯阳台→两跑楼梯。

在弹出的两跑楼梯参数对话框中填入梯段的各项参数,包括踏步宽、梯段宽、栏板宽、各跑步数、总长、总宽、转角,同时作好基点的各项设定。全部完成后单击“确定”,命令窗口出现:

指令:tstair

请给出两跑楼梯的插入点 <退出>:

鼠标单击选取基点,插入楼梯。使用“单线剖断”指令作出剖切线,如需使用 TRIM 命令修剪,然后使用“箭头绘制”指令作出箭头,标注上下行汉字,完善图形,得到图 9.11。

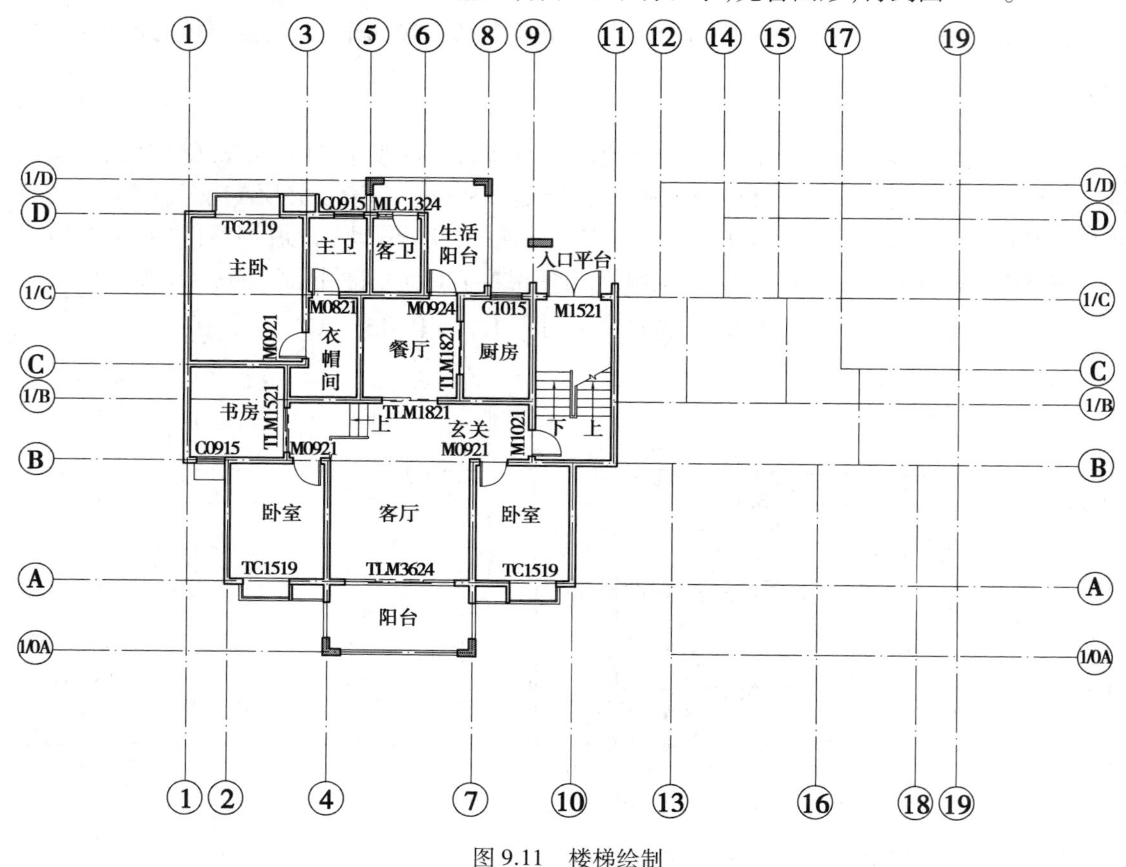

图 9.11　楼梯绘制

8)镜像对称

由于建筑图纸中常有对称形态,因此往往只画出其中的一半,要得到完整的图形必须通过镜像指令作出对称部分,获得完整的图形。

在镜像指令执行之前必须进行对文字的设定,将文本镜像设置为可读镜像。

指令:MIRRTEXT ↓

输入 MIRRTEXT 的新值<0>:↓

数值 0 为可读镜像。如果此处设定值为 1,则在镜像操作以后会获得完全镜像的文字,无法辨认,遇到此种情况时可使用天正菜单文字一项里的“镜像修复”按钮来进行修复。

指令:MIRROR ↓

选择对象：W↓ （用 W 窗口方式选择已画出的半个图形）

指定第一个角点：

指定对角点：

选择对象：↓

指定镜像线的第一点：(目标捕捉对称线的上端点)

指定镜像线的第二点：(目标捕捉对称线的下端点)

是否删除源对象？［是(Y)/否(N)］<N>：N↓

用 TRIM 和 ERASE 指令修整对称结合处轴线的图形，完成对称作图，得到图 9.12。

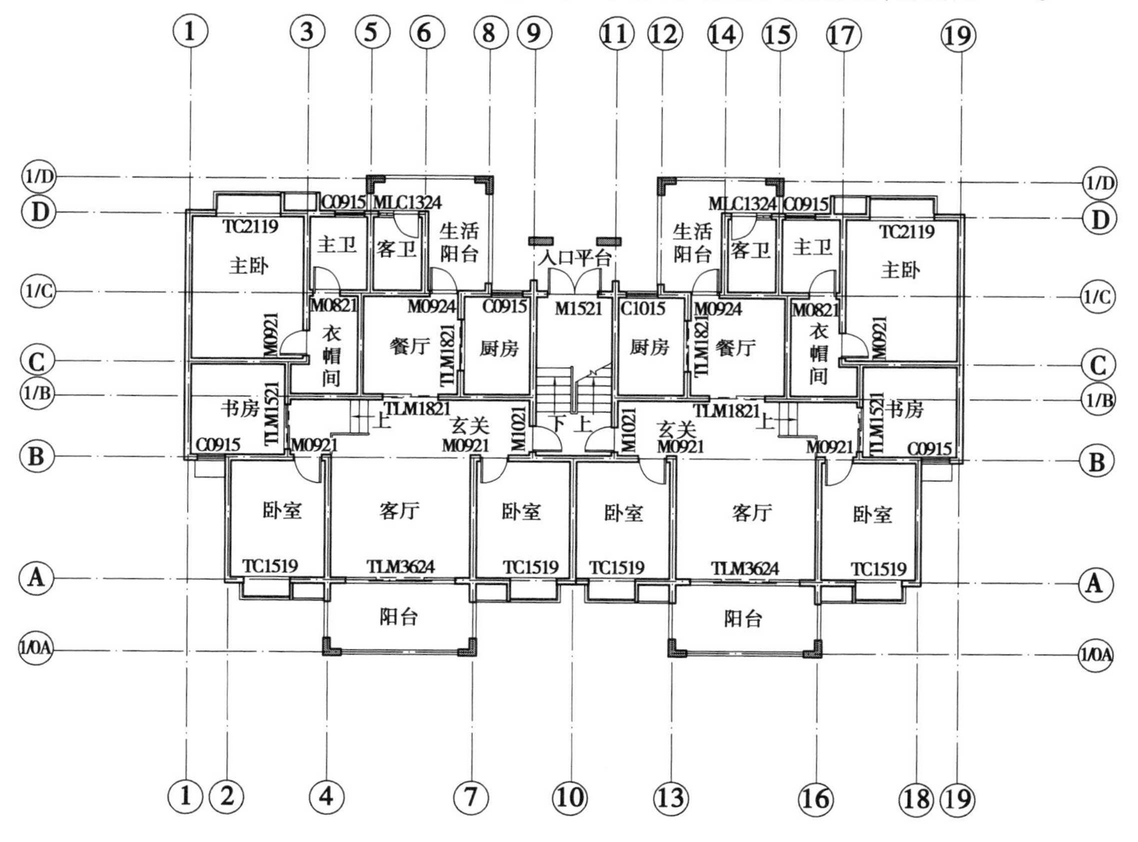

图 9.12　镜像命令完成对称作图

9）散水绘制

天正菜单：旧图编辑→室外总图→自动散水。

指令：outlna

请在散水一侧的墙线(或搜到的边线)上点一下 <退出>：

鼠标单击选取墙线后命令窗口提示：

搜墙线……OK。

散水宽度<900>：

输入宽度后回车，自动沿墙边生成散水。如果此过程出现问题，可使用 OFFSET 指令将墙线向外偏移后再修剪(TRIM)，同样可获得散水。完成后的图样如图 9.13 所示。

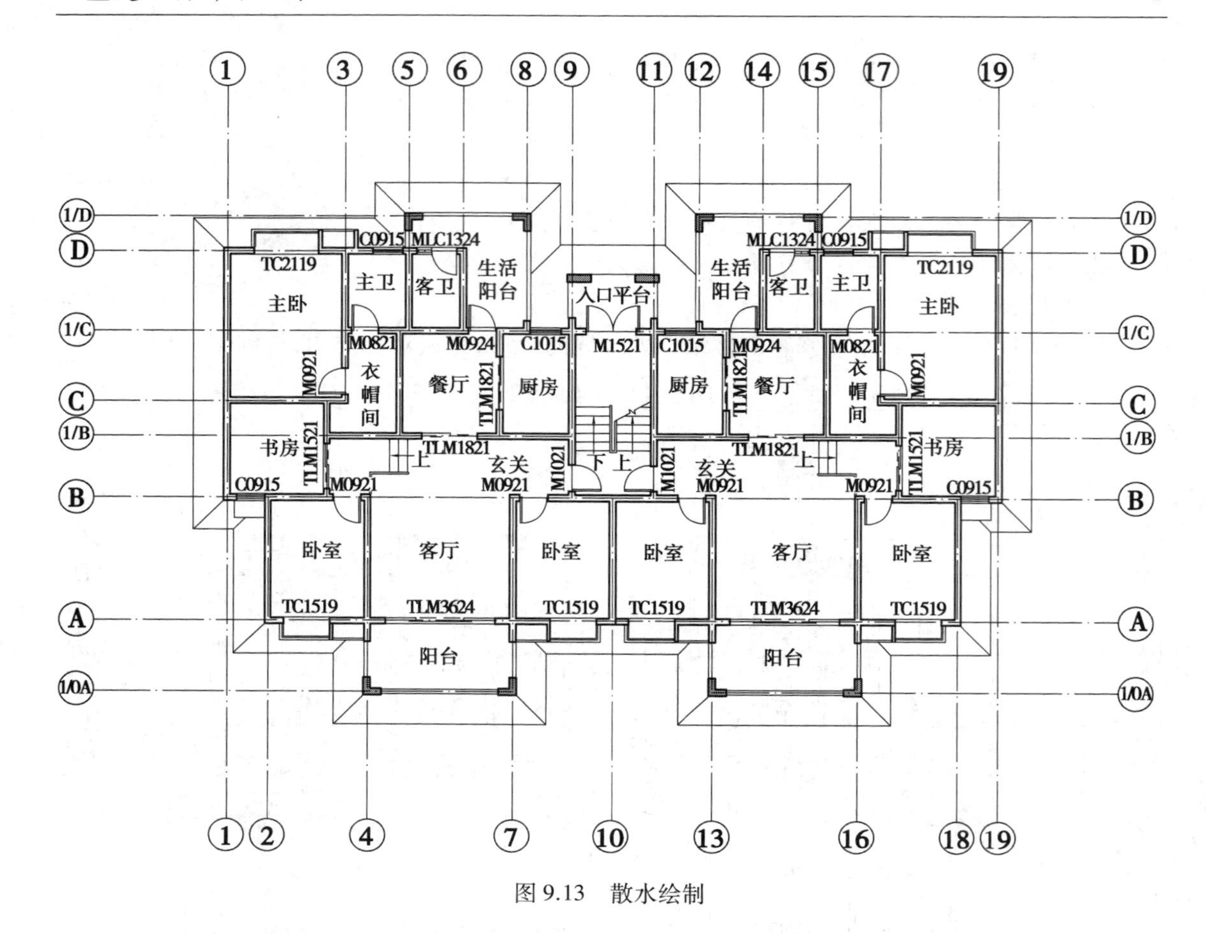

图 9.13　散水绘制

10)尺寸及标高标注

尺寸标注分为轴网标注和墙段标注两个主要部分,首先是直接利用天正菜单中的"轴网标注"功能标注轴线及相关尺寸。

天正菜单:旧图编辑→轴网→轴网标注。

指令:dimax

请点取要标注轴线一侧的横断轴线 <退出>:　　　　(鼠标点取横断轴线)

起始轴的编号(1 A A1 AA)<1>:　　　　(输入轴号回车)

请点取要标注轴线一侧的横断轴线 <退出>:

可以看到系统自动生成了轴线圈,轴线编号,同时标注了轴间尺寸和轴线总尺寸,同时命令窗口进入下一个循环,点取另一方向的横断轴线完成轴网标注。如果需要对轴线编号进行修改编辑,可以使用菜单中的"单轴变号"与"多轴变号"指令。

天正菜单:旧图编辑→尺寸标注→沿直墙注。

指令:dimlwf

请点一下要标注(直墙线)的起始点 <退出>:　　　　(鼠标点取)

结束点 <退出>:　　　　(鼠标点取)

再点一下尺寸线的位置 <退出>:　　　　(鼠标点取)

请点取不需要标注的轴线 <结束点取>:　　　　(鼠标点取,如无须要直接回车)

此指令功能十分强大，自动生成的连续标注会反映出被选择墙段上的所有洞口及其与轴线的关系，使用这一指令可以完成所需要的内外直墙段的各种细部标注。

由于建筑平面图的总尺寸需要包括墙厚的外包尺寸，而“轴网标注”过程所生成的最外部尺寸为轴线总尺寸，因此，在这里还有一步极为重要的步骤。首先将反映墙厚的尺寸块使用 COPY 指令拷贝至轴线总尺寸两边，然后，尺寸标注→尺寸工具→标注合并，命令窗口提示如下：

指令：dmmge

请点取第一个要合并的尺寸标注<退出>：　　（鼠标点取墙厚尺寸）

再点取第二个要合并的尺寸标注<退出>：　　（鼠标点取轴线总尺寸）

分别点取以后可看到两个尺寸自动合并，继续合并另一侧，使外部尺寸成为建筑物含外墙厚的总尺寸，修正尺寸标注的各项属性后进行标高标注。

天正菜单：旧图编辑→符号标注→标注标高。

指令：eledim

上标注 1/右标注 2/无引线 3/不引出 4/请点取标高点 <回车退出>：　　（鼠标点取）

此处的标高为 <* *.* * *>：　　（*代表由于鼠标点取位置变化的任意数值，输入标高数值回车）

在平面图中由于不可能严格按照系统坐标在点取时自动生成正确标高，因此通常都是直接利用键盘输入本层的标高来完成的。全部调整以后所得结果为图 9.14。

11）图框插入及布图调整

图纸绘制基本完成以后就必须插入图框了，由于在天正中的图形是按实际大小绘制的，因此，出图比例实际上是由不同大小的图框插入来实现的。而前面所进行的尺寸标注等也都是根据设定的出图比例自动调整了大小以满足出图后尺寸比例正常。

天正菜单：旧图编辑→布图出图→插入图框。

在弹出式对话框中进行图框的选择，如果对各项参数不十分确定，可通过单击“预演”按钮来查看图框形态以及与所绘制图形大小是否协调，确认后单击“插入”，将图框放置到合适的位置。

如果需要的图标形式和天正默认的图标形式不同，建议在对话框中不选择使用默认的会签栏和图标，而是在放好图框以后使用 LINE 和 PLINE 指令手工绘制需要的图标。注意在手工绘制时先要在窗口上方的图层控制工具栏中下拉选择 PUB_TITLE 层为高亮，指定系统生成的图框原本的图层为当前层，然后再进行绘制。良好的图层控制习惯可以帮助操作者更方便地对图纸进行修改编辑。

接下来需要完成的工作是对整张图纸的完善修整，包括使用文字标注指令填写图标各项，注写图名，根据需要添加详图索引，如果是底层平面图则需画出剖切符号和指北针等。由于在绘制过程中系统生成的墙线只是细实线而出图时墙线应该是粗线，所以要做一定的调节工作。达到目的的方法有两种：一种是在出图打印时将墙层（WALL）所在的 255 号颜色（如果没有调整过此项则天正 5.0 中默认墙层为 9 号色）设定线宽为粗线宽度；另一种是直接在图纸上进行操作如下：

天正菜单：旧图编辑→条件接口→墙线加粗。

指令：latoplc

请选取要变粗的墙线（向两侧加粗）<全选>：

选择对象：　　（鼠标选取或直接回车改变所有墙线）

菜单中“墙线加粗”指令是以墙线所在位置为准向两侧加粗，而“向内加粗”指令是保证粗线最外侧为原有墙线位置，操作者可根据自己的需要选择使用。

所有调整完成检查无误后即完成整张底层平面图的绘制，如图 9.15 所示。

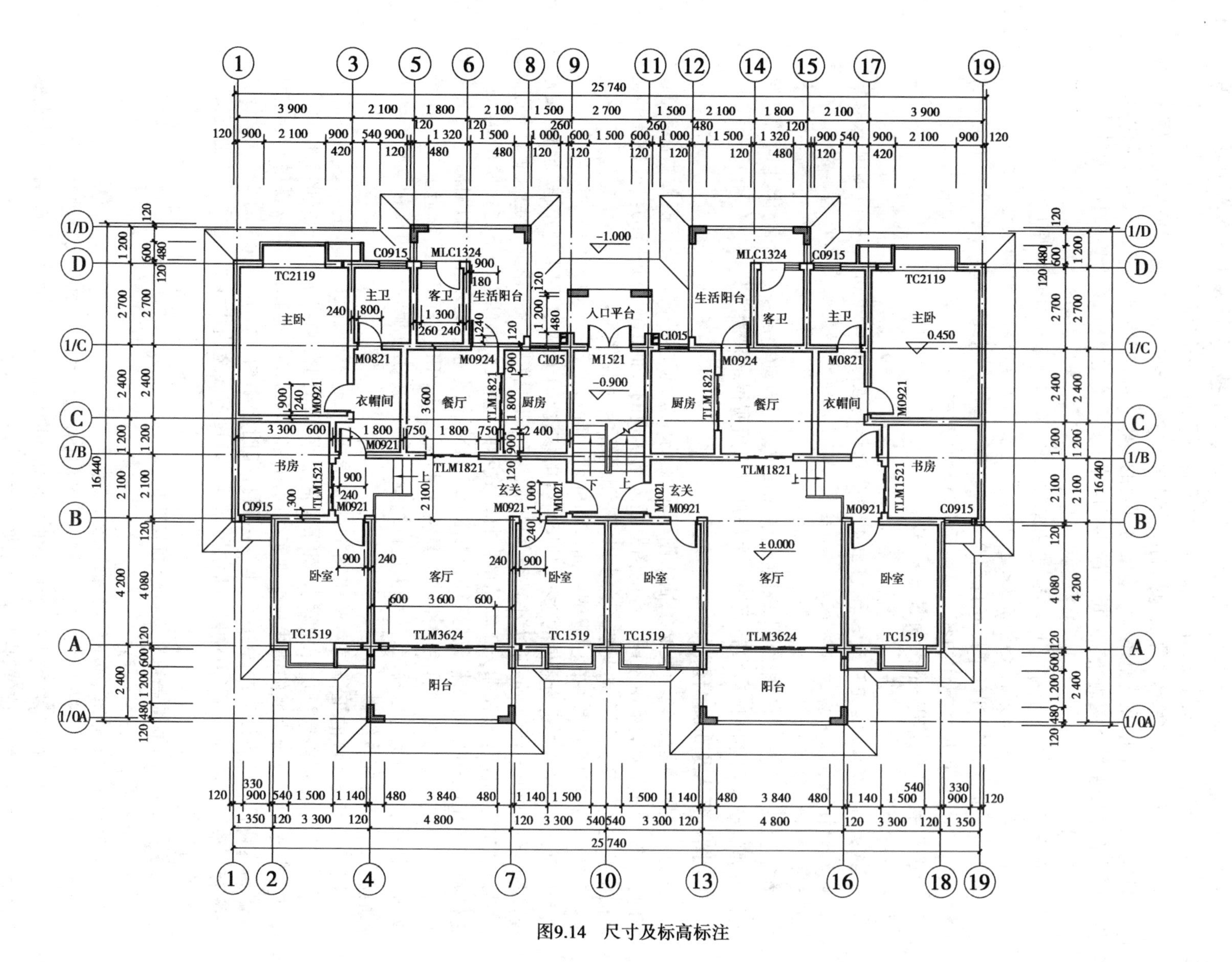

图9.14 尺寸及标高标注

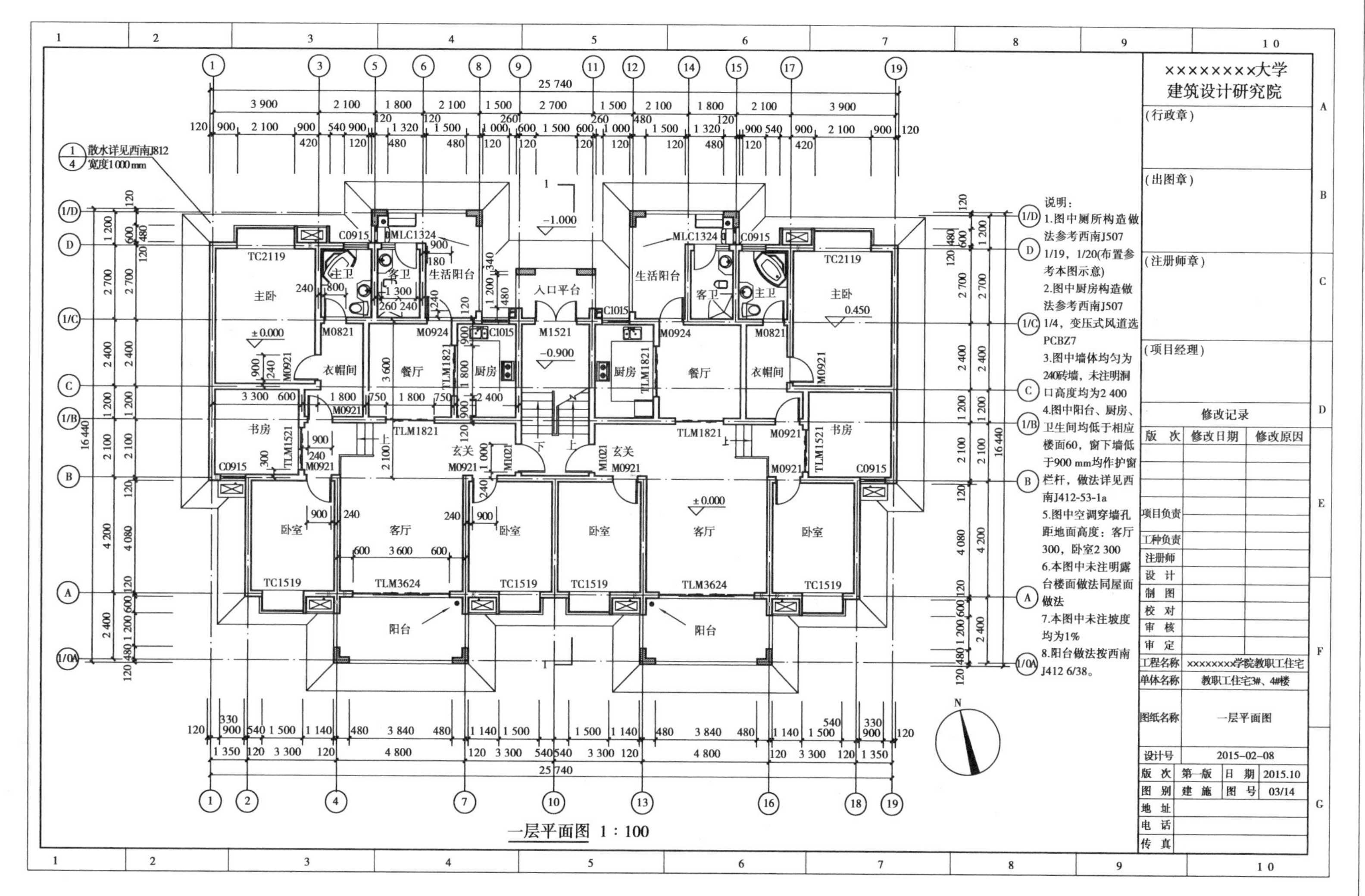
××××××××大学
建筑设计研究院
(行政章)
(出图章)
(注册师章)
(项目经理)
修改记录
说明：
1.图中厕所构造做法参考西南J507 1/19，1/20(布置参考本图示意)
2.图中厨房构造做法参考西南J507 1/4，变压式风道选PCBZ7
3.图中墙体均匀为240砖墙，未注明洞口高度均为2 400
4.图中阳台、厨房、卫生间均低于相应楼面60，窗下墙低于900 mm均作护窗栏杆，做法详见西南J412-53-1a
5.图中空调穿墙孔距地面高度：客厅300，卧室2 300
6.本图中未注明露台楼面做法同屋面做法
7.本图中未注坡度均为1%
8.阳台做法按西南J412 6/38。
工程名称 ××××××××学院教职工住宅
单体名称 教职工住宅3#、4#楼
图纸名称 一层平面图
设计号 2015-02-08
版次 第一版 日期 2015.10
图别 建施 图号 03/14
一层平面图 1:100

图9.15 最终成图

9.3 计算机绘制建筑立面图

天正菜单本身提供了一些立面操作的快捷方式，但由于在绘制平面时多已根据设计需要进行过修剪添加等工作，导致平面图本身并非纯粹的天正能辨识的图形，因此在实际绘制过程中多以直接的 AutoCAD 指令进行操作。现以上节所绘建筑物的①~⑲立面图（见图 9.16）为例，介绍使用天正建筑软件绘制建筑立面图的基本步骤。

1）立面图的初始化工作

和平面图一样，立面图也需进行初始化设置，建立新图，设定相应的出图比例。同时，为了方便图层管理，一般会根据立面图的外形特征，使用 LAYER 指令建立图层及其属性关系，见表 9.2。

2）制作门窗图块

门窗的形式常常是建筑设计的亮点，几乎每个建筑的立面图中门窗形式都不完全相同，使用天正软件图库中的门窗立面图块固然是一个办法，但如果需要表达个性化的门窗设计，还应使用 WBLOCK 指令制作独立的门窗图块。

在指令行键入指令 WBLOCK 后，弹出对话框，选择已画好需要制作成块的图形，在文件名一栏为该图块赋名，选择好存放路径以后单击“确定”，制作成功的图块将在屏幕左上方出现小屏幕预演后迅速消失，并存放在指定的目录里。

表 9.2　立面图的图层及其属性关系

构件名	图层名	颜色	线型
外墙轮廓	WALL	255	CONTINUOUS
门窗轮廓、立面装饰	D&W	YELLOW	CONTINUOUS
分格、引条线	DETAIL	WHITE	CONTINUOUS
楼梯	STAIR	YELLOW	CONTINUOUS
尺寸	PUB_DIM	GREEN	CONTINUOUS
文本	PUB_TEXT	WHITE	CONTINUOUS
轴线	AXIS	RED	CENTER2
填充	HATCH	BLUE	CONTINUOUS

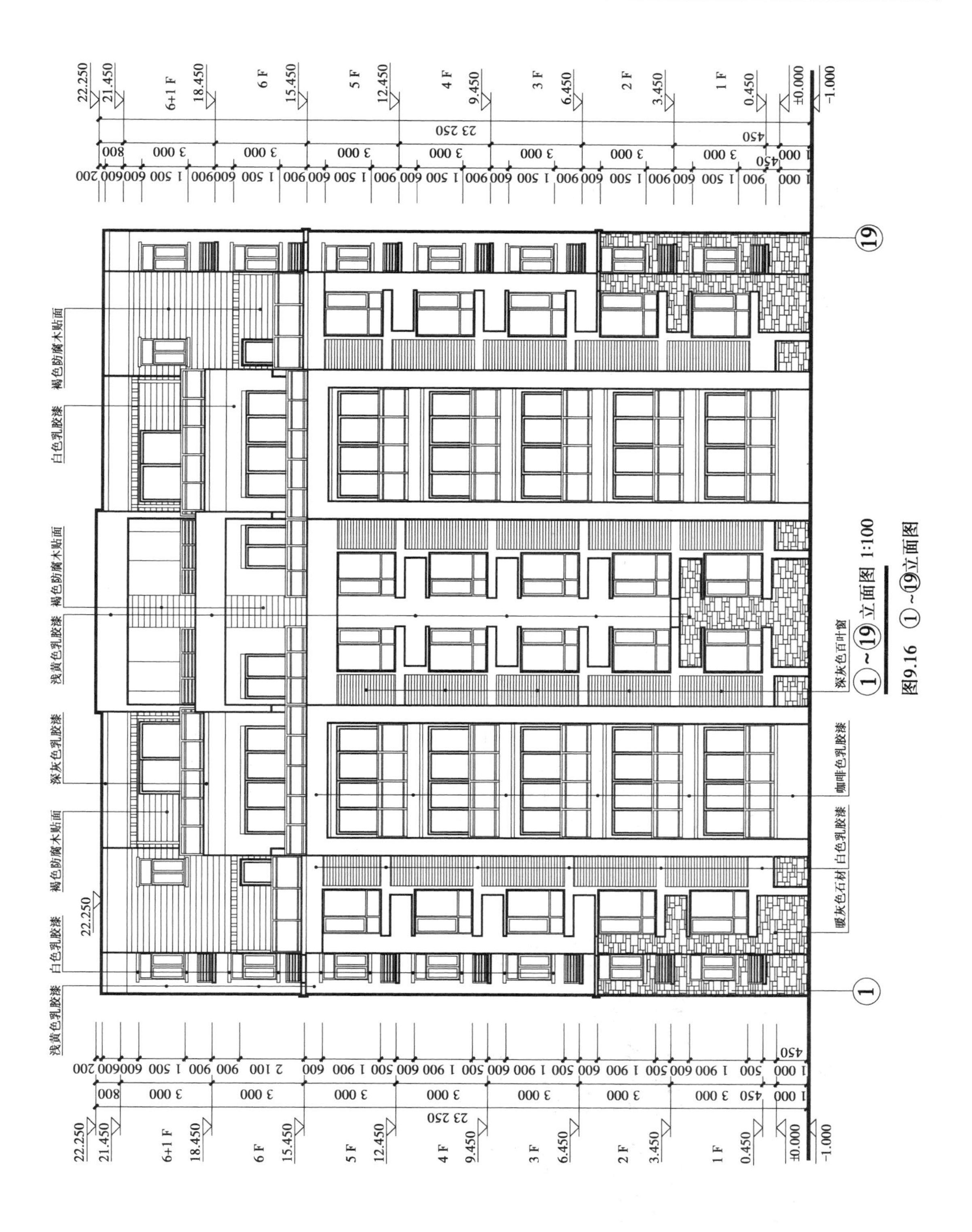

浅黄色乳胶漆
白色乳胶漆
褐色防腐木贴面
深灰色乳胶漆
浅黄色乳胶漆
褐色防腐木贴面
白色乳胶漆
褐色防腐木贴面
暖灰色石材
白色乳胶漆
咖啡色乳胶漆
深灰色百叶窗
①~⑲立面图 1:100
6+1 F
6 F
5 F
4 F
3 F
2 F
1 F
22.250
21.450
18.450
15.450
12.450
9.450
6.450
3.450
0.450
±0.000
-1.000
23 250

图9.16 ①~⑲立面图

3)画立面外形轮廓线(见图 9.17)

设置轴线图层 AXIS 为当前层,用 LINE 命令画出定位轴线和立面图的左右对称线(镜像操作之后对称线将擦除)。

设置外墙轮廓层 WALL 为当前层,根据立面方案图和已完成的平面图,用 PLINE 命令画特粗的地坪线,用 LINE 命令画出对称立面图的左半个外形轮廓线。

设置细部图线层 DETAIL 为当前层,用 LINE 命令、OFFSET 命令画出引条线、窗块插入的基准线等(全部基准线用后将擦除)。

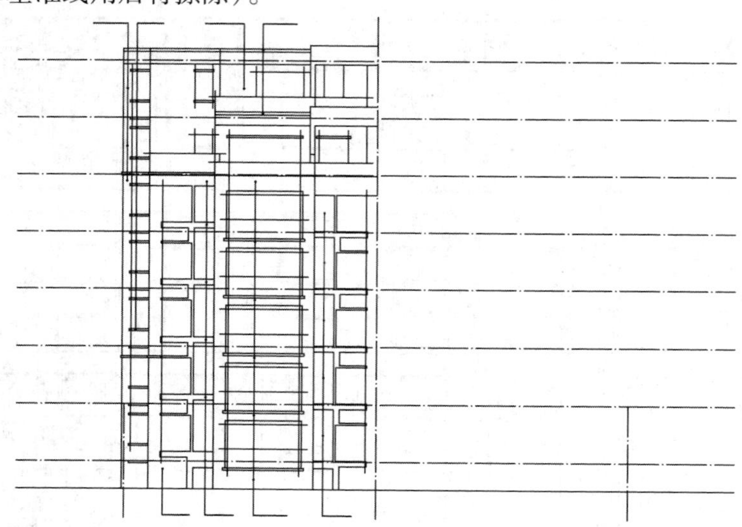

图 9.17　画立面外形轮廓线、引条线、窗块插入的基准线

4)插入窗块、画楼梯等建筑细部(见图 9.18)

设置楼梯层 STAIR 为当前层,使用 LINE 和 ARRAY 等命令完成楼梯绘制。

设置门窗层 D&W 为当前层,根据先前作出的窗插入基准线,用 INSERT 命令依次插入已定义的窗块。然后用 ERASE 命令擦除所有的基准线。接下来使用 LINE 等指令绘制出立面各种细部线脚装饰和其他所缺部分,必要时采用 TRIM,OFFSET 等指令编辑和修改图形。

图 9.18　插入窗块、画建筑细部

5)作对称图形(见图9.19)

使用MIRROR指令作出镜像对称图形,使用ERASE指令擦除对称轴线。

图9.19 作镜像对称图形

6)标注尺寸、标高、定位轴线、填写文字(见图9.20)

此部分与平面图操作类似,使用天正菜单提供的按钮或AutoCAD的指令都可以依次完成。

7)填充图形、加粗线型、删除楼层辅助线、完善图纸

本例中屋顶图案需使用HATCH命令填充完成。由于图案的填充会自动亮出填充范围内的文字和尺寸等内容以使图面清晰,因此填充工作常常放在文字标高等注写完毕之后再进行。同时,为了使填充的图线在出图时方便使用更细的线型以体现层次,通常把图形填充单独设置一层,选用和其他各层不同的颜色。

键入HATCH指令后会出现对话框,在此对话框中选择填充的式样、范围、比例等。填充范围有两种选取方式:一种是选择所需要填充部分的所有轮廓线;另一种是点取,在点取时只需将鼠标左键在填充的范围内单击,系统会自动选择此点最靠内的一圈围合线作为填充范围,如果线条没有闭合则会报错。

填充完成,检查全图,确认无误后即完成整张立面图的绘制,如图9.16所示。

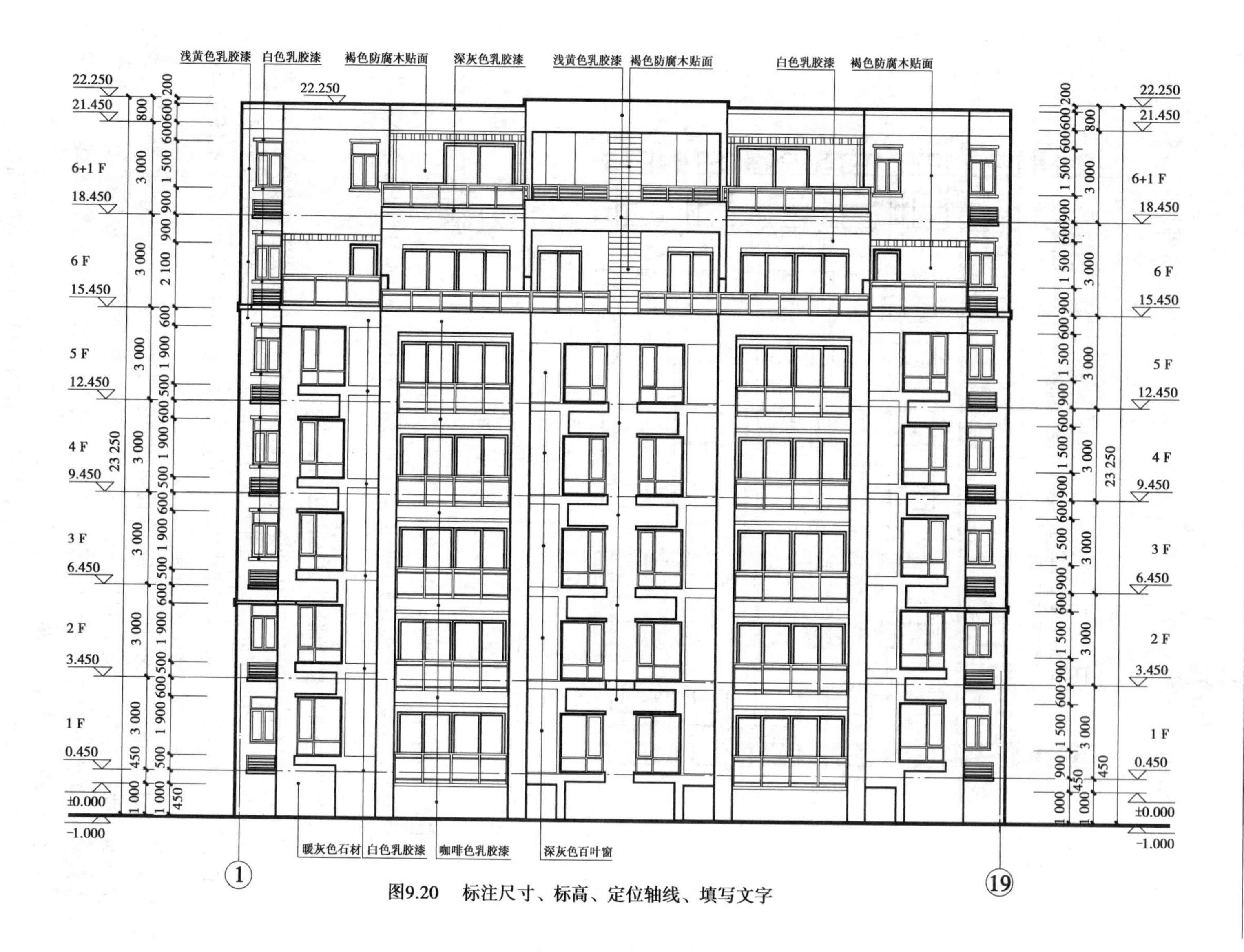

图9.20 标注尺寸、标高、定位轴线、填写文字

9.4　计算机绘制建筑剖面图

建筑剖面图的作图过程与立面图类似，均以 LINE（直线）、OFFSET（偏移）、TRIM（修剪）、HATCH（填充）等命令为主进行绘图与编辑。

现以上述建筑物的墙身局部剖面图（详图）（见图 9.21）为例，简要地说明建筑剖面图的计算机绘图过程如下：

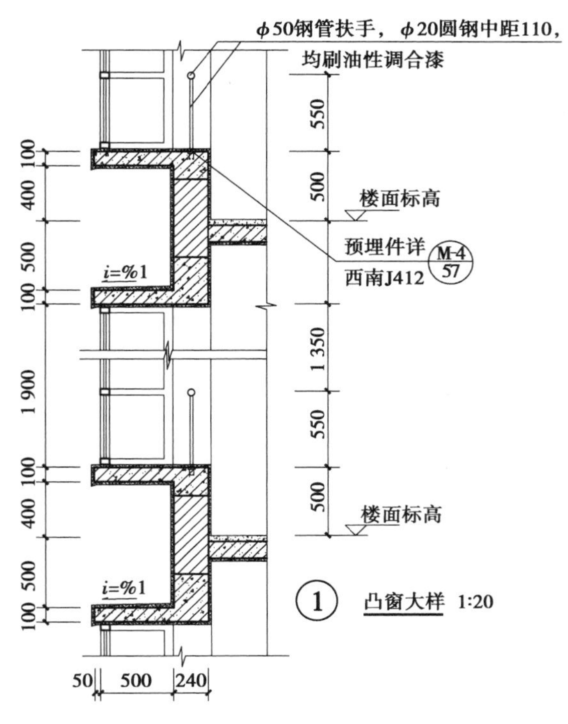

图 9.21　墙身局部剖面图（详图）

①仿照平面图、立面图进行初始化处理，命名、存盘，并根据图 9.21 的特征建立图层及其属性关系，见表 9.3。

表 9.3　墙身局部剖面图的图层及其属性关系

构件名	图层名	颜　色	线　型
墙身及其他剖线（粗线）	THICK	255	CONTINUOUS
可视细线	THIN	YELLOW	CONTINUOUS
材料填充	HATCH	GREEN	CONTINUOUS

②设置粗线层 THICK 为当前层，用多义线 PLINE 命令按照剖切到的线条位置作出各构件断面图的组合，也可用 LINE 命令画线，然后用多义线 PEDIT 命令编辑成分别的连续折线，结果如图 9.22 所示。

③用 OFFSET 偏移命令取适当间距偏移拷贝出墙身粉刷的厚度线，并用 CHANGE 指令将其改到细线层上，过程如下：

指令：CHANGE

选择对象：（选择刚画出的粉刷厚度线）

指定修改点或［特性（P）］：P

输入要修改的特性［颜色（C）/标高（E）/图层（LA）/线型（LT）/线型比例（S）/线宽（LW）/厚度（T）］：LA

输入新图层名（0）：THIN

将当前层设置成细线层 THIN，使用 LINE 等基本作图指令完成其余可视细线，并完成剖断线作图（见图 9.23）。

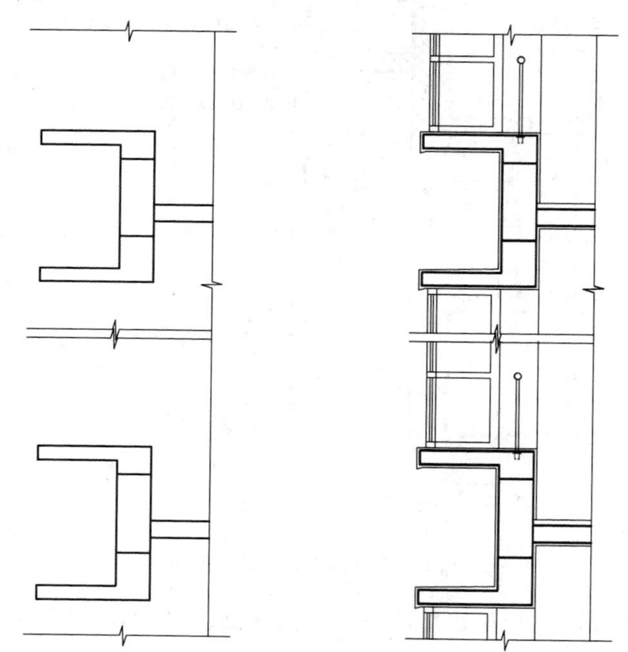

图 9.22　画剖面图中剖切所得粗线　　　图 9.23　完成可视细线作图

④使用 HATCH 指令填充材料符号，不同的材料符号选择相应的不同图例来予以填充。这里需要注意的是，并非所有图例都可用完全相同的比例进行填充，在每次选择填充时都应先调整其比例并进行预演观察效果，在确认比例合适之后再单击“确定”，如图 9.24 所示。另外，虽然本例没有出现钢筋混凝土的填充，但由于有部分低版本软件系统提供图库中没有完整的钢筋混凝土图例，在此特别说明，在遇到此种情况时可先后选择斜向线条图例和普通混凝土图例进行两次填充组合获得。

使用 MIRROR 指令作出镜像对称图形，使用 ERASE 指令擦除对称轴线。

⑤标注尺寸、标高、定位轴线、画出详图符号、填写文字，完成全图，如图9.21所示。

计算机绘制建筑施工图的过程与手工绘图的过程大致相同，也是先平面再立面剖面，最后详图，先主要轮廓线后次要轮廓线，先绘制图线再标注说明等。其优势在于可以最大限度地避免重复操作，即使反复修改也只需在原有图形上进行编辑。为了绘图更加方便快捷，一般常将平、立、剖及相关详图按相同的比例选择放置进相同的文件，便于对比；而一些相同的图形和文字，完全可以从一个图形复制拷贝到另一个图形上，从而提高作图效率。

此外，熟练地掌握绘图、修改、捕捉（SNAP）等基本操作是计算机绘图达到应用水平的基本保证，使用时相应功能图标的单击也提高作图效率，键盘输入与图标单击的操作配合可以帮助使用者更快捷地完成绘图工作。

本书插图基本均用计算机绘制完成，读者在学习计算机绘图过程中可翻阅、借鉴、参考这些图例。

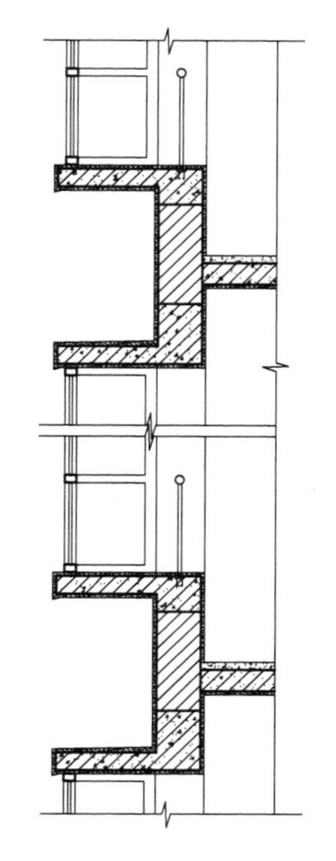

图9.24 填充材料符号

复习思考题

1.T20天正建筑软件可以绘制哪些施工图？

2.常用的绘图命令有哪些？

3.常用的编辑修改命令有哪些？

4.如何定义文字样式及标注文字？

5.如何定义尺寸样式及标注尺寸？

6.如何建立图层，图层有哪些特性？

7.如何定义图层的颜色、线型及线宽？

8.绘图比例与出图比例有何区别？

参考文献

[1] 何培斌.建筑制图与识图[M].北京:北京理工大学出版社,2013.
[2] 何培斌.工程制图与计算机绘图[M].北京:中国电力出版社,2011.
[3] 何培斌.建筑制图与房屋建筑学[M].重庆:重庆大学出版社,2017.